डोपामाइन नेशन

भोग के युग में संतुलन की तलाश

AF663600

डॉ. एना लेंबकी

अनुवाद : अविनाश मिश्रा

MANJUL
मंजुल पब्लिशिंग हाउस

First published in India by

MANJUL

Manjul Publishing House

Corporate and Editorial Office

• 2nd Floor, Usha Preet Complex, 42 Malviya Nagar, Bhopal 462 003 - India

Sales and Marketing Office

• C-16, Sector 3, Noida, Uttar Pradesh 201301, India

Website: www.manjulindia.com

Distribution Centres

Ahmedabad, Bengaluru, Chennai, Kochi, Kolkata,
Hyderabad, Mumbai, New Delhi, Pune

Dopamine Nation by Dr Anna Lembke – Hindi Edition

Copyright 2021 by Anna Lembke.
All rights reserved including the right of reproduction in whole or in part in any form. No part of this book may be used or reproduced in any manner for the purpose of training artificial intelligence technologies or systems. This work is reserved from text and data mining (Article 4(3) Directive (EU) 2019/790).

This edition published by arrangement with Dutton, an imprint of Penguin Publishing Group, a division of Penguin Random House LLC.

This Hindi edition Copyright © by Manjul Publishing House Pvt. Ltd.
All Rights Reserved

This Hindi edition first published in 2025

ISBN 978-93-7317-594-2

Author photograph by Steve Fisch
Cover image: adobestock.com

Translated by Avinash Mishra

Printed and bound in India by Repro India Ltd.

All rights reserved. No part of this publication may be reproduced, stored in or introduced into a retrieval system, or transmitted, in any form, or by any means (electronic, mechanical, photocopying, recording or otherwise) without the prior written permission of the publisher. Any person who does any unauthorized act in relation to this publication may be liable to criminal prosecution and civil claims for damages.

डोपामाइन नेशन की प्रशंसा

“एना लेंबकी उस अनुभव को बख़ूबी समझती हैं, जिसके बारे में, मैं थेरेपी रूम में अक्सर सुनती हूँ, हमारी आधुनिक नशे की लत और हमारे पुरातन मस्तिष्क की साँठ-गाँठ के बारे में। उनकी लोगों को गाइड कर आनंद और पीड़ा के बीच एक सेहतमंद संतुलन बनाने की खोज करने वाली कहानियों में कई ज़िंदगियाँ बदलने की ताक़त है।”

– लॉरी गॉटलेब, द *अटलांटिक* में “*डियर थेरेपिस्ट*”
नाम से स्तंभ और *न्यू यॉर्क टाइम्स* बेस्टसेलिंग किताब
मेबी यू शुड टॉक टु समवन की लेखिका

“जैसे ही आपको यह महसूस होने लगा था कि लत की समस्या पर जो भी जानना संभव है, उसे आप जान गए हैं, तभी डॉक्टर एना लेंबकी इस विषय पर अपनी दूसरी किताब के साथ हाज़िर हुई हैं। और यह नशीले पदार्थों के बारे में बात करती हुई किताब नहीं है, बल्कि सबसे ताक़तवर और शक्तिशाली रसायन के बारे में बात करती है - डोपामाइन। वह रसायन जो हमारे मस्तिष्क की पीड़ा और आनंद के केंद्र बिंदुओं को नियंत्रित करता है। एक ऐसे युग में जहाँ अतिरेक में उपभोग किया जा रहा है और क्षण भर में संतुष्टि खोजी जा रही है, वहाँ *डोपामाइन राष्ट्र* अगले समाधान और रोमांच की खोज में डूबने के वैयक्तिक और सामाजिक समस्याओं को उजागर करती है और उसको बदलने तथा सुधारने के तरीक़े भी बताती है। चाहे जिस भी चीज़ या वस्तु में आपकी संलिप्तता ज़्यादा हो - इंटरनेट से लेकर खाने तक और काम से लेकर सेक्स तक - यह किताब आपके लिए है। आप पाएँगे कि यह किताब रोचक, डरावनी, ठोस और चतुराई से तर्कपूर्ण है। लेंबकी अपने मरीज़ों की कहानियाँ शोध के साथ इस क़दर जोड़ती हैं और ऐसी भाषा में लिखती हैं, जो करुणा से भरी हुई है और जिसकी नज़र बिलकुल साफ़ है।”

– बेथ मेसी, *वॉशिंगटन पोस्ट की बुक ऑफ़ द ईयर, न्यू यॉर्क टाइम्स*
नोटेबल बुक ऑफ़ 2018, और बेस्टसेलर किताब *डोपसिक : डॉक्टर्स,*
डीलर्स, ऐंड द ड्रग कंपनी दैट एडिक्टेड अमेरिका की लेखिका

“हम सब दैनिक रूटीन से और अपनी ज़िंदगियों के उन हिस्सों से ब्रेक चाहते हैं, जो हमें दुखी करते हैं। क्या हो अगर हम अपने जीवन के इन हिस्सों से भागने की बजाय उनकी तरफ़ रुख़ करना सीख जाएँ और ख़ुद के साथ तथा जिन लोगों के साथ हम रोज़ाना अपनी ज़िंदगियाँ साझा करते हैं, उनके साथ एक शांतिपूर्वक सद्भाव की अवस्था हासिल कर लें? लेंबकी ने एक ऐसी किताब लिखी है, जो हमारे मनोरोग, आनंद, पीड़ा, प्रतिफल, और चिंता के बारे में बने विचारों को मौलिक रूप से बदलती है। आप इस किताब की तरफ़ जाइए और आप ख़ुश होंगे कि आप इस किताब की तरफ़ गए।”

– डेनियल जे. लेविटिन, द *आर्गनाइज़्ड माइंड* और *सक्सेसफुल एजिंग* जैसी किताबों के *न्यू यॉर्क टाइम्स बेस्ट सेलिंग* लेखक

“आनंद की खोज और नशे की लत के ऊपर (एक) नई दृष्टि देने वाला सर्वे। जो पाठक जीवन में एक सेहतमंद संतुलन स्थापित करना चाहते हैं वे लेंबकी की इस मज़ेदार और जानकारियों से भरपूर गाइडेंस की तरफ़ लौटेंगे।”

– *पब्लिशर्स वीकली*

“आकर्षक केस इतिहास और उपचार के लिए एक समझदार फ़ॉर्मूले के साथ।”

– *कर्कस रिव्यूज़*

मैरी, जेम्स, एलिज़ाबेथ, पीटर, और
छोटे लुकास के लिए

अनुक्रमणिका

परिचय

समस्या 1

खंड 1

आनंद की खोज

1 : हमारी हस्तमैथुन मशीनें 7

2 : दर्द से दूर दौड़ 37

3 : आनंद और पीड़ा का तराज़ू 56

खंड 2

आत्म बंधक

4 : डोपामाइन फ़ास्टिंग 85

5 : स्पेस, समय और अर्थ 108

6 : एक टूटा हुआ संतुलन स्केल? 144

खंड 3

पीड़ा की तलाश

7 : दर्द की ओर दबाव 167

8 : मौलिक ईमानदारी 203

9 : सामाजिक शर्म 242

उपसंहार

संतुलन स्थापित करने के कुछ सबक 269
लेखिका का नोट 274
आभार 275

परिचय

समस्या

दुनिया की तमाम संपत्तियाँ सिर्फ़ और सिर्फ़ अच्छा
महसूस करने के लिए ख़र्च कर दी गईं।

–जे. बी. लीनॉयर

यह किताब आनंद के बारे में बात करती है। यह दुखों के बारे में बात करती हुई किताब भी है। मुख्यतः यह किताब आनंद और दुख के बीच के परस्पर संबंधों को समझने की किताब है। और जीवन को सही ढंग से जीने के लिए यह समझ कितनी आवश्यक है; इस बात पर ज़ोर देती है।

क्यों?

क्योंकि हम इस दुनिया को एक अभावों की जगह से ऐसे जगह में तब्दील कर चुके हैं, जहाँ सब कुछ अधिक मात्रा में मौजूद है : ड्रग्स, भोजन, ख़बरें, सट्टेबाजी, बाज़ार, गेमिंग, टेक्सटिंग, सेक्सटिंग, सोशल मीडिया - फ़ेसबुक, इंस्टाग्राम, यूट्यूब, ट्विटर (अब एक्स)। यह सब अपनी अतिरेकता में हमारे जीवन में व्याप्त हैं। आज के युग का ही यह आश्चर्य है कि हमें संभवतः लाभकारी लगने वाली उत्तेजनाएँ इतनी बढ़ी हुई संख्या में, अधिकाधिक मात्रा में, और विविध रूप में हर तरफ़ मौजूद हैं।

यह पीढ़ी इस क़दर से जुड़ी और उलझी हुई है, जिसे 24 गुणा 7 डोपामाइन के शॉट्स देने के लिए किसी हाइपोडर्मिक सुई की तरह स्मार्टफ़ोन हर हाथ में अपनी जगह बना चुके हैं। यदि अभी तक आपका सामना किसी ऐसे नशे से नहीं हुआ, जो आपको अपने चंगुल में पूरी तरह बाँध ले, तो इंतज़ार करिए। जल्द ही वह आपके समक्ष भी किसी वेबसाइट पर उपस्थित होगा।

किसी भी अनुभव की नशीली और आदत लगाने वाली प्रवृत्तियों की जाँच करने के लिए वैज्ञानिक बरसों से डोपामाइन के बढ़ने-घटने की जाँच करते हैं। डोपामाइन वैज्ञानिकों के लिए किसी अंतर्राष्ट्रीय मुद्रा जैसा है। मस्तिष्क के प्रतिफल मार्ग में जितना अधिक डोपामाइन उतनी ही अधिक उस अनुभव के लत लगने की आशंका होगी।

डोपामाइन के आविष्कार के साथ-साथ पिछली सदी के तंत्रिका विज्ञान की खोजों में सबसे महत्त्वपूर्ण यह चीज़ पाई गई कि मस्तिष्क आनंद और दुखों को दिमाग़ में एक ही जगह से महसूसता-समझता है। इसे इस तरह समझा जा सकता है कि आनंद और दुख एक-दूसरे के सापेक्ष में किसी तराज़ू के दो पलड़ों की तरह काम करते हैं।

हम सभी ने कभी न कभी किसी चॉकलेट के एक अतिरिक्त टुकड़े या किसी अच्छी पिक्चर या किताब या वीडियो गेम के कभी ना ख़त्म होने की तीव्र इच्छा को महसूस किया होगा। इस क्षण में मस्तिष्क में आनंद और दुख का तराज़ू हल्का सा दुख की ओर झुका हुआ होता है। यह क्षण हमारी तीव्र इच्छाओं का क्षण होता है।

यह किताब प्रतिफल के तंत्रिका-विज्ञान को समझने की कोशिश करती है और इस प्रयास में हम आनंद और दुख के बीच एक बेहतर और निरोग संतुलन स्थापित करने का प्रयत्न करेंगे। लेकिन इसके लिए तंत्रिका-विज्ञान काफ़ी नहीं होगा। हमें मनुष्यों द्वारा किए गए मानवीय अनुभवों का भी सहारा लेना होगा। उपभोग के लिए मजबूर हो जाने की हद तक बाध्यकारी हो जाने की आदत पर क़ाबू करना हमें उनसे बेहतर कौन सिखा सकता है, जिन्होंने इस यथार्थ को जिया है और जो अति-उपभोग करने

के प्रति सबसे अधिक संवेदनशील हैं। यानी वे लोग जो कभी न कभी नशे की लत के ग़ुलाम रहे हैं।

यह किताब मेरे मरीज़ों के सच्चे अनुभवों पर आधारित है, जो कभी न कभी नशे की लत में गए और फिर उससे निजात पाकर अपने लिए एक नई राह बनाई। उन्होंने मुझे अपनी कहानियाँ साझा करने की अनुमति दी है ताकि आपको उनके अनुभवों और उनकी समझ से लाभ हो सके, जैसे उन कहानियों ने मुझे लाभान्वित किया है। आप इन कहानियों में से कुछ कहानियों से बिलकुल चौंक जाएँगे पर मेरे लिए यह हमारी यानी मनुष्य की क्षमताओं के ही अतिरेकता का संस्करण है। जैसा की धर्मशास्त्री और दार्शनिक केंट डनिंगटन ने कहा है, "व्यसन में गंभीरता से डूबे हुए व्यक्ति आज के दौर के नए पैग़म्बर हैं। उन्हें हम अपने मृत्यु के आभास की तरह इसलिए नज़रअंदाज़ करते हैं, क्योंकि वे हमें यह दर्शाते हैं कि हम असल में क्या हैं।"

चीनी की खपत से लेकर अतिरेक में शॉपिंग करना, यात्रा करना, धूम्रपान करना, या फिर सोशल मीडिया पर चिपके रहना या *वॉशिंगटन पोस्ट* की हेडलाइंस देखते रहना, हम अक्सर ऐसी आदतों में ख़ुद को संलग्न पाते हैं, जिसे हम नहीं करना चाहते या फिर हमें अपनी इन व्यसनों पर पछतावा महसूस होता है। ऐसी दुनिया जहाँ हमारी ज़िंदगियों का सबसे महत्त्वपूर्ण पहलू उपभोग हो चुका है और वही सबकुछ है, वहाँ यह किताब आपको अतिरेक में उपभोग करने की बाध्यकारी आदत पर क़ाबू पाने के व्यावहारिक समाधान देने का प्रयत्न करती है।

संक्षेप में, सामंजस्य स्थापित करने का रहस्य इस बात में है कि हम इच्छा के विज्ञान को उससे उभरने की समझ के साथ किस तरह जोड़ते हैं।

खंड - 1

आनंद की खोज

1

हमारी हस्तमैथुन मशीनें

मैं जैकब को वेटिंग रूम में हाय-हेलो करने पहुँची। प्रथम धारणा? दयालु। उनकी उम्र लगभग साठ के आस-पास थी, मध्यम वज़न, मुलायम चेहरा पर बेहद सुंदर। असल में वह बेहद ही सलीके से बुढ़ापे की ओर अग्रसर थे। उन्होंने सिलिकॉन वैली की मानक-मुद्रित वर्दी धारण की हुई थी : कैज़ुअल बटन-डाउन बुशर्ट और ख़ाकी पैन्ट्स। वे काफ़ी साधारण-से दिखने वालों में से थे। उनके चेहरे पर ऐसा कुछ भी नहीं था, जिससे कहा जा सके कि उन्होंने अपने भीतर कोई रहस्य छुपाए होंगे।

जब जैकब एक छोटे से भूल-भुलैयानुमे गलियारे में मेरे पीछे-पीछे आ रहे थे तब मैं उनकी चिंताओं को अपनी पीठ पर उठती-गिरती लहर तरंगों की तरह महसूस कर पा रही थी। मुझे वह वक़्त याद हो आया, जब मैं मरीज़ों को अपने ऑफ़िस में ले जाते वक़्त परेशानी महसूस करती थी। *क्या मैं ज़रा तेज़ क़दमों से अग्रसर हूँ? क्या चलते समय मेरे कूल्हे हिल रहे हैं? क्या मेरा पार्श्व पीछे से हास्यास्पद लग रहा है?*

अब यह किसी बीती सदी की बात लगती है। मैं मानती हूँ कि आज मैं एक युद्ध के बाद कठोर हो गए योद्धा की तरह हूँ, जो मेरे पुराने स्व से अधिक उदासीन और अटल हो चुका है। *क्या मैं तब एक बेहतर डॉक्टर थी, जब मेरे पास जानकारी कम और अहसासात ज़्यादा थे?*

हम ऑफ़िस में पहुँचे और जैकब के आने के बाद मैंने दरवाज़ा लगा दिया। धीमे से मैंने उन्हें एक कुर्सी पर बैठने का आग्रह किया। दो समान,

समान ऊँचाई, हरे गद्दों वाली, दो फ़ीट की दूरी पर स्थित, चिकित्सा-स्वीकृत कुर्सियाँ। वे बैठ गए। उनके बैठने के बाद मैं भी बैठ गई। उनकी नज़रें कमरे को आत्मसात कर रही थीं।

मेरा ऑफ़िस दस बटा चौदह फ़ीट का एक कमरा है, जिसमें दो खिड़कियाँ, एक डेस्क जिस पर कंप्यूटर है, किताबों से भरा एक साइड बोर्ड, और दो कुर्सियों के बीच एक छोटी मेज़ है। डेस्क, साइड बोर्ड, और छोटी मेज़ सभी एक जैसी हैं और लाल-भूरे रंग की लकड़ी से निर्मित हैं। यह डेस्क मुझे अपने पुराने डिपार्टमेंट ऑफ़िस में काम करने के बाद मुझे ही मिल गई थी। यह डेस्क बीच में हल्की-सी टूटी हुईं है, जिसे और कोई नहीं देख सकता। असल में जिस काम में, मैं हूँ यह डेस्क उसका एक सटीक बिंब है।

डेस्क के ऊपर लगभग काग़ज़ों के दस ढेर हैं, जो सलीक़े से सजाए गए हैं। ये ढेर किसी अकॉर्डियन की तरह दीखते हैं। मुझे यह बताया गया है कि ये ढेर मेरी संगठन की क्षमता को बख़ूबी दर्शाते हैं।

दीवारों की सजावट में ज़रा घाल-मेल है, उस पर बेमेल चीज़ें मैंने सजा रखी हैं। ज़रूरी डिप्लोमा टँगे हुए हैं, जिनमें से अधिकांश बिना फ्रेम के हैं। काफ़ी आलस्य से मैंने बस आवश्यकता के कारण दीवारों पर टाँग दिया है। पड़ोसियों के कचरे से मुझे एक बिल्ली की तसवीर मिली, जिसे मैंने फ्रेम करने का सोचा था पर आलस्य के कारण उसे बिल्ली के लिए ही छोड़ दिया। दीवार पर ही मेरे बच्चों की एक बहुरंगी टेपेस्ट्री है, जिसमें वे पगोडा के आस-पास खेल रहे हैं। जब मैं बीस बरस की थी उस वक़्त का एक चाइनीज़ अवशेष लगा हुआ है, जब मैं वहाँ अंग्रेज़ी पढ़ाया करती थी। टेपेस्ट्री पर भी एक हल्का कॉफ़ी का दाग़ है, जो इतना मामूली है कि उसे बहुत गहरे से देखने पर ही दिखाई देता है। यह दाग़ आपको तभी दिखेगा, जब आप रोशार्क की तरह इसे ढूँढें।

प्रदर्शन पर वर्गीकृत छोटी-मोटी वस्तुएँ हैं, जो मरीज़ों और छात्रों से मिले उपहार हैं। वहाँ किताबें हैं, कविताएँ, निबंध, कलाकृतियाँ, पत्र, पोस्टकार्ड, अवकाश कार्ड, कार्टून इत्यादि।

मेरे एक मरीज़ जो कि एक बेहद ही शानदार कलाकार और संगीतकार हैं उन्होंने एक दफ़ा मुझे एक फ़ोटो दी, जो उन्होंने गोल्डन गेट ब्रिज की ली थी। उन्होंने उस फ़ोटोग्राफ़ पर अपनी हाथों से संगीत के नोट्स इस तरह बनाए थे, जैसे वे गोल्डन गेट को आच्छादित कर रहे हों। जब उन्होंने यह तसवीर बनाई थी उस वक़्त वह आत्महत्या के ख़यालों से बाहर निकल चुके थे, लेकिन फिर भी यह तसवीर बहुत शोकजनक है। इस तसवीर में सब कुछ स्लेटी और काले रंग में है। एक दूसरी मरीज़, एक सुंदर युवा महिला अपनी झुर्रियों से परेशान थी। ये झुर्रियाँ बस उन्हें ही दिखाई देती थीं और इसे किसी भी माला में बोटॉक्स मिटा नहीं सकता था। उन्होंने मुझे एक चीनी मिट्टी का बना पानी का घड़ा दिया था, जो इतना बड़ा था की उससे दस लोगों की प्यास बुझाई जा सके।

अपने कंप्यूटर की बाईं तरफ़ मैं अल्ब्रेख्त डोरेर की मेलनकोलिया की एक छोटी प्रिंट रखती हूँ। इस चित्र में मेलनकोलिया को एक स्त्री के माध्यम से दर्शाया गया है। यह स्त्री एक बेंच पर झुककर अपनी वक़्त की उपेक्षित उद्योग उपकरणों द्वारा घिरी हुई है। यह उपकरण : एक कैलिपर, एक स्केल, एक ऑवरग्लास, और एक हथौड़ा हैं। उस स्त्री का एक भूखा कुत्ता है, जिसके सिकुड़े हुई फ्रेम से पसलियाँ निकल रही हैं। यह स्त्री ख़ुद को जगाने के लिए व्यर्थ में धैर्यपूर्वक इंतज़ार कर रही है।

मेरे कंप्यूटर की दाहिनी ओर एक पाँच इंच की मिट्टी की परी है, जिसके पंख आकाश की ओर तारों से खिंचे हुए फैले हैं। उसके पैरों पर साहस अंकित है। यह एक सहकर्मी की तरफ़ से उपहार था, जो अपने ऑफ़िस से दूसरी जगह जा रही थी। यह परी एक ऐसे फ़रिश्ते की तरह मुझे प्रतीत हुई जिसे बचा लिया गया हो। मैंने यह बचा हुआ फ़रिश्ता स्वीकार कर लिया।

मैं अपने इस कमरे के लिए बेहद आभारी हूँ। यहाँ मैं दुनिया और समय से पृथक एक ऐसे विश्व में निवास करती हूँ, जो रहस्यों और स्वप्नों की दुनिया है। लेकिन इस जगह पर उदासी और लालसा की छायाएँ मौजूद हैं। जब मेरे मरीज़ ठीक होकर मेरी देखभाल से बाहर चले जाते हैं

तब मेरी व्यावसायिक दृष्टि में मुझे उनसे मिलने-जुलने या बात करने की मनाही है।

जितनी सच्ची और यथार्थपूर्ण मेरे और मेरे मरीज़ों के बीच का संबंध है, वह इस ऑफ़िस की चारदीवारों तक ही सीमित रहती है। इस ऑफ़िस के बाहर मेरा उनसे कोई संबंध नहीं बना रह सकता। यदि कभी मुझे मेरे मरीज़ बाहरी दुनिया में, ग्रोसरी स्टोर पर भी दिख जाते हैं तो मैं उनसे हाय-हेलो करने में भी झिझकती हूँ। मुझे इस बात का डर लगा रहता है कि कहीं मैं ऐसी मनुष्य ना समझी जाऊँ जो अपनी आवश्यकताओं में बंधी हुई है। क्या, मैं खाऊँ?

बरसों पहले जब मैं अपनी मनोरोग प्रशिक्षण रेज़िडेंसी में थी तब एक दफ़ा मुझे अपने मनोचिकित्सक पर्यवेक्षक की झलक उनके ऑफ़िस के बाहर पहली बार मिली। वे किसी दुकान से इंडियाना जोन्स की शैली के फ़ेडोरा और ट्रेंच कोट पहने हुए बाहर निकले। उनकी छवि इस तरह मेरे मानस पर उभरी मानो जैसे अभी-अभी वह जे. पीटरमैन कैटेलॉग के कवर से बाहर निकले हों। यह मेरे लिए बेहद झकझोर कर रख देने वाला अनुभव था।

मैंने उनसे अपने जीवन की बहुत ही अंदरुनी और गोपनीय बातें साझा की थीं और उन्होंने मेरा ख़याल इस तरह रखा जैसे वह अपने किसी मरीज़ का रखते होंगे। उन्होंने मुझे काउंसिल किया और मेरी कई परेशानियों पर अपने सुझाव दिए। मैंने उनकी कल्पना कभी इस तरह की स्टाइलिश हैट पहने हुए व्यक्ति के रूप में नहीं की थी। मेरे लिए यह एक रहस्य जैसा खुला जहाँ मैं उनकी इस वेशभूषा को इस तरह परख़ने लगी थी जो मेरे मन-मस्तिष्क में उनके बने हुए आदर्श स्वरुप से बिलकुल भिन्न और विपरीत था। लेकिन इस वाकये से मुझे यह समझ आया कि मेरे मरीज़ों के लिए भी मुझसे इस ऑफ़िस के बाहर मिलना एक निराशाजनक अनुभव हो सकता है।

मैं जैकब की ओर मुड़ी और उससे पूछा, “मैं आपकी किस प्रकार सहायता कर सकता हूँ?”

अपने इस पेशे में मैंने बहुत से ऐसे वाक्य समय के साथ बनाए हैं, जिनसे मैं आए हुए मरीज़ों से शुरुआत करती हूँ, जैसे : “बताइए, यहाँ आपका कैसे आना हुआ?” या “किस कारण आज आप यहाँ आए हैं?” या फिर, “शुरू से शुरू करें, वो शुरुआत आपके लिए जहाँ से भी हो?”

जैकब ने मुझे अच्छी तरह देखा और अपनी पैनी यूरोपीय शैली में कहा, “मुझे यह उम्मीद थी कि आप कोई मर्द होंगी।”

मुझे बेहद अच्छी तरह से पता था की लिंग की बात हमारे बीच ज़रूर आएगी।

“ऐसा क्यों?” मैं अनजान बनते हुए जैकब से यह पूछ बैठी।

“क्योंकि मुझे लगता है कि मेरी समस्याओं को सुनना, एक स्त्री होते हुए, आपके लिए मुश्किल हो सकता है।”

“मैं आपसे वादा करती हूँ की जो कुछ भी सुना जा सकता है, मैंने वह सब सुन रखा है। जितने प्रकार की भी चीज़ें संभव हैं, सुने जाने को।”

जैकब मेरी तरफ़ शर्म और हल्की झिझक के साथ बोले, “तो बात ये है कि मुझे सेक्स की लत है।”

मैंने हामी भरी और अपनी कुर्सी में थोड़ी और आरामदायक मुद्रा में हुई और उनसे आगे बोलते रहने का आग्रह किया।

हर मरीज़ किसी बंद पैकेज की तरह होता है या बिना पढ़े गए उपन्यास जैसा, या फिर ऐसी जगह के जैसा जहाँ की यात्रा ना की गई हो। मेरे एक मरीज़ ने एक दफ़ा मुझसे रॉक-क्लाइम्बिंग के अनुभव और उसके अहसास साझा किए थे। उन्होंने बताया कि वह जब चट्टानों पर चढ़ाई कर रहे होते हैं तब वहाँ और कुछ भी नहीं होता। वातावरण वाष्पित हो गया होता है। बस अनंत की भाँति वहाँ चट्टानें होती हैं और उनके पास सीमित निर्णय बचे होते हैं कि कहाँ, कब, किस चट्टान पर कौन सी अँगुली और अंगूठा रखना है। मनोचिकित्सा का व्यवसाय रॉक-क्लाइम्बिंग से बहुत अलग नहीं है। मैं अपने आप को किसी भी कहानी में इस क़दर डूबने देती हूँ। उसके कथन और पुनर्कथन में। फिर बाक़ी चीज़ें अपनी जगह अपने आप संग्रहीत होती जाती हैं।

मैंने मानवीय समस्याओं और पीड़ा के अनेक रूपांतरण सुन रखे हैं, लेकिन जैकब की कथा ने मुझे शॉक कर दिया। जैकब की कहानी में जिस चीज़ ने मुझ पर सबसे ज़्यादा असर छोड़ा वह यह थी कि इस कहानी से हमारी आज की दुनिया के बारे में क्या पता चलता है। और, हम अपने भविष्य में आने वाले बच्चों के लिए किस तरह के विश्व की कल्पना कर रहे हैं और निर्माण कर रहे हैं।

जैकब ने सीधे अपने बचपन की एक स्मृति के साथ शुरुआत की। बिना किसी प्रस्तावना के। मेरे ख़याल से इस बात पर फ्रायड बहुत ही गौरवान्वित महसूस करते।

उन्होंने कहा, "मैंने पहली बार हस्तमैथुन दो या तीन बरस की उम्र में किया होगा।" यह स्मृति उनके ज़ेहन में आज भी ताज़ा थी। मैं इस बात को उनके चेहरे पर पढ़ सकती थी।

वे आगे बोलते गए, "मैं चाँद पर हूँ। लेकिन यह असल का चाँद नहीं है। वहाँ एक व्यक्ति है, जो शायद ईश्वर हो सकता है। और मैं एक ऐसी रति-क्रिया का अनुभव कर रहा हूँ, जिसे मैं नहीं पहचानता।"

मैंने चाँद के अर्थ का अनुमान यह लगाया की वह जैसे किसी गहरे रसातल की बात कर रहे हैं, जो कहीं नहीं है और ठीक उसी वक़्त हर जगह भी मौजूद है। पर उस ईश्वर का क्या? क्या हम सब अपने से परे किसी चीज़ की चाहत नहीं रखते?

स्कूल में जैकब छोटी उम्र से ही एक स्वप्निल बालक थे। उनके बटन सही ढंग से नहीं लगे होते थे, हाथ में अक्सर चाक हुआ करती थी, वह क्लासरूम के बीच खिड़कियों के बाहर की दुनिया में ध्यानमग्न होते थे और कक्षाएँ ख़त्म होने के बाद सबसे आख़िर में जाने वाले। जब तक वह आठ बरस के हुए, उन्होंने रोज़ाना हस्तमैथुन शुरू कर दिया था। कभी अकेले में तो कभी अपने सबसे अच्छे मित्र के साथ। उस उम्र तक उन दोनों में शर्म की समझ नहीं आई थी।

लेकिन उनके पहले कम्यूनियन के बाद उन्हें यह पता चला कि हस्तमैथुन एक पाप हो, "मोर्टल सिन"। उसके बाद से वह हमेशा अकेले

में ही हस्तमैथुन करते और हर शुक्रवार को अपने पास के ही चर्च में जाकर कैथोलिक पादरी से अपने इस पाप को कन्फ़ेस करते।

कन्फ़ेशन रूम के जालीदार ओपनिंग में वह बोले, "मैं हस्तमैथुन करता हूँ।"

पादरी ने उनसे पूछा, "कितनी दफ़ा?"

"हर रोज़।"

एक गहरे ठहराव के बाद पादरी ने कहा, "मत किया करो।"

यह बोलने के बाद जैकब ने बोलना बंद कर दिया और मेरी तरफ़ देखने लगे। हमने आपसी समझ को स्वीकृत करने वाली एक हल्की सी मुस्कान साझा की। यदि ऐसी सीधी चेतावनियों से समस्या का समाधान हो जाता तो आज मेरी नौकरी ही नहीं रहती।

बाल जैकब एक अच्छा बच्चा बनने की प्रतिष्ठा मन में लिए अपनी मुट्ठियों को भींच लेता, जब भी हस्तमैथुन का ख़याल उसे आता। एक आज्ञाकारी बालक की तरह उसने अपने प्रण को निभाया और अगले दो-तीन दिन तक ख़ुद को वहाँ नहीं छुआ। पर यह प्रण हमेशा दो या तीन दिन ही टिक पाया।

जैकब ने कहा कि "यह मेरी दोहरी ज़िंदगी की शुरुआत थी।"

दोहरा जीवन शब्द मेरे लिए उतना ही परिचित है, जितना कि *एसटी खंड* उन्नयन हृदय रोग विशेषज्ञ के लिए है, *चरण IV* ऑन्कोलॉजिस्ट के लिए है, और *हीमोग्लोबिन ए1सी* एंडोक्रिनोलॉजिस्ट के लिए है। इस शब्द से तात्पर्य यह है कि जो व्यक्ति नशे का आदी है, वह नशीली दवाओं, शराब या अन्य बाध्यकारी व्यवहारों में लिप्त होता है, और चोरी छिपे ये सारे व्यसन उसमें मौजूद होते हैं। कई बार तो मैंने यह भी पाया है कि नशे की लत में डूबा हुआ व्यक्ति ख़ुद से भी अपनी इन हरकतों से अनजान रहता है।

अपनी संपूर्ण किशोरावस्था में जैकब हर रोज़ स्कूल से वापस आने के बाद कोने की एक अटारी में जाकर हस्तमैथुन करते थे। अपने

पाठ्यपुस्तक से कॉपी की गईं ग्रीक देवी एफ़्रोडाइट के चित्र को देखकर वह हस्तमैथुन किया करते थे। इस तसवीर को वह लकड़ी के फ़र्श की दरारों के बीच छुपाकर रखा करते थे। बरसों बाद वह अपनी इस आदत को और उम्र के इस पड़ाव को बेगुनाही या मासूमी के दिन सोचकर याद करते थे।

अठारह वर्ष की उम्र में वह अपनी बड़ी बहन के साथ शहर में शिफ़्ट हुए। जैकब को वहाँ के विश्वविद्यालय में फ़िजिक्स और इंजीनियरिंग पढ़ने के लिए वहाँ दाख़िला दिलाया गया। उनकी बहन दिन भर काम पर होतीं और ज़्यादातर घर से बाहर ही रहतीं। जीवन में प्रथम बार ऐसा हुआ जब अकेलेपन के लिए उन्हें इतना लंबा समय मिलने लगा। वह बिलकुल अकेले होते।

"तब मैंने एक मशीन बनाने की सोची।"

मैं अपनी रीढ़ सीध करती हुई उनसे पूछा, "एक मशीन?"

"एक हस्तमैथुन मशीन।"

मैंने हल्की सी झिझक महसूस की। "अच्छा। और यह मशीन काम कैसे करती है?"

"मैंने एक मेटल रॉड को रिकॉर्ड प्लेयर के साथ जोड़ा। और उस रॉड के दूसरे सिरे को मैंने एक खुले हुए मेटल कॉइल से जोड़ दिया। उस मेटल कॉइल के ऊपर एक मुलायम कपड़े को बाँध दिया करता था।" उन्होंने मुझे यह मशीन समझाने के लिए एक तसवीर भी बनाई।

आगे वे बताने लगे, "मैं कॉइल और उस मुलायम कपड़े को अपने शिश्न के पास ले आता।" उन्होंने पेनिस का उच्चारण ऐसे किया जैसे वह दो शब्द हों, *पेन* - लिखने का इंस्ट्रूमेंट और *नेस* - जैसे लॉच नेस मॉन्स्टर।

मेरे अंदर हँसने की एक तीव्र इच्छा उदित हुई पर ढंग से सोचने पर यह अहसास हुआ की हँसने की इस इच्छा के पीछे कुछ और था। और कुछ और यह था कि मैं डर महसूस कर रही थी। इस बात का डर कि मैंने उनको खुलकर बात करने और कुछ भी ना छुपाने की जो आज़ादी और जगह दी है, उसके बाद भी मैं उनकी मदद करने में असमर्थ होऊँगी।

जैकब ने आगे बताना जारी रखा, "जैसे ही रिकॉर्ड प्लेयर गोल-गोल घूमना शुरू करता, कॉइल ऊपर नीचे जाना शुरू कर देती। मैं कॉइल की गति को रिकॉर्ड प्लेयर की गति के मुताबिक़ कम ज़्यादा करता रहता। मैंने इस तरह तीन अलग-अलग गतियाँ बना रखी थीं। और इस तरह मैं अपने आप को चरम सुख के मुहाने पर कई बार ला पाता, बिना ओर्गास्म किए हुए। इसी बीच मैंने यह खोज निकाला था कि चरम-सुख की प्राप्ति के निकट होने पर सिगरेट पीने से आपका वीर्यपात कुछ देर के लिए और रुक जाता। इस ट्रिक से मैं चरम सुख के मुहाने तक जाकर बार-बार लौट आता।"

इन छोटे-मोटे बदलावों के ज़रिये, जैकब अपनी वीर्यपात के निकट की स्थिति को कई घंटों तक बरकरार रख पाते थे। जैकब ने सिर हिलाते हुए कहा कि, "यह लत बहुत ज़्यादा बड़ी थी।"

जैकब अपनी मशीन का उपयोग करके एक दिन में घंटों तक हस्तमैथुन की प्रक्रिया में जुटे रहते। उनके आनंद की सीमा एक तरह से बेजोड़ थी। उन्होंने यह क़समें भी खाईं की वह इस तरीक़े को छोड़ देंगे। उन्होंने अपनी हस्तमैथुन मशीन को दराज़ में छिपा दिया, या कई बार उसको तोड़ कर पुर्जा-पुर्जा अलग कर दिया। लेकिन दो या तीन ही दिनों में वह या तो दराज़ से मशीन को निकाल लेते या फिर कचड़े में से टूटे हुए बिखरे हुए पुर्जों को एकत्रित कर उसे जोड़ने लगते। और पुनः उनके हस्तमैथुन की नशीली आदत शुरु हो जाती।

शायद आपमें जैकब के हस्तमैथुन मशीन के बारे में पढ़ कर एक घृणास्पद भाव उभर आया होगा। मेरे भीतर भी यही भाव उमड़ा था, जब पहली बार मैंने उनके इस मशीन की कारस्तानियों को सुना था। शायद आप जैकब की स्थिति को एक अत्यधिक विकृति का प्रकरण मान कर यह सोचने लगे होंगे कि इसका हमारी आम और रोज़मर्रा की ज़िंदगियों से ज़रा सा भी वास्ता नहीं है।

लेकिन अगर आप सोच की इस राह पर हैं तो, हम और आप, हमारी आज की ज़िंदगी के एक महत्त्वपूर्ण पहलू को अनदेखा कर देंगे। हम एक ऐसे अवसर को गँवा देंगे, जिससे आज के समय की बेहद ज़रूरी जीवन शैली को समझा जा सकता है। और वह महत्त्वपूर्ण सच्चाई यह है : हम सब, अपनी-अपनी हस्तमैथुन मशीनों में नशे की लत की तरह लिप्त हैं।

चालीस बरस की उम्र में मैंने रोमांस उपन्यासों में एक अस्वस्थ दिलचस्पी पैदा की। *ट्वाईलाइट,* जो एक किशोर वैम्पायरों के असाधारण रोमांस के बारे में उपन्यास है, उसके माध्यम से मैं इस बुरी बाध्यकारी चंगुल में नीचे उतरती गईं और फँसती गई। मुझे यह किताब पढ़ने से ही शर्मिंदगी का एहसास होता, इसे क़बूल करना तो बहुत दूर की बात थी कि मुझे यह पढ़ने में मज़ा आता था।

ट्वाईलाइट में प्रेम कथा, थ्रिलर, और फ़ंतासी का बाकमाल मिश्रण था, जिसने मेरी बूढ़ी होती या मिड-लाइफ़ क्राइसिस में डूबी हुई आत्मा को बेहतरीन पलायन का मार्ग दिखाया था। मैं अकेली नहीं थी। मेरे उम्र की दसियों लाखों महिलाएँ *ट्वाईलाइट* को पढ़ रही थीं और उससे एक आत्मीय लगाव बना बैठी थीं। मेरा किसी किताब में इस क़दर डूब जाना कोई नई बात नहीं थी। मैं अपनी पूरी ज़िंदगी एक संगीन पाठक रही हूँ। अलग वो था, जो उसके बाद हुआ। जिसके बारे में पिछली प्रवृत्तियों या जीवन परिस्थितियों के आधार पर मैं कुछ ऐसा बता नहीं सकती।

एक बार जब मैंने *ट्वाईलाइट* सीरीज ख़त्म की उसके बाद मेरे हाथों जो भी वैम्पायर रोमांस लगा मैंने उसके पन्ने दर पन्ने चाट डाले। उसके बाद मैंने वेयरवूल्व्स, परियों, चुड़ैलों, तांत्रिक, समय यात्री, भविष्यवक्ता, मन को पढ़ने वाले, आग बुझाने वाले, भविष्य बताने वाले, रत्न कर्मी, इन सबके बारे में लिखे उपन्यासों को खँगाला। आपको अंदाज़ हो गया होगा कि मेरा यह जुड़ाव कैसा था। कुछ समय बाद, वशीभूत करने वाली साधारण प्रेम कथाओं ने भी मुझे संतुष्टि देना बंद कर दिया। अतः मैंने क्लासिक "लड़का और लड़की के मिलने" की फंतासियों के और भी अधिक ग्राफ़िक और कामुक प्रतिपाद्यों को ढूंढना शुरू कर दिया।

उस वक़्त मुझे पता चला कि ग्राफ़िक कामुक सेक्स दृश्यों वाली किताबों को पाना कितना आसान था। यह मेरे लिए बहुत शॉकिंग था, जब मैंने देखा कि मेरे पड़ोस के पुस्तकालय में साधारण गल्प की शेल्व्स पर ही यह किताबें मौजूद थीं। मुझे इस चिंता ने सताना शुरू किया कि मेरे बच्चों की पहुँच में भी यह किताबें मौजूद थीं। जब मैं छोटी बच्ची थी और हम सब मिडवेस्ट में बड़े हो रहे थे तो हमारी पड़ोस की लाइब्रेरी में जो सबसे रेसिस्ट किताब मौजूद थी, वो थी; *आर यू देयर, गॉड? इट्स मी, मार्गरेट।*

चीज़ों ने तब तेज़ी पकड़ी जब मेरे तकनीक के बारे में उत्साहित मित्र ने मुझसे आग्रह कर के किंडल खरीदवा लिया। अब मुझे किसी अन्य पुस्तकालय शाखा से पुस्तकों के वितरित होने का इंतज़ार नहीं करना पड़ता या मेडिकल पत्रिकाओं के पीछे के स्टीमी बुक जैकेट को छिपाना नहीं पड़ता, ख़ासकर जब मेरे पति और बच्चे आसपास थे। अब सिर्फ़ और सिर्फ़ एक स्वाइप और दो क्लिक्स में जिस भी किताब को मैं चाहती वह मेरे पास मौजूद होती, तुरंत, कभी भी, कहीं भी। ट्रेन में, प्लेन में या बार्बर शॉप में बाल कटाने का इंतज़ार करते समय। मैं अब बेहद आसानी से कैरेन मरी मोनिंग की *डार्कफ़ीवर* को दोस्तोएवस्की की *क्राइम ऐंड पनिशमेंट* कह कर छुपा सकती थी।

संक्षेप में कहूँ तो मैं कामुक प्रवृत्तियों के उपन्यासों की चेन पाठक बन चुकी थी। जैसे ही मैं एक किताब ख़त्म करती मैं किसी दूसरी किताब पर पहुँच जाती। मैं लोगों से मिलने की बजाय किताबें पढ़ती, खाना पकाने की जगह किताबें पढ़ती रहती, सोना छोड़कर किताबें पढ़ती रहती, अपने पति और अपने बच्चों पर ध्यान देने की बजाय मैं किताबों में रमी रहती। मुझे यह क़ुबूल करने में शर्म आती है, लेकिन एक बार मैं किंडल को अपने ऑफ़िस ले आईं और मरीज़ों को देखने के बीच जो समय मिलता उसमें पढ़ती रहती।

मैंने ऐसी किताबों को ढूढ़ने के लिए सस्ते से सस्ते रास्ते तलाशे और यहाँ तक की मुफ़्त में भी ये किताबें मिल जाएँ इसकी कोशिश की।

एमेज़ॉन, किसी भी अच्छे ड्रग डीलर की तरह मुफ़्त के सैंपल की महत्ता को समझता है। कभी-कभी मुझे अच्छी गुणवत्ता वाली किताबें बहुत सस्ते में मिल जाया करतीं, लेकिन अधिकांशतः वे वास्तव में भयानक पाठकीय अनुभव देने वाली होतीं - घिसे-पिटे कथानक उपकरणों और बेजान पात्रों पर निर्भर, टाइपो और व्याकरण संबंधी त्रुटियों से भरपूर। लेकिन फिर भी मैंने उन्हें पढ़ा, क्योंकि मैं उस वक़्त एक बहुत ही विशिष्ट अनुभव की तलाश में थी। मैं वहाँ कैसे पहुँच सकती थी, धीरे-धीरे इसका महत्त्व कम होता गया।

मैं उस सेक्सुअल टेंशन में ख़ुद को डुबाती जाती, जो धीरे-धीरे हीरो और हीरोइन के बीच बन रहा होता था। यह मुझे एक विशेष प्रकार की अनुभूति प्रदान करतीं। और यह सेक्सुअल टेंशन तब समाप्त होती, जब हीरो और हीरोइन हुक-अप कर लेते। मुझे अब लेखकीय प्रतिभा से कोई मतलब नहीं था। मैं सिंटेक्स, स्टाइल, चरित्र या सीन पर कोई ध्यान नहीं देती। मैं किसी समाधान की खोज में थी, जो फ़ार्मूला पर आधारित लिखी गई इन किताबों में मुझे मिलता। मेरा पूरा का पूरा ध्यान इन किताबों पर ही केंद्रित रहता।

हर चैप्टर किसी न किसी सस्पेंस पर ख़त्म होता और धीमे-धीमे सारे चैप्टर्स क्लाइमेक्स की ओर अग्रसर होते। मैं किताब के शुरुआती पन्नों को तेज़ी से पढ़ती जाती और क्लाइमेक्स पर पहुँचने के बाद के चैप्टर्स को देखती भी नहीं। मुझे उनसे फ़र्क़ भी नहीं पड़ता। आज मुझे ये पता है कि अगर आप किसी भी रोमांस उपन्यास को पढ़ेंगे तो जब तक आप उसकी तीन-चौथाई तक पहुँचेंगे तो आप उस क्षण पर पहुँच जाएँगे, जिसे मैं ढूँढ़ा करती थी।

मेरे इस रोमांस उपन्यासों के प्रति उपजी आसक्ति को अभी एक बरस हुआ था। एक बार मैं रात के दो बजे *फ़िफ़्टी शेड्स ऑफ़ ग्रे* पढ़ रही थी। यह सप्ताह के बीच के दिन थे। किताब पढ़ते हुए मैं यह समझी कि *फ़िफ़्टी शेड्स ऑफ़ ग्रे, प्राइड ऐंड प्रेज्यूडिस* की आज के दौर का पुनर्कथा है। फिर मैं उस पृष्ठ पर पहुँची जहाँ, "बट प्लग्स" लिखा हुआ था और

तब मेरे पास समझ की एक ऐसी दृष्टि कौंधी, जिससे मुझे यह अहसास हुआ कि सुबह के पहले के घंटों में मैं सैडोमासोकिस्टिक सेक्स टॉयज के बारे में पढ़कर नहीं गुज़ारना चाहती।

नशे को वृहद तौर पर इस तरह परिभाषित किया जाता है, “स्वयं और/या दूसरों को नुक़सान पहुँचाने के बावजूद किसी पदार्थ या व्यवहार (जुआ, गेमिंग, सेक्स) का निरंतर और बाध्यकारी उपभोग।”

मेरे साथ जो हुआ वह अत्यधिक नशे की लत वाले लोगों के जीवन की तुलना में बेहद मामूली है, लेकिन यह बाध्यकारी अति उपभोग की बढ़ती समस्या को दर्शाता है, जिसका आज हम सभी सामना कर रहे हैं, भले ही हमारा जीवन अच्छा हो। मेरे पास एक दयालु और प्यार करने वाला पति, बेहतरीन बच्चे, अर्थपूर्ण काम, स्वतंत्रता, स्वायत्तता और दूसरों के सापेक्ष में अच्छा-ख़ासा धन है। मेरे पास नशे या किसी भी लत के लिए कोई आघात, सामाजिक अव्यवस्था, ग़रीबी, बेरोज़गारी या अन्य जोख़िम कारक नहीं हैं। फिर भी मैं मजबूरीवश एक काल्पनिक दुनिया में ख़ुद को धकेलती जा रही थी।

कैपिटलिज़्म का स्याह पक्ष

तेईस बरस की उम्र में जैकब अपनी पत्नी से मिले और उनसे शादी रचाई। वे दोनों तीन कमरे वाले एक अपार्टमेंट में शिफ़्ट हो गए, जहाँ जैकब की पत्नी के माता और पिता भी रहते थे। जैकब अपनी मशीन को पीछे छोड़ आए थे और उन्हें ऐसा प्रतीत हुआ की यह हमेशा के लिए भला हुआ। उन्होंने अपनी पत्नी के साथ अपने अपार्टमेंट को बुक कराने के लिए रजिस्टर किया, लेकिन उन्हें बताया गया कि उन्हें पच्चीस बरस इंतज़ार करना पड़ेगा। 1980 के ईस्टर्न यूरोपीय देशों में यह आम बात थी। वे दोनों उस वक़्त तक वहीं रहते थे।

दशकों तक माता-पिता के साथ रहने के बजाय उन्होंने फ़ैसला किया कि वह मेहनत कर के थोड़ा अधिक कमाएँगे और अपने लिए अपार्टमेंट

ख़रीदेंगे। उन्होंने बढ़ती भूमिगत अर्थव्यवस्था में शामिल होकर ताइवान से मशीनें आयात करके कंप्यूटर व्यवसाय शुरू किया।

उनका व्यवसाय सफल हुआ और ख़ूब तेज़ी से बढ़ा। जल्द ही वे अपने आस-पास के सापेक्ष में अमीर हो गए। उन्होंने एक घर ख़रीदा और साथ में ही एक ज़मीन भी ख़रीदी। उन दोनों के दो बच्चे हुए - एक पुत्र और एक पुत्री।

उनके परिवार की माली स्थिति की बढ़त तब सुनिश्चित हो गई, जब जैकब को जर्मनी से एक नौकरी का ऑफ़र आया। जर्मनी में जैकब को वैज्ञानिक के पद पर काम करने का मौक़ा मिला था। जैकब और उनका पूरा परिवार इस मौक़े को बिना गँवाए पश्चिम की तरफ़ जाने का फ़ैसला कर लिया। वे अपने करियर को बेहतर करने, बच्चों को बेहतर शिक्षा देने और हर उस सुविधा का लाभ उठाने जर्मनी को निकल पड़े, जो भी पश्चिमी यूरोप में उस समय मौजूद थीं। इस पलायन ने उनके सामने कई अवसर मुहैया कराए, लेकिन उनमें से सभी अवसर अच्छे नहीं थे।

"एक बार जब हम जर्मनी पहुँचे तब मैंने वहॉ पोर्नोग्राफ़ी देखी। वहाँ पॉर्न-कीनोस थे, लाइव शो हुआ करते थे। जर्मनी के जिस क़स्बे में हम रह रहे थे वह इन्हीं चीज़ों के लिए प्रसिद्ध था। और मैं ख़ुद को रोक नहीं पाया। लेकिन मैंने चीज़ों को सँभाल कर रखा। दस साल तक चीज़ें सँभली हुईं थीं। मैं एक वैज्ञानिक के तौर पर काम कर रहा था। मैं अपने काम को बख़ूबी मेहनत से कर रहा था, पर 1995 में स्थिति बदल गई।"

मुझे उनके उत्तर का अनुमान हो चुका था, लेकिन मैंने पूछा, "ऐसा क्या बदला?"

"इंटरनेट। मैं बयालीस साल का था और अपने जीवन में अच्छा कर रहा था, लेकिन जैसे ही इंटरनेट ने मेरे जीवन में प्रवेश किया मेरी ज़िंदगी बिखरने लगी। 1999 में एक बार मैं उसी होटल के कमरे में ठहरा हुआ था, जहाँ शायद मैं पचासियों बार पहले रुक चुका था। अगली सुबह मेरी एक बड़ी कॉन्फ्रेंस थी। मुझे वहाँ लेक्चर देना था, जो मेरे लिए बहुत मायने रखता था। लेकिन मैं पूरी रात पोर्न देखता रहा। मैंने अपने लेक्चर

की कोई तैयारी नहीं की। मैं जब कॉन्फ्रेंस में पहुँचा तब मैं उनींदा था। ना तो मैं सोया था और ना ही मैं लेक्चर के लिए तैयार था। मैंने वहाँ व्याख्यान दिया, लेकिन वह काफ़ी बुरा था। इतना ख़राब कि मैंने लगभग अपनी नौकरी गँवा दी थी।" जैकब नीचे देखते हुए अपना सिर हिला रहे थे। उन्हें शायद वह दिन याद आ गया हो।

उन्होंने अपनी बात जारी रखी, "उस घटना के बाद से मैंने अपने लिए नए रिवाज़ स्थापित किए। जब भी मैं होटल रूम में जाता चारों तरफ़ स्टिकी नोट्स चिपका देता। बाथरूम के शीशे पर, टीवी पर, रिमोट पर। हर जगह एक ही बात लिखी होती - दोबारा नहीं करना है - लेकिन इस तरीक़े ने मेरे लिए एक पूरे दिन भी कभी काम नहीं किया।"

मैं यह सोचकर दंग रह गई कि होटल के कमरे कितने स्किनर बॉक्स के पुराने दिनों की याद दिलाते हैं। एक टीवी, एक बिस्तर, और एक मिनी बार। वहाँ करने को कुछ नहीं होता। आप अपनी लत, जिसे आप रोकने की बेशुमार कोशिश कर रहे हैं, उस पर वापस चले जाएँ।

जैकब ने फिर नीचे देखा और सन्नाटा इस बार ज़रा लंबा खिंचा। मैंने उन्हें उसी अवस्था में कुछ समय दिया।

"वह पहली बार था, जब मैंने ख़ुदकुशी करने के बारे में सोचा। मुझे यह लगने लगा था कि इस दुनिया को मेरी कमी ज़रा भी महसूस नहीं होगी। मेरा यह ख़याल और मज़बूत होने लगा था की शायद यह दुनिया मेरे बिना एक बेहतर जगह होगी। मैं बालकनी की तरफ़ जाता और उसे देर तक निहारता। चार फ़्लोर, मेरे ख़याल से यह काफ़ी होने चाहिए थे।"

किसी भी ड्रग की लत पड़ने का सबसे बड़ा ख़तरा यह है कि हमारे पास वह ड्रग कितनी आसानी से पहुँच सकती है। जब नशीले पदार्थों को पाना सुलभ हो जाता है तब इस बात की भी संभावनाएँ बढ़ जातीं हैं कि हम उन नशीले पदार्थों का सेवन करना चाहेंगे। और इन पदार्थों के सेवन की इच्छा में हमें उन पदार्थों की लत लग जाती है।

इस सेवन की इच्छा का एक प्रत्यक्ष और सम्मोहक उदाहरण है, वर्तमान अमेरिकी ओपिऑयड महामारी। सन 1999 और 2012 के बीच अमेरिका में ओपिऑयड का प्रिस्क्रिप्शन चौगुना बढ़ा है। वर्तमान संयुक्त राज्य में मुख्य ओपिऑयड (ऑक्सीकॉन्टिन, विकोडिन, ड्यूराजेसिक फेंटेनल) का हर नुक्कड़ पर बंटना और साधारणतया सुलभ होना एक दुखद घटना है। इसी कारण गत वर्षों में ओपिऑयड की लत अमेरिका में काफ़ी बढ़ी है और इससे होने वाली मृतकों की संख्याओं में भी भारी उछाल आया है।

एसोसिएशन ऑफ़ स्कूल्स ऐंड प्रोग्राम्स ऑफ़ पब्लिक हेल्थ (एएसपीपीएच) द्वारा नियुक्त एक टास्क फ़ोर्स ने 1 नवंबर, 2019 को एक रिपोर्ट जारी की। इस रिपोर्ट के निष्कर्ष जो थे, "शक्तिशाली ओपिऑयड्स के प्रिस्क्रिप्शन और उनके वृहद आपूर्ति विस्तार के कारण लोगों की निर्भरता प्रिस्क्रिप्शन ओपिइड्स पर बढ़ी है। यह ओपिऑयड शक्तिशाली, उच्च क्षमता के हैं, और इनका असर काफ़ी लंबें समय तक टिकता है। गत वर्षों में लोगों ने अवैध और आपराधिक तरीक़ों से ओपिऑयड तलाशे हैं और उन्हें पाया है। इन अवैध ओपिऑयड्स में से फ़ेंटेनाइल और उसके एनलॉग्स भी शामिल हैं, जिससे ओवरडोज़ की संख्या में काफ़ी वृद्धि हुई है।" इस रिपोर्ट में यह बात भी स्पष्ट हुई कि ओपिऑयड के इस्तेमालों का विकार "ओपिऑयड के बारंबार सेवन से पनपता है।"

ठीक उसी तरह नशीले पदार्थों की सप्लाई में कमी करने से पदार्थ की लत और संबंधित नुक़सान के जोख़िम को कम करते हैं। इस परिकल्पना को सिद्ध करने के लिए किया गया एक प्राकृतिक प्रयोग यह था कि शराब पर 1920 से 1933 के बीच संयुक्त राज्य अमेरिका में संवैधानिक प्रतिबंध लगाया गया था। यह प्रतिबंध शराब के सेवन, उत्पादन, आयात, परिवहन, और बिक्री पर था।

इस प्रतिबंध से अमेरिकी जनता में शराब के सेवन और शराब की लत में एक तीव्र गिरावट देखी गई। लत के इलाज के लिए नए उपचारों

के अभाव में इस अवधि के दौरान सार्वज़निक नशे और शराब से संबंधित यकृत (लिवर) रोग की दर आधी हो गई।

पर इस शराब बंदी के दुष्परिणाम भी देखने को मिले। आपराधिक गिरोहों द्वारा शराब का उत्पादन, आयात, और बिक्री का एक अंडरग्राउंड काला बाज़ार स्थापित हो चुका था। इस तरीक़े के प्रतिबंध का यह एक अनपेक्षित फल था। लेकिन शराब बंदी के जो शराब के सेवन, उससे संबंधित रोगों में आई गिरावट वे सकारात्मक पहलू रहे, जिन्हें अक्सर अनदेखा किया गया है।

शराबबंदी के बाद शराब के सेवन में आम जनता के बीच जो कमी आई थी उसका असर 1950 तक देखा गया। अगले तीस बरसों में जब शराब आसानी से फिर से उपलब्ध होने लगी तब शराब के सेवन में एक धीमी पर लगातार हो रही बढ़ोतरी दर्ज की गई।

1990 के दशक में अक्सर शराब पीने वालों की संख्या में लगभग पचास प्रतिशत की वृद्धि हुई, जबकि अत्यधिक शराब पीने वाले और उच्च जोख़िम उठाने वाले शराबियों की संख्या में लगभग 15 प्रतिशत की वृद्धि हुई। 2002 से 2013 के बीच निदान योग्य शराब की लत में फँसने वाले वृद्ध वयस्कों की संख्या में (पैंसठ बरस के ऊपर) पचास प्रतिशत की वृद्धि आई थी और महिलाओं में यह प्रतिशत चौरासी से भी अधिक था। यह वे दो जनसांख्यिकीय समूह हैं जो इससे पहले शराब की समस्याओं से अपेक्षाकृत प्रतिरक्षित थे।

यहाँ यह निश्चित कर देना बेहद ज़रूरी है कि सिर्फ़ और सिर्फ़ आसानी से बढ़ी हुई पहुँच ही लत की बढ़ोतरी का एकमात्र जोख़िम नहीं है। किसी भी लत के लगने का ख़तरा तब और बढ़ जाता है, जब आपके बायोलॉजिकल माता-पिता या दादा-दादी किसी नशे के शिकार रहे हों, यद्यपि कि आपकी परवरिश उस लत के परिवेश से बाहर हुई हो। मानसिक रोग भी एक बड़े जोख़िम के कारक हैं, हालाँकि नशे की लत लगने और मनोरोग के बीच क्या संबंध है यह अब तक सही ढंग से स्थापित नहीं हो पाया है। क्या मनोरोग नशे की लत लगाता है या क्या नशे की लत लगने

से मनोरोग होता है या नशे की लत से मनोरोग को छुपाया जा सकता है, या यह इन दोनों के बीच कहीं है?

मानसिक आघात, सामजिक उथल-पुथल, और ग़रीबी नशे के लत लगने के ख़तरे को बढ़ा देते हैं। इन स्थितियों में यह नशीले पदार्थ जीवन का सामना करने का साधन बन जाती हैं। लेकिन यह लत अंततः एक भीषण महामारी की तरफ़ ले जाती है। इस आदत से वंशानुगत आधार युग्मों के बाहर डीएनए के स्ट्रैंड में वंशानुगत परिवर्तन होते हैं। यह परिवर्तन एक व्यक्ति और उनकी संतानों दोनों में जीन अभिव्यक्ति को प्रभावित करते हैं।

इन सभी नुक़सानों और जोख़िमों के बावजूद इन नशीली दवाओं की बढ़त और पहुँच आज के युग के लोगों के समक्ष एक विशाल परेशानी बन कर उभरा है। आपूर्ति की बढ़त के कारण माँग में भी बढ़ोतरी हुई है। यह एक ऐसा भँवर है, जिसमें हम सब फँसे हुए हैं और हम बाध्य हैं अतिरेक में उपभोग करने के लिए।

हमारी डोपामाइन अर्थव्यवस्था, या जिसे इतिहासकार डेविड कोर्ट-राइट ने "लिंबिक कैपिटलिज़्म" कहा है, यह परिवर्तन ला रही है। इस बदलाव में सबसे बड़ा हाथ उस परिवर्तनकारी तकनीक का है, जिससे ना केवल पहुँच, बल्कि दवाओं की संख्या, विविधता और क्षमता में भी वृद्धि की है।

उदाहरण के तौर पर 1880 में आई सिगरेट रोल करने वाली मशीन के चलते यह संभव हो पाया कि एक मिनट में चार सिगरेटों की जगह 20,000 सिगरेट रोल की जा रही हैं। आज, दुनिया भर में सालाना 6.5 ट्रिलियन सिगरेट बेची जाती हैं, यानी प्रतिदिन लगभग 18 अरब सिगरेट की ख़पत होती है, जो दुनिया भर में अनुमानित 6 मिलियन मौतों के लिए ज़िम्मेदार है।

1805 में, जर्मन फ्रेडरिक सर्टर्नर, एक फ़ार्मासिस्ट के प्रशिक्षु के रूप में काम करते हुए दर्द निवारक मॉर्फ़िन की खोज की। मॉर्फ़िन एक ऐसा ओपिऑयड अल्कलॉइड था, जो अपने पिछले ओपियम से दस गुना

ज़्यादा ताक़तवर और शक्तिशाली था। 1853 में स्कॉटिश फ़िजिशियन अलेक्ज़ेंडर वुड ने हाइपोडर्मिक सिरिंज का आविष्कार किया। इन दोनों आविष्कारों ने उन्नीसवीं सदी के उत्तरार्ध की मेडिकल पत्रिकाओं में मॉर्फ़िन की लत के आईट्रोजेनिक (चिकित्सक द्वारा शुरू किए गए) मामलों की सैकड़ों रिपोर्टों में योगदान दिया।

मॉर्फ़िन के स्थान पर कम लत वाली ओपिऑयड दर्द निवारक दवा खोजने के प्रयास में, रसायनज्ञ एक नया यौगिक लेकर आए, जिसे उन्होंने “हेरोइन” नाम दिया। हेरोइन जर्मन मूल शब्द *हेरोइस्च* से आया था जिसका अर्थ साहसी होता है। हीरोइन मॉर्फ़िन की तुलना में दो से पाँच गुना ज़्यादा नशीला दर्द निवारक था जिसकी वजह से 1900 के शुरुआती दशकों में मादकता का उन्माद शुरू किया।

आज, शक्तिशाली फ़ार्मास्युटिकल-ग्रेड ओपिऑयड जैसे, ऑक्सीकोडोन, हाइड्रोकोडोन, और हाइड्रोमोर्फ़ोन प्रत्येक कल्पनीय रूप में उपलब्ध हैं, जैसे गोलियाँ, इंजेक्शन, पैच, नाक स्प्रे। 2014 में, एक अधेड़ उम्र के मरीज़ चमकदार लाल फेंटेनल लॉलीपॉप चूसते हुए मेरे ऑफ़िस आए। फेंटेनल, एक सिंथेटिक ओपिऑयड , मॉर्फ़िन की तुलना में पचास से सौ गुना अधिक शक्तिशाली है।

ओपिऑयड के अलावा आज की कई नशीली या दर्द निवारक दवाइयाँ पिछले वर्षों के मुक़ाबले ज़्यादा शक्तिशाली और असरदार हैं। इलेक्ट्रॉनिक सिगरेट्स - आकर्षक, विवेकशील, गंधहीन, रिचार्जेबल निकोटीन वितरण प्रणाली द्वारा संचालित - पारंपरिक सिगरेटों की तुलना में कम समय के उपयोग में ही ज़्यादा देर तक ब्लड में निकोटिन के स्तर को बनाए रखती हैं। किशोरों को आकर्षित करने के लिए ये इलेक्ट्रॉनिक सिगरेट कई नए फ़्लेवर और आकर्षक डिज़ाइन में आती हैं।

आज का गाँजा 1960 के गाँजा के मुक़ाबले पाँच से दस गुना ज़्यादा असरदार है। आज गाँजा हर जगह उपलब्ध है, जैसे - कुकीज़, केक, ब्राउनी, गमी बियर, ब्लूबेरी, “पॉप टार्ट्स,” लोजेंज, तेल, एरोमैटिक्स, टिंचर्स, चाय तक में। यह एक असमाप्य और असीमित सूची है।

खाने की सामग्रियों से दुनियाभर के तकनीक से लैस लोग छेड़छाड़ करते रहते हैं। प्रथम विश्व युद्ध के बाद, चिप और फ्राई उत्पादन लाइनों के स्वचालन से पैकेज्ड आलू चिप का निर्माण हुआ। 2014 में, अमेरिकियों ने प्रति व्यक्ति 112.1 पाउंड आलू की खपत की, जिसमें से 33.5 पाउंड ताज़े आलू थे और शेष 78.5 पाउंड संसाधित थे। हम आज जो खाना खाते हैं उसमें प्रचुर मात्रा में चीनी, नमक और वसा मिलाई जाती है। जैसे फ्रेंच टोस्ट आइसक्रीम और थाई टमाटर नारियल बिस्क जैसी चीज़ों के लिए हमारी आधुनिक भूख और जिह्वा तंत्र को संतुष्ट करने के लिए हज़ारों कृत्रिम फ़्लेवर भी मिलाए जाते हैं।

बढ़ती पहुँच और क्षमता के साथ, पॉलीफ़ार्मेसी में एक साथ कई दवाओं का उपयोग किया जाता है। एक साथ कई दवाओं का उपयोग करना आम बात बन गई है। मेरे मरीज़ मैक्स को मुझे समझाने की तुलना में अपने नशीली दवाओं के उपयोग की समय-सीमा निकालना अधिक आसान लगा।

जैसा कि आप उनके चित्रण में देख सकते हैं, उन्होंने सत्रह साल की उम्र में शराब, सिगरेट और कैनाबिस ("मैरी जेन") से शुरुआत की। अठारह साल की उम्र तक, वह कोकीन का सेवन करने लगे थे। उन्नीस साल की उम्र में, उन्होंने ऑक्सीकॉन्टिंन और ज़ैनक्स पर स्विच किया। जब वह बीस बरस के हुए तब उन्होंने पर्कोसेट, फेंटेनाइल, केटामाइन, एलएसडी, पीसीपी, डीएक्सएम और एमएक्सई जैसे ड्रग्स का इस्तेमाल किया और अंततः वह ओपाना का उपयोग करने लगे। ओपाना एक फ़ार्मास्युटिकल-ग्रेड ओपिऑयड है, जो उन्हें हेरोइन की ओर ले गया। और मुझसे मिलने आने से पहले, तीस की उम्र तक, उन्होंने हेरोइन का सेवन किया। कुल मिलाकर, उन्होंने एक दशक से कुछ अधिक समय में चौदह अलग-अलग नशीली दवाओं का सेवन किया।

ड्रग यूज़ टाइमलाइन

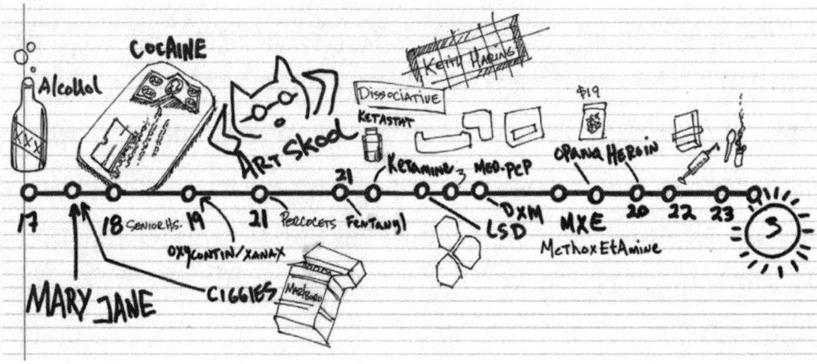

दुनिया अब डिजिटल दवाओं का पूरा पूरक उपलब्ध कराती है, जो पहले मौजूद नहीं थी। यदि वे अस्तित्व में थे भी, तो अब वे डिजिटल प्लेटफ़ॉर्म पर मौजूद हैं, जिन्होंने उनकी क्षमता और उपलब्धता में तेज़ी से वृद्धि की है। इनमें ऑनलाइन पोर्नोग्राफ़ी, जुआ और वीडियो गेम आदि शामिल हैं।

इसके अलावा, चमकती रोशनी, संगीतमय धूमधाम, अथाह कटोरे के साथ तकनीक स्वयं ही व्यसनी है। आपको तकनीक की ही लत लग जाती है। और तकनीक सतत संलग्नता के लिए पहले से कहीं अधिक पुरस्कारों या प्रतिफल का वादा करती है। एक अपेक्षाकृत शांत वैम्पायर रोमांस उपन्यास से लेकर महिलाओं के लिए सामाजिक रूप से स्वीकृत अश्लील साहित्य तक की मेरी अपनी प्रगति का पता इलेक्ट्रॉनिक बुक रीडर के आगमन से लगाया जा सकता है।

उपभोग का क्रियावली ख़ुद में ही एक नशा बन चुका है। मेरे रोगी ची, जो एक वियतनामी प्रवासी हैं, ऑनलाइन उत्पादों की खोज और ख़रीददारी के चक्कर में फंस गए हैं। उनके लिए नशे के उन्माद की शुरुआत वहाँ होती थी, जब उन्हें यह तय करना शुरू होता था कि उन्हें क्या ख़रीदना है, फिर डिलीवरी की प्रतीक्षा के माध्यम से वह उन्माद बढ़ता जाता था और उस नशीले उन्माद का अंत उनके पैकेज खोलने के बाद होता था।

इस नशीले उन्माद की स्थिति या अवस्था उनके भीतर ज़्यादा देर तक नहीं ठहरती थी। जो भी थ्रिल उन्हें मिलता था, वह एमेज़ॉन के आए हुए पैकेज को खोलने, टेप फाड़ने, और झाँककर देखने की अंदर क्या सामग्री है - वहीं तक टिकता। उनके पास सस्ती सामग्रियों का ढेर था। उनके कमरे एमेज़ॉन के पार्सल्स से भरे हुए होते थे और वह लगभग लाखों डॉलर के कर्ज़ में सिर से पैर तक डूबे हुए थे। इस माली अवस्था के बाद भी वह अपनी ऑनलाइन शॉपिंग की लत से छुटकारा नहीं पा रहे थे। अपने ऑनलाइन सामान मँगाने के चक्कर में उन्होंने और सस्ते सामान मँगाना शुरू किए। उन सामानों में जैसे की चेन, मग, प्लास्टिक के चश्मे थे। और कर्ज़ के बावजूद अपनी इस लत की आदत को बरकरार रखने के लिए वह ऑर्डर करते और जैसे ही डिलीवरी हो जाती उसे रिटर्न के लिए आग्रह कर देते।

इंटरनेट और सामाजिक प्रचार

जैकब ने होटल में उस दिन अपनी जान लेने की इच्छा को फलित नहीं किया। ठीक अगले हफ़्ते, जैकब की पत्नी के ब्रेन कैंसर का रोग-निदान हुआ। वे सपरिवार अपने मुल्क, गृह देश चले गए। वहाँ जैकब ने अपनी पत्नी का अगले तीन बरस मनोयोग से ख़याल रखा। तीन बरस बाद उनकी पत्नी का निधन हो गया।

जैकब ने 2001 में अपनी हाई स्कूल की प्रेमिका से पुनः संपर्क स्थापित किया। और तब उनचास बरस की उम्र में जैकब ने उनसे विवाह कर लिया।

“मैंने विवाह से पहले उन्हें अपनी समस्या के बारे में बताया था। पर शायद जब मैंने उन्हें बताया तो समस्या को इस क़दर बताया कि वह काफ़ी छोटी लगी होगी।”

जैकब और उनकी नई पत्नी ने साथ में मिलकर सीएटल में एक घर ख़रीदा। जैकब सिलिकॉन वैली में वैज्ञानिक के तौर पर काम करने लग गए और वह रोज़ाना सीएटल से आना-जाना करते थे। जितना अधिक

समय अपनी पत्नी से दूर, सिलिकॉन वैली में बिताते, वह अपनी पुरानी आदतों पर वापस लौटने लगे। वे मज़बूरों की तरह पोर्नोग्राफ़ी और हद तक हस्तमैथुन की क्रिया में शामिल होने लगे।

“हम जब भी साथ होते हैं तब मैं कभी भी पोर्नोग्राफ़ी नहीं देखता। लेकिन जब मैं यहाँ सिलिकॉन वैली में होता हूँ या यात्रा में होता हूँ या उनके साथ नहीं होता तब मैं ख़ुद को पोर्न देखने से नहीं रोक पाता।”

जैकब ने थोड़ी देर के लिए बोलना बंद किया और शायद मनन में डूब गए। उसके बाद जो उन्होंने बताया उसके बारे में बात करना उनके लिए अवश्य ही बहुत कठिन रहा होगा।

“कई बार जब मैं अपनी नौकरी पर बिजली से खेल रहा होता हूँ, मैं अपने हाथों में कुछ महसूस करता हूँ। मैं इस बात को लेकर उत्सुक हो जाता हूँ कि बिजली कैसा अनुभव प्रदान करेगी। यह एक अज्ञात पथ है। मैं यह सोचने लगता हूँ कि अपने शिश्न को विद्युत के संपर्क में ले आने पर कैसा महसूस होगा। इस बात को जानने समझने के लिए मैंने ऑनलाइन सर्च किया और वहाँ पाया कि इलेक्ट्रिक सिमुलेशन का प्रयोग और उपयोग करने वालों की एक पूरी जमात थी।”

उन्होंने जारी रखा, “मैंने अपने स्टीरियो सिस्टम में इलेक्ट्रोड और बिजली के तार कनेक्ट किए। मैंने स्टीरियो सिस्टम के वोल्टेज का उपयोग कर के एक अल्टेरनेटिंग करंट की प्रणाली बनाई। और फिर साधारण तार की जगह मैंने रुई के बने हुए इलेक्ट्रोड्स को नमकीन पानी से जोड़ा। स्टीरियो पर जितना अधिक वॉल्यूम, उतना ही अधिक वोल्टेज, और उसी हिसाब से करंट बनता था। धीमी आवाज़ पर मुझे कुछ भी महसूस नहीं होता और तेज़ आवाज़ पर चीज़ें पीड़ादायक हो जातीं। दोनों ध्रुवों के बीच मैं इन बिजली के सेंसेशंस से स्खलित हो जाता।”

मेरी आँखें चौड़ी हो गईं। कोशिशों के बावजूद मैं इस तरह की प्रतिक्रिया को रोक नहीं पाई।

उन्होंने जारी रखा, “लेकिन यह बहुत ख़तरनाक है। मुझे इस बात का अहसास है कि अगर बिजली अचानक गुल हो जाती है, तो इससे

वोल्टेज बढ़ सकता है और मैं बुरी तरह घायल हो सकता हूँ। ऑनलाइन मुझे यह भी पता चला कि बहुत लोग यह करते हुए अपनी जान भी गँवा चुके हैं। ऑनलाइन ही मुझे पता चला कि मैं एक मेडिकल किट ख़रीद सकता हूँ, जैसे... आप उन्हें क्या कहते हैं, दर्द का इलाज करने वाली वे मशीनें।"

"एक टेन्स यूनिट?"

"हाँ। एक टेन्स यूनिट जिसकी क़ीमत 600 डॉलर है। या मैं ख़ुद की टेन्स यूनिट मात्र बीस डॉलर में बना सकता हूँ। मैंने ख़ुद ही टेन्स यूनिट बनाने का फ़ैसला किया। मैंने सामान ख़रीदा, मशीन बनाई और वह काफी अच्छा काम करती है।" वे कुछ देर के लिए फिर ठहर गए। "लेकिन उसके बाद का आविष्कार सच में मुझे एक नए आयाम में ले गया। मुझे पता चला कि इस मशीन को प्रोग्राम किया जा सकता है। और तो और इससे हम एक कस्टम रूटीन बना सकते हैं और संगीत को मूड के साथ सिंक्रनाइज़ कर सकते हैं।"

"किस तरह की रूटीन्स?"

"हैंड जॉब। ब्लो जॉब। आप जो चाहो। और फिर मैंने सिर्फ़ अपने हिसाब से रूटीन नहीं बनाई। मैं ऑनलाइन जाकर दूसरे लोगों की रूटीन डाउनलोड करता और वहाँ अपनी रूटीन शेयर कर देता। कुछ लोग अपने प्रोग्राम इस तरह लिखते हैं कि वह पोर्न वीडियो से सिंक हो जाए और जो आप देख रहे हैं वह आपको महसूस होने लगे। जैसा वर्चुअल रियलिटी में होता है। इन सब में जो आनंद की अनुभूति है वह बिजली के सेंसेशन से तो होती ही है। पर साथ ही साथ मशीन बनाने की प्रक्रिया, इस उम्मीद में रहने और आशान्वित होने की प्रक्रिया की यह मशीन कैसे काम करेगी, उस मशीन के साथ बहुतायत में प्रयोग करना, उसे और बेहतर बनाना और ऑनलाइन इन जानकारियों को दूसरों के साथ साझा करना भी उसी आनंद को और बड़ा बना देते हैं।"

कुछ सोचकर उनके चेहरे पर हल्की मुस्कान दौड़ आई, लेकिन उनका चेहरा फिर शिथिल हो गया। यह जानकर कि आगे क्या आने वाला

है। उन्होंने मुझे एक पारख़ी नज़र से टटोला कि क्या मैं वह बातें सहन कर सकती हूँ, जो वह अब आगे बताने वाले हैं। मैंने ख़ुद को तैयार किया और हामी में सर हिलाया कि आप आगे बताते जाइए।

"चीज़ें बद से बदतर होती जाएँगी। कई चैट रूम्स हैं। वहाँ आप दूसरों को ख़ुद के जननागों के साथ खेलते हुए, स्खलित होते हुए लाइव देख सकते हैं। यूँ तो यह मुफ़्त में देखा जा सकता है, लेकिन टोकंस ख़रीदने का भी विकल्प है। मैं अच्छे प्रदर्शन पर टोकंस ख़रीद लेता हूँ। मैं ख़ुद को फ़िल्म कर के भी ऑनलाइन डाल देता हूँ। सिर्फ़ मेरे जननांग। मेरे शरीर को कोई और हिस्सा उन फ़िल्मों में नहीं होता। शुरुआत में अजनबियों का मुझे यूँ देखना बहुत ही आनंददायक था। लेकिन फिर मुझे दोषी होने का भी अहसास होता है। उस दोष का कारण यह होता है कि दूसरों को मुझे देखकर इस बात की लत लग सकती है और यह विचार मुझे बेहद परेशान करता है।"

वर्ष 2018 में मुझे एक कोर्ट केस में मेडिकल विशेषज्ञ साक्षी के तौर पर बुलाया गया था। उस मुक़दमे में एक व्यक्ति ने अपने ट्रक को दो किशोरों के ऊपर चढ़ा दिया था, और कुचलने से उन दोनों की मृत्यु हो गई थी। वह व्यक्ति नशे की हालत में ट्रक चला रहा था। उस मुकदमें के कारण मुझे प्लासर काउंटी, कैलिफ़ोर्निया में एक प्रमुख अपराध अन्वेषक, डिटेक्टिव विंस डुट्टो से बात करने का मौक़ा मिला। यह मुकदमा वहीं चल रहा था।

उनके काम के बारे में, मैं उत्सुक थी। इसी उत्सुकतावश मैंने उनसे पूछा कि क्या गत बीस वर्षों में उन्होंने क्या क्राइम के पैटर्न में कुछ बदलाव चिह्नित किए हैं? उन्होंने मुझे एक हृदय विदारक घटना सुनाई। उसमें छह साल के एक बच्चे ने अपने छोटे भाई, जो चार साल का था, उसका रेप किया था।

उन्होंने आगे बताया, "अक्सर जब हमें ऐसी घटनाओं के फ़ोन आते थे तब हमें पता लगता था कि कोई न कोई वयस्क ऐसे बच्चों के साथ

या आस-पास है, जो उन्हें यौन रूप से उत्पीड़ित कर रहा है। और उसी अनुभव को बच्चा किसी अन्य बच्चे के ऊपर दोहराता है। लेकिन इस घटना की हमने तह तक जाँच पड़ताल की। और हमें कहीं कोई ऐसा संकेत नहीं मिला कि उस छोटे बच्चे का भाई यौन रूप से उत्पीड़ित था। उन दोनों के माता-पिता तलाक़शुदा थे और अपने-अपने कार्यों में बहुत व्यस्त रहते थे। मूल रूप से वे दोनों भाई ही एक दूसरे का पालन-पोषण कर रहे थे। लेकिन किसी भी प्रकार के यौन उत्पीड़न का कोई मामला नहीं था।"

"असल में केस की कार्यवाही जब आगे बढ़ी तो यह पाया गया कि दोषी भाई ऑनलाइन इंटरनेट पर कार्टून देखा करता था। इसी कार्टून देखने की आदत में उसे जापानीज एनिमे देखने को मिले, जिसमें हर प्रकार की सेक्सुअल क्रियाओं के वीडियोज़ थे। बच्चे के पास अपना आईपैड था और वह उस पर क्या देख रहा है, क्या नहीं इसकी खोज-ख़बर लेने वाला कोई नहीं था। कई सेक्सुअल वीडियोज़ लगातार देख चुकने के बाद उसने अपने छोटे भाई के साथ इसका प्रयोग करने का सोचा। और अपनी बीस साल की लंबी पुलिस की नौकरी में, मैंने ऐसी कोई चीज़ या मुकदमा नहीं देखा।"

इंटरनेट बाध्यकारी और अतिरेक में किसी भी आचरण को बढ़ावा देने के लिए केवल नई या पुरानी किसी ड्रग की पहुँच सुलभ कराके ही नहीं देता। बल्कि वह ख़ुद भी ऐसी बातों को हम तक पहुँचाता है, जो हम उसके बिना सोच भी नहीं सकते थे। यह ऐसे आचरणों को अपने एल्गोरिथ्म के माध्यम से हमें सुझाता है। कोई भी वीडियो यूँ ही वायरल नहीं होता। वे असल में बेहद संक्रामक होते हैं और इसीलिए मीम का आविष्कार हुआ।

मनुष्य एक सामाजिक प्राणी है। इंटरनेट पर जब वह दूसरों को किसी विशेष ढंग का आचरण करते देखता है तो उसे लगता है, यह नॉर्मल है। यह नॉर्मल्सी इसलिए भी प्रतीत होती है, क्योंकि दूसरे यदि कर रहे हैं तो ऐसा किए जाने में कोई बुराई नहीं है, इस तरह के ख़याल आते हैं। "ट्विटर" पंडितों और राष्ट्रपतियों द्वारा समान रूप से पसंद किए जाने वाले

एक सोशल मीडिया मैसेजिंग प्लेटफ़ॉर्म का बेहद उपयुक्त नाम है। असल में हम पक्षियों के झुंड की तरह ही तो हैं। जैसे ही हममें से किसी ने भी उड़ान भरने के लिए अपने पंख उठाए, हमारा पूरा झुंड हवा में उड़ने को तैयार हो जाता है।

जैकब अपने हाथों की अँगुलियों को गौर से देखने लगे। अब वह मुझसे आँख नहीं मिला पा रहे थे।

"फिर मैं इस चैट रूम में एक महिला से मिला। इस स्त्री की ख़ासियत यह है कि वह मर्दों पर हावी होना चाहती है। मैंने उस स्त्री को इस विद्युत संचालित हस्तमैथुन के तरीक़े से अवगत कराया। साथ ही उसे रिमोट ढंग से उसे संचालित करने का एक्सेस दे दिया। अब वह फ्रीक्वेंसी, वॉल्यूम, और तरंगों की संरचनाएँ तक अपने मुताबिक़ तय कर सकती थी। वह मुझे स्खलन के ठीक नज़दीक तक ले आना पसंद करती पर मुझे कभी स्खलित नहीं होने देती। वह ऐसा लगभग दसियों बार करती है और लाइव पर बैठे हुए लोग यह देखते हैं और अपने कमेंट भी दर्ज करते हैं। इस स्त्री से मेरी दोस्ती धीरे-धीरे बढ़ने लगी। वह अपना चेहरा यूँ तो कभी नहीं दिखाती पर एक बार ग़लती से मैंने उसका चेहरा देख लिया था। जब उसका कैमरा किसी कारणवश नीचे गिर गया था।"

"उसकी उम्र क्या होगी?"

"शायद अपने चालीसवें दशक में होगी।"

मैं पूछना चाहती थी कि वह स्त्री कैसी दिखती है। लेकिन मुझे तुरंत ही यह अहसास हो आया कि जैकब की चिकित्सीय समाधान के बजाय इस सवाल में मेरी ख़ुद की जिज्ञासा ज़्यादा झलक रही है। इस कारण मैंने ख़ुद को यह पूछने से रोका।

जैकब ने अपनी बात जारी रखी। "मेरी पत्नी को इस बारे में मालूम पड़ गया। यह पता लगने पर वह कहने लगी कि वह मुझे छोड़कर चली जाएगी। मैंने उससे यह सब छोड़ देने के ढेरों वादे किए। मैंने अपनी

ऑनलाइन बनी उस महिला मित्र को भी बताया कि मैं यह सब छोड़ रहा हूँ। चैट रूम वाली दोस्त भी मुझसे बेहद नाराज़ हो गई। मेरी पत्नी तो मुझसे नाराज़ थी ही। मुझे ख़ुद से घृणा होने लगी। कुछ समय के लिए मैंने सबकुछ छोड़ भी दिया था। शायद एक महीने के लिए मैंने ऐसा कुछ भी नहीं किया। लेकिन उसके बाद मुझसे रहा नहीं गया और मैं फिर शुरू हो गया। पर इस बार मैं चैट रूम्स में नहीं जाता था। सिर्फ़ मैं और मेरी मशीन। मैंने अपनी पत्नी से लाखों झूठ बोले पर उसने मुझे फिर पकड़ लिया। उसके थेरेपिस्ट ने उसे यह सुझाव दिया कि वह मुझे छोड़ दे। वह मुझे छोड़ कर सीएटल वाले घर चली भी गई। और अब मैं अकेला हूँ। ख़ुद से घृणा करता हुआ, पर अपनी इस लत से मजबूर हूँ।"

जैकब ने अपना सर एक अदद ख़ामोशी और शर्म के साथ हिलाते हुए फिर बोलना शुरु किया। "मैं जिस तरह की कल्पना करता हूँ, यथार्थ कभी भी चरमसुख के उस स्तर के आस-पास भी नहीं पहुँच पाता। असल जीवन के सेक्स अनुभव हमेशा उस कल्पनाशीलता के जन्में अनुभवों से कमतर ही रहते। मैं ख़ुद से दृढ़ वादा करता कि अब आगे से मैं इन विषयों में कभी संलिप्त नहीं होऊँगा। मैं अपनी मशीन तोड़ देता और उसे कचरे में फेंक देता। लेकिन सुबह के चार बजते-बजते ना जाने मुझ पर क्या सवार होता, मैं उस मशीन को कचरे से निकाल कर फिर से बना रहा होता।"

जैकब मेरी तरफ़ विनय और प्रार्थना की नज़रों से देखते हुए बोले, "मैं रुकना चाहता हूँ। इसको बंद करना चाहता हूँ। सच में। मैं किसी नशेड़ी की तरह नहीं मरना चाहता।"

मुझे समझ ही नहीं आया कि मैं उनसे क्या कहूँ। मैं बस यह कल्पना करती हूँ कि वह अपने जननांगों से उस स्त्री से इंटरनेट पर जुड़े हुए हैं और ना जाने कितने अजनबी उन्हें देख रहे हैं। मुझे अपनी इस कल्पना से भय लगता है। मैं साथ ही जैकब के लिए दयादृष्टि रखती हूँ, और एक धुँधली लेकिन परेशान करने वाली यह समझ भी रखती हूँ कि ऐसी स्थिति में शायद मैं भी हो सकती थी।

और जैकब से ज़रा सा भी भिन्न नहीं, हम सब अपने आप को मृत्यु की तरफ़ ख़ुद को ऐसे ही गुदगुदाते हुए अग्रसर हैं।

विश्व में होने वाली सत्तर प्रतिशत मौतें धूम्रपान, शारीरिक निष्क्रियता और आहार जैसे परिवर्तनीय व्यवहार संबंधी जोख़िम कारकों के कारण होती हैं। मृत्यु दर के प्रमुख वैश्विक जोख़िम उच्च रक्तचाप (13 प्रतिशत), तंबाकू का उपयोग (9 प्रतिशत), उच्च रक्त शर्करा (6 प्रतिशत), शारीरिक निष्क्रियता (6 प्रतिशत), और मोटापा (5 प्रतिशत) हैं। 2013 में, अनुमानित 2.1 बिलियन वयस्क ओवेरवेट की केटेगरी में आने वाले थे, जबकि 1980 में यह संख्या 857 मिलियन थी। सहारा अफ़्रीका और एशिया के कुछ हिस्सों को छोड़कर, दुनिया भर में अब कम वज़न वाले लोगों की तुलना में मोटापे से ग्रस्त लोग अधिक हैं।

नशे की लत लगने की दर दुनिया भर में बढ़ती जा रही है। जो बीमारियाँ शराब की लत या अवैध ड्रग एब्यूज के कारण होती हैं उनमें विश्व भर में 1.5 प्रतिशत और सिर्फ़ संयुक्त राज्य अमेरिका में 5 प्रतिशत हैं। इस डाटा में तंबाकू उत्पादों के सेवन के कारण होने वाली बीमारियों को नहीं गिना गया है। कौन से नशीले पदार्थों का सेवन अधिक होता है, वह भिन्न भिन्न देशों में अलग है। यूनाइटेड स्टेट्स में अवैध ड्रग बहुतायत में उपभोग में है, जबकि रूस और पूर्वी यूरोप में शराब का सेवन अत्यधिक होता है।

1990 और 2017 के बीच हर उम्र समूह में नशे की लत के कारण होने वाली मृत्यु दर, विश्व भर में बढ़ी है। इनमें से आधे से अधिक मौतें पचास वर्ष से कम के वयस्कों की हुई हैं।

अत्यधिक नशीले पदार्थों के सेवन में ज़्यादातर ग़रीब और पिछड़े तबके के लोग हैं। मुख्यतः वे ग़रीब जो सापेक्षतः अमीर देशों में निवास करते हैं। उन्हें हाई रिवॉर्ड, अधिक शक्तिशाली, और नवीन दवाओं तक आसान पहुँच प्राप्त है। साथ ही उनके पास सार्थक कार्य, सुरक्षित आवास, गुणवत्तापूर्ण शिक्षा, किफ़ायती स्वास्थ्य देखभाल और क़ानून के समक्ष नस्ल और वर्ग समानता तक पहुँच का अभाव है। इससे नशे के जोख़िम का एक ख़तरनाक गठजोड़ तैयार होता है।

प्रिंसटन कॉलेज के जाने-माने अर्थशास्त्री ऐन केस और एंगस डीटन ने अपने शोध में यह पाया है कि मध्यम आयु वर्ग के श्वेत अमेरिकी, जिनके पास कॉलेज की डिग्री नहीं है वे अपने पिताओं, पितामहों और उनके पिताओं से कम आयु में मृत्यु के आगोश में पहुँच जा रहे हैं। इस आयु वर्ग में होने वाली मृत्यों के प्रमुख कारकों में से तीन - ड्रग ओवरडोज़, शराब पीने की वजह से होने वाले यकृत रोग, और आत्महत्या हैं। केस और डीटन ने इन मौतों को नामकरण बेहद सटीक किया है, निराशा से होने वाली मौतें - "डेथ्स ऑफ़ डेस्पेयर।"

इन मज़बूर कर देने वाली लतों से सिर्फ़ हमारी ही मौतें सुनिश्चित नहीं हो रहीं, बल्कि इससे हमारी पृथ्वी को भी ख़तरा है। यह बाध्यकारी आदतें जिससे हम पीछा नहीं छुड़ा पा रहे वे ही इस ग्रह को भी नष्ट कर रही हैं। दुनिया भर की प्राकृतिक संसाधनों पर ख़तरा मँडरा रहा है। सारे संसाधनों की ख़पत में वृहद तेज़ी दर्ज की गई है। अर्थशास्त्रियों का अनुमान है कि 2040 में दुनिया की प्राकृतिक पूँजी (भूमि, जंगल, मत्स्य पालन, ईंधन) आज की तुलना में उच्च आय वाले देशों में 21 प्रतिशत कम और ग़रीब देशों में 17 प्रतिशत कम होगी। इस बीच, उच्च आय वाले देशों में कार्बन उत्सर्जन 7 प्रतिशत और शेष विश्व में 44 प्रतिशत बढ़ जाएगा।

हम ख़ुद को निगल रहे हैं।

2

दर्द से दूर दौड़

मैं वर्ष 2018 में डेविड से मिली। शारीरिक रूप से उसमें रूप की कोई असाधारण ख़ूबी नहीं थी। श्वेत, भूरे बाल, और मँझला शारीरिक गठन। उसे ख़ुद के बारे में एक अनाम अनिश्चितता थी, जिससे वह अपनी आयु से कम दिखता था। मेडिकल दस्तावेज़ों की माने तो उसकी उम्र पैंतीस की थी। उसे देखकर मैंने यह सोचा था कि - *यह ज़्यादा दिन नहीं टिकेगा। वह मेरी क्लिनिक मुश्किल से एक से दो बार आएगा और फिर मैं उसे कभी नहीं देखूँगी।*

लेकिन मैंने जान लिया है कि पूर्वानुमान लगाने की मेरी शक्तियाँ विश्वसनीय नहीं हैं। मेरे पास कई ऐसे मरीज़ आए हैं, जिनके बारे में मैंने सोचा था कि मैं इन्हें ठीक कर सकती हूँ, लेकिन वह अक्सर अपने मनोरोगों को असाध्य मान कर मेरे पास नहीं आए। और कई ऐसे मरीज़ हुए हैं, जिन्हें मैं निराशाजनक केस मानती थी, लेकिन वे इस क़दर आशान्वित और सुदृढ़ मंशा के थे कि मैंने उनका इलाज सफलतापूर्वक किया।

इसीलिए अब जब भी मेरे पास कोई नया मरीज़ आता है, मैं अपनी संदेह की आदत को दरकिनार कर देना चाहती हूँ। अब मैं यह मानती हूँ कि हर व्यक्ति के पास ठीक होने और सुधरने का अवसर है।

मैंने उससे पूछा, “बताइए, आपको यहाँ लाने का कारण क्या है?”

डेविड की समस्याएँ कॉलेज के दिनों में शुरू हुईं। और सटीक बताया जाए तो डेविड की समस्या उस दिन से शुरू हुई जिस दिन उसने विद्यार्थी मानसिक रोग सेवाओं के कार्यालय में क़दम रखा। उसकी उम्र उस वक़्त लगभग बीस साल थी। और वह मानसिक स्वास्थ्य सेवाओं के पास इसलिए गया था ताकि वह अपने स्कूल की परीक्षाओं के परिणाम को सुधार सके और अपनी एंग्जायटी के लिए कोई उपाय ढूँढ़ सके। उस समय वह अप स्टेट न्यू यॉर्क में द्वितीय वर्ष के अंडर ग्रैजुएट प्रोग्राम में पढ़ रहा था।

उसकी एंग्जायटी तब अचानक से बढ़ जाती जब वह किसी अजनबी से या कोई भी ऐसा जिसे वह बख़ूबी नहीं जानता हो, उससे मिलता-जुलता। उसका चेहरा लाल हो जाता था, उसकी छाती और पीठ स्वेद तर हो जाते और उसके विचार अस्त-व्यस्त हो जाते थे। वह उन कक्षाओं से बचता था, जहाँ उसे दूसरे लोगों के सामने बोलना होता था। उसने दो बार एक आवश्यक भाषण और संचार सेमिनार से ख़ुद को बाहर कर लिया। इन आवश्यक कक्षाओं की भरपाई उसने अंततः सामुदायिक कॉलेज में समकक्ष कक्षाएँ लेकर की।

मैंने उससे पूछा, "तुम्हें किस बात का डर था?"

"मुझे फ़ेल हो जाने का डर सताता था। मुझे यह संदेह भीतर-भीतर ही मुझे खाए जाता था कि कहीं अन्य लोगों के सामने यह भेद ना खुल जाए कि मुझे कम जानकारी है। मैं मदद माँगने में भी भयभीत हो जाता था।"

लगभग पैंतालीस मिनट के सेशन के बाद और एक पेन-पेपर टेस्ट के माध्यम से, जिसे पूरा करने में पाँच मिनट से भी कम का समय लगा, वह ध्यान अभाव विकार (एडीडी) और सामान्यीकृत चिंता विकार (जीएडी) से जूझता हुआ पाया गया।

परीक्षण का संचालन करने वाले मनोवैज्ञानिक ने सिफ़ारिश की कि वह चिंता-विरोधी दवा प्रिस्क्राइब करने के लिए मनोचिकित्सक से संपर्क करे। डेविड ने कहा, यह "मेरे एडीडी के लिए उत्तेजक" है। उसे

मनोचिकित्सा या अन्य गैर-दवा व्यवहार संबंधी संशोधन की पेशकश नहीं की गई थी।

डेविड एक मनोचिकित्सक से मिलने गया। उस चिकित्सक ने डेविड को पैक्सिल प्रिस्क्राइब किया। पैक्सिल असल में अवसाद और चिंता का इलाज करने के लिए एक चयनात्मक सेरोटोनिन रीपटेक अवरोधक है। यह एडीडी का इलाज करने के लिए एक उत्तेजक एडरॉल है।

"तो उसने तुम्हारे लिए कैसा काम किया? मेरा मतलब, उन दवाओं का तुम पर क्या असर हुआ?"

"पैक्सिल ने शुरुआत में तो मेरी एंग्जायटी को क़ाबू में करने में थोड़ी बहुत मदद की। उसने स्वेदतर होती पीठ और बगल को कमतर ही किया। लेकिन यह कोई उपचार नहीं था, मात्र नियंत्रक था। मैंने कॉलेज में अपने विशिष्ट विषय को यह सोचकर बदल लिया कि शायद यह बदलाव मेरी स्थिति को सुधारे। मैंने कंप्यूटर इंजीनियरिंग से कंप्यूटर साइंस में दाख़िला ले लिया। कंप्यूटर साइंस विषय में पारस्परिक क्रियाएँ कम थीं।"

"लेकिन चूँकि मैं खड़े होकर अपनी बात रखने में असमर्थ था और यह पूछ नहीं पाता था कि यह बात या विषय मुझे समझ नहीं आया, मैं एक विषय में फ़ेल हो गया। उसके बाद मैं दूसरी परीक्षा में भी फ़ेल हुआ। फिर मैंने एक सेम्सटेर की पढ़ाई छोड़ दी ताकि मेरे एवरेज ग्रेड पॉइंट पर बड़ा असर ना दिखे। अंततः मैंने इंजीनियरिंग से ही अपना पीछा छुड़ा लिया। और यह वक़्त मेरे लिए बड़े दुःख का और विषम कठिनाइयों का था। कंप्यूटर एक ऐसा विषय था, जिसे करने में, मैं सच में आनंदित होता था। और अपने करियर में, मैं एक कंप्यूटर इंजीनियर ही बनना चाहता था। और फिर मैंने इतिहास को अपने ग्रेजुएशन का मुख्य विषय चुना। इतिहास की कक्षाओं में लोगों की संख्या कम होती थी। लगभग 20 लोगों की ही कक्षाएँ होती थीं। मैं ऐसी कक्षा में बिना लोगों से बातचीत किए, मिले-जुले, बच निकल सकता था। मैं अपनी नीली किताब को घर ले जाकर ख़ुद काम कर सकता था।"

मैंने डेविड से पूछा, "एडरॉल से कोई असर नहीं हुआ?"

"मैं प्रतिदिन सुबह दस मिलीग्राम का सेवन करता था। मेरी कक्षाओं से ठीक पहले। यह मुझे गहरी एकाग्रता में मदद करता। पर अब जब मैं पीछे देखता हूँ और सोचता हूँ तो यही लगता है कि उस वक़्त मेरी पठन-पाठन की आदतें बेहद ख़राब थीं। एडरॉल ने मेरी इस कमी की भरपाई ज़रूर की और मुझे आवश्यक एकाग्रता प्रदान की लेकिन साथ ही उसने मुझे आलसी बनने और टालमटोल करने को प्रेरित किया। यदि मेरी कोई परीक्षा होती और मैंने उसकी तैयारी नहीं की होती तो मैं एडरॉल का सेवन लगातार किया करता और परीक्षा के लिए किताबों को दीमक की तरह चाटता। फिर धीरे-धीरे ऐसा समय आया जब मैं अपनी पढ़ाई बिना एडरॉल के कर ही नहीं पाता था। और फिर मुझे इसकी और ज़रुरत पड़ने लगी।"

"क्या एडरॉल को अधिक मात्रा में अर्जित करना मुश्किल था?"

डेविड ने आगे बताया, "नहीं एडरॉल मिलने में कोई ख़ास दिक़्क़त नहीं थी। मुझे हमेशा पता रहता था कि रिफ़िल की तारीख़ क्या है। रिफ़िल की ड्यू डेट से एकाध दिन पहले मैं मनोचिकित्सक को फ़ोन करता था। काफ़ी दिन पहले नहीं, बस एक-दो दिन पहले ताकि उन्हें कोई शक ना हो। असल में मेरी दवाइयाँ लगभग दस दिन पहले ही ख़त्म हो जाती थीं, लेकिन जब मैं एक-दो दिन पहले फ़ोन करता था तो वे तुरंत रिफ़िल कर देते थे। इस प्रक्रिया में मुझे यही पता चला कि बेहतर है कि पीए को कॉल किया जाए, फ़िजिशियन के असिस्टेंट को। वे बिना ज़्यादा पूछताछ किए आसानी से दवाइयाँ रिफ़िल कर देते। कभी-कभार मैं बहाने भी बना दिया करता था। जैसे कि मेल-आर्डर फ़ार्मेसी में इस बार कोई दिक़्क़त आ गई थी। लेकिन ज़्यादातर मुझे किसी भी बहाने की कोई आवश्यकता नहीं होती थी।"

"ऐसा प्रतीत होता है कि उन दवाओं का कोई ख़ास असर तुम पर नहीं हो रहा था।"

कुछ देर के लिए डेविड ख़ामोश हो गया। उसने गहरी साँस ली और आगे कहा, "अंत में सारी बातों का निचोड़ यह था कि मुझे आराम चाहिए

था। दवा ले लेना ज़्यादा आसान और सुखद था बजाय दर्द को लगातार मेरे भीतर महसूस करने के।"

वर्ष 2016 में, मैंने ड्रग और शराब की समस्याओं पर एक वक्तव्य दिया। यह वक्तव्य स्टैनफ़ोर्ड छात्र मानसिक स्वास्थ्य क्लिनिक के स्टाफ़ और फ़ैकल्टी को दिया गया था। कैंपस के उस भाग में गए हुए अब मुझे काफ़ी महीने बीत गए थे। अतः मैं वहाँ जल्दी पहुँच गई थी और लॉबी में अपने कांटेक्ट पर्सन का इंतज़ार कर रही थी। इसी दौरान मेरी नज़र वहाँ की एक दीवार पर चली गई, जिस पर ब्रोशर लगे हुए थे।

वहाँ कुल मिलाकर चार ब्रोशर टंगे हुए थे, जिन सभी में प्रसन्नता शब्द का कोई न कोई पर्याय शीर्षक में शामिल था। जैसे : *प्रसन्नता की आदत, सोकर बनाएँ प्रसन्नता तक की राह, प्रसन्नता आपकी पहुँच में, और सात दिन एक प्रसन्न स्व के लिए।* हर ब्रोशर के अंतर्गत प्रसन्नता हासिल करने के लिए कुछ प्रिस्क्रिप्श्न्स थे। जैसे : "उन पचास चीज़ों की लिस्ट बनाएँ जो आपको प्रसन्न करती हैं", "ख़ुद को आईने में देंखे और जो भी चीज़ें आपको ख़ुद के बारे में अच्छी लगती हैं उन्हें एक डायरी में नोट करें," और "पॉजिटिव भावनाओं की एक धारा विकसित करें।"

इन सभी प्रिस्क्राइब्ड टिप्स में से जो पॉइंट मेरे लिए अलग से निखर कर आता प्रतीत हुआ, "ख़ुशी की रणनीतियों के समय और विविधता को अनुकूलित करें। कब और कितनी बार प्रसन्न हो रहे हैं आप इसका माप रखें और ख़ुद से तय कर के चलें। दयालुता के कार्यों के लिए : यह निर्धारित करने के लिए स्वयं-प्रयोग करें कि एक दिन में कई अच्छे कार्य करना या प्रत्येक दिन एक कार्य करना आपके लिए क्या सबसे प्रभावी है?"

ये सभी ब्रोशर यही इंगित करते हैं कि प्रसन्नता की खोज कैसे आज के युग की एक प्रसिद्ध सूक्ति बन चुकी है। इस सूक्ति-परक युग में "अच्छे जीवन" की नित नई परिभाषाएँ थोक के भाव में गढ़ी जा रही हैं। यहाँ तक की दयालुता के लिए किए गए कार्य, जिससे किसी दूसरे का

भला होना चाहिए, वह आज स्व के हर्ष की कुंजी की तरह फ्रेम की जा रही हैं। दयालुता की अब अपने आप में कोई अच्छाई नहीं बची है। यह हमारे ख़ुद के "कल्याण" का वाहक बन चुकी है।

अपनी किताब, द *ट्रंफ ऑफ़ द थेरेप्युटिक : यूजेज़ ऑफ़ फ़ेथ आफ़्टर फ्रायड* में बीसवीं सदी के मध्य के जाने माने मनोचिकित्सक और दार्शनिक फ़िलिप राईफ़ ने इस ट्रेंड का पूर्वानुमान लगा लिया था। "हर धार्मिक व्यक्ति का जन्म बचने के लिए हुआ था और आज के हर मानसिक व्यक्ति का जन्म ख़ुद को ख़ुश रखने के लिए हुआ है।"

जो संदेश हमें बार-बार ख़ुशी तलाशने और प्रसन्नता की खोज में जाने को लगातार कह रहे हैं वे सिर्फ़ साइकोलॉजी से ही संबद्ध नहीं हैं। आज के धर्म भी हर दिन यही फ़ार्मूला सिखा रहे हैं। इन धर्मों के आज का धर्मशास्त्र आत्म जागरूकता, आत्म अभिव्यक्ति, और आत्म बोध को ईश्वर के सबसे उच्चतम रूप के तौर पर सिखा रहे हैं।

धार्मिक विद्वान रॉस डूथाट ने अपनी किताब *बेड रिलीजन* में हमारे आज के युग के "ईश्वर हमारे भीतर है" के धर्मशास्त्रीय सूक्ति को इस तरह परिभाषित किया है - एक ऐसा विश्वास जो एक ही समय में सुखदायी और कॉस्मोपॉलिटन है, जो बिना किसी दुःख-दर्द के विदेशीयता के सभी सुखों का वादा करता है, एक ऐसा रहस्यमय सर्व ईश्वरवाद जहाँ प्रभु कोई व्यक्ति ना होकर मात्र एक अनुभूति हैं। यह बेहद चौंकाने वाली बात है कि ईश्वर हमारे भीतर है वाले धर्मशास्त्रीय सूक्ति के साहित्य के पृष्ठों में नैतिक उपदेश को कितनी कम जगह प्राप्त है। कई जगहों पर करुणा और दया वर्णित हैं, लेकिन जब कोई व्यक्ति असल जीवन में किसी नैतिक दुविधा से जूझ रहा हो तो उसके लिए ज़रा सा भी मार्गदर्शन इन पृष्ठों पर देखने को नहीं मिलेगा। और जो थोड़ी-बहुत आपको मार्गदर्शन की पंक्तियाँ दिख भी गईं तो वह यही बयां करती हैं कि 'यदि तुम्हें कुछ ठीक लग रहा है तो वह करो।"

मेरा एक मरीज़ केविन है, जो महज़ उन्नीस बरस का है। सन 2018 में उसके माता-पिता उसे मेरे पास इलाज के लिए ले आए। केविन के

माता-पिता की केविन को लेकर निम्न चिंताएँ थीं - यह स्कूल नहीं जाना चाहता, यह कोई काम मन लगाकर नहीं कर पाता, और घर में पालन किए जाने वाले किसी भी और प्रत्येक नियम की अवहेलना करता है।

केविन के माता-पिता में भी उतनी ही कमियाँ थीं, जितनी हम-आप में होंगी, लेकिन वह केविन की सहायता करने के लिए बेशुमार कोशिश कर रहे थे। किसी भी प्रकार की डाँट-डपट, हिंसा या उपेक्षा के कोई भी साक्ष्य मौजूद नहीं थे। जो एक समस्या थी वह यह थी कि वे केविन पर किसी भी तरह का प्रतिबंध लगाने में असमर्थ थे। उन्हें यह चिंता सताती थी कि कहीं केविन से किसी भी चीज़ की माँग करके वे केविन को "स्ट्रेस में डाल देंगे" या "उसे ट्रॉमा में ढकेल देंगे।"

अपने बच्चों को साइकोलॉजीकिली कमज़ोर समझना, बिलकुल नया और आधुनिक कांसेप्ट है। पुराने ज़माने में बच्चों को वयस्कों का छोटा रूप माना जाता था। बच्चे पैदा होने के साथ ही पूर्ण रूप से निर्मित समझे जाते थे। लगभग पश्चिमी सभ्यताओं में छोटे बच्चों या नवजातों को अंदरूनी ढंग से बदमाश या शैतान समझा जाता था। माता-पिता या उन बच्चों का ध्यान रखने वालों की ज़िम्मेदारी यह होती थी कि वह उन बच्चों को अतिशय अनुशासित कर दुनिया में रहने के लायक़ तैयार करें। उस वक़्त बच्चों को सिखाने और समझाने के लिए, ताकि वे सलीके से व्यवहार करें और सुसंस्कृत बनें, इसके लिए पिटाई, और डराने के तरीक़े पूर्ण रूप से स्वीकार्य थे। अब इन तरीक़ों पर आपको बुरा गार्जियन कहा जाएगा।

आज के युग के अधिकांश माता-पिता अपने बच्चों को कुछ भी कहने, करने, और सुनाने से भयभीत रहते हैं। उन्हें ऐसा महसूस होता है कि वह कुछ भी करेंगे या कहेंगे तो उनके बच्चे के मन-मस्तिष्क पर एक छाप बन जाएगी, जो उम्र भर उनका पीछा नहीं छोड़ेगी। लेकिन इसी सोच के जरिये वे उन बच्चों को भावनात्मक स्तर पर सलीके से तैयार नहीं कर पा रहे हैं और उनके भावनात्मक पीड़ा की राह ख़ुद बना रहे हैं। इनमें से कई बच्चे अपने जीवन के उत्तरार्ध में मानसिक स्वास्थ्य से भी जूझते हुए नज़र आएँगे।

इस धारणा की उपज के पीछे फ़्रायड का हाथ माना जा सकता है। फ़्रायड का अभूतपूर्व मनोविश्लेषणात्मक योगदान यह था कि किसी भी व्यक्ति के बचपन के अनुभव, जो शायद भुला दिए गए हों, या जागरूक जागरूकता के बाहर के विषय वस्तु हों, वे स्थायी मनोवैज्ञानिक क्षति का कारण हो सकते हैं। दुर्भाग्य से, फ़्रायड के सिद्धांत कि बचपन के आघात वयस्क होने पर की मनोचिकित्सा को प्रभावित कर सकते हैं, का बहाना लेकर लोगों ने ख़ुद को नाज़ुक बना लिया है। उन्हें लगता है कि कोई भी और सभी चुनौतीपूर्ण अनुभव हमें मनोचिकित्सीय सोफ़े पर बैठने की ओर धकेलता है।

बच्चों को चुनौतीपूर्ण मनोवैज्ञानिक दबावों से संरक्षित करने का हमारा प्रयास सिर्फ़ घर की चारदीवारियों तक ही सीमित नहीं रहता, बल्कि यह स्कूल के कैंपस तक पहुँच गया है। प्राइमरी की कक्षाओं तक स्कूल में बच्चों को हर हफ़्ते "स्टार ऑफ़ द वीक" अवार्ड से नवाज़ा जाता है। और यह अवार्ड किसी ख़ास योग्यता या किसी ख़ास काम के लिए नहीं दिया जाता। यह अवार्ड आजकल बच्चों को नाम के क्रमानुसार दिया जाता है। हर छात्र को यह नसीहत दी जाती है कि वह बुली करने वालों की शिनाख़्त करे। और इस कारण एक बच्चा, चुनौतियों के सामने खड़ा होने वाला, उससे लड़ने वाला नहीं बनता, बल्कि एक मूक दर्शक की तरह तैयार होता है। यूनिवर्सिटी स्तरीय छात्रों को आज ट्रिगर शब्दावली और सेफ़ स्पेस की शिक्षा फ़ैकल्टी और स्टाफ़ द्वारा दी जाती है।

परवरिश और शिक्षा उन्नति संबंधी साइकोलॉजी के मुताबिक़ दी जाने लगी है। आज के समय में उपजी हुई संवेदनाएँ एक तरह से पॉजिटिव तरक्क़ियाँ हैं। हमें हर व्यक्ति की क़दर करनी चाहिए बिना यह देखे कि उसने अपने जीवन में क्या हासिल किया है और क्या नहीं। हमें यह कोशिश करनी चाहिए कि निर्दयता और वायलेंस को स्कूल के कैंपस और बाक़ी जगहों से भी दूर रखा जाए। हमें आज़ादी से सोचने, समझने, और चर्चा करने के लिए सुरक्षित जगहों का निर्माण करना चाहिए।

लेकिन मुझे आज के युग में हो रही बच्चों की परवरिश देख कर चिंता होती है। आज हम अपने बच्चों को अतिस्वच्छ और बिना किसी

विकृति वाला बचपन प्रदान कर रहे हैं। मानों हम अपने बच्चों को एक सुरक्षित पिंजरे में बड़ा किए जा रहे हैं। जहाँ इन बच्चों के पास ख़ुद को हानि पहुँचाने का तो कोई रास्ता नहीं उपलब्ध लेकिन साथ ही वे असल दुनिया के लिए तैयार नहीं हो पा रहे हैं।

अपने बच्चों को किसी भी बुरे हालात या चुनौतीपूर्ण समय से बचा कर, संरक्षित कर, कहीं उन्हें चुनौतियों से बेशुमार डरे हुए नागरिकों में तो नहीं तब्दील कर रहे? क्या हम उनके स्व के गर्व को झूठी तारीफ़ों, और असल दुनिया में उनकी हरक़तों के परिणामों से बचाते हुए, जब बढ़ा-चढ़ा रहे हैं, तो क्या हम उन्हें असहिष्णु, सब पर अपना हक़ समझने, और ख़ुद के चरित्र के दोषों से अनभिज्ञ मनुष्यों के रूप में पोषित कर रहे हैं? क्या उनकी सभी इच्छाओं की पूर्ति कर के, उनकी सभी माँगों के सामने घुटने टेक कर, एक नया सुखवाद का युग बना रहे हैं?

हमारे एक सेशन के बीच केविन ने अपने जीवन का दर्शन मुझसे साझा किया। मैं सच बताऊँ तो मुझे उसके जीवन-दर्शन को सुन सिहरन सी हुई।

"मैं हर वो चीज़ करता हूँ, जिसका मेरा मन करता है और जब मेरा मन करता है। अगर मेरा मन बिस्तर में पड़े रहने का हो रहा होता है तो मैं बिस्तर में पड़ा रहता हूँ। अगर मेरे मन में वीडियो गेम खेलने की इच्छा जागती है तो मैं वीडियो गेम खेलता हूँ। जब मुझे कोकीन की लाइन को सूँघ कर नशा करना होता है तो मैं अपने ड्रग डीलर को फ़ोन करता हूँ, वह कोकीन मेरे पास लेकर आता है, और मैं उसकी लाइन सूँघ लेता हूँ। जब मेरे भीतर सेक्स करने की इच्छा होती है तब मैं ऑनलाइन जाता हूँ, वहाँ किसी से मिलता हूँ, और उनसे मिलकर उनके साथ सेक्स करता हूँ।"

मैंने उससे पूछा, "तो फिर यह सब चीज़ें तुम पर किस तरह का असर डाल रही हैं केविन?"

"बहुत अच्छा तो नहीं।" इतने वक़्त में यह पहला क्षण था, जब वह मुझे शर्मसार दिखा था।

बीते तीन दशकों में, मैंने केविन और डेविड जैसे मरीज़ों की संख्या बढ़ती हुई देखी है। ऐसे मरीज़ों के पास दुनियाभर की तमाम सुख सुविधाएँ मौजूद हैं। इनके पास - साथ देने वाला परिवार, उच्च शिक्षा, आर्थिक ढंग से सपन्नता, और अच्छी शारीरिक सेहत - सब कुछ उपस्थित है। फिर भी ऐसे लोग क्षतिपूर्ण कर देने वाली एंग्जायटी, डिप्रेशन, और शारीरिक पीड़ा विकसित कर लेते हैं। ये लोग सिर्फ़ अपनी क्षमता से कम काम नहीं कर रहे, बल्कि ये वो लोग हैं, जिन्हें सुबह-सुबह अपने बिस्तर से निकलने में भी शामत आती है।

चिकित्सा की नई पद्धतियाँ भी ठीक इसी तरह एक पीड़ा मुक्त विश्व बनाने की इच्छा में पूरी तरह बदल गई हैं।

1900 से पहले डॉक्टरों का यह मानना था कि थोड़ा दर्द जीवन में सेहतमंद होता है। 1800 शताब्दी के अग्रणी सर्जन, सर्जरी करते वक़्त सामान्य बेहोशी देने से क़तराते थे। ऐसा इसलिए क्योंकि उनका मानना था कि दर्द से इम्यून बेहतर होता है, कार्डियो-वैस्कुलर रेस्पोंस भी सुधर जाता है, जिससे सेहत ठीक होने की प्रक्रिया और तेज़ हो जाती है। हालाँकि ऐसी कोई रिसर्च नहीं है, जिसके बारे में मुझे जानकारी हो कि दर्द से मांसपेशियों के बेहतरी में कोई सहायता मिलती है। लेकिन आज की रिसर्च यह ज़रूर स्थापित कर चुकी हैं कि सर्जरी के समय ओपिऑयड लेने से यह प्रक्रिया धीमी ज़रूर हो जाती है।

दर्द या पीड़ा के बारे में मशहूर सत्रहवीं शताब्दी के फ़िजिशियन थॉमस साइडनहैम ने यह कहा है :

"मैं उस ख़तरनाक दर्द और सूजन को कम करने के लिए किए गए हर प्रयास को पूरी तरह से ध्यान में रखता हूँ। निश्चित रूप से हाथ-पैरों में मध्यम स्तर का दर्द और सूजन ऐसे उपकरण हैं, जिनका उपयोग प्रकृति सबसे बुद्धिमान उद्देश्यों के लिए करती है।"

तब की तुलना में आज के डॉक्टरों को दर्द को सिरे से ग़ायब करना होता है। मरीज़ को किसी भी तरह के कष्ट की अनुभूति नहीं होनी चाहिए। अगर ऐसा हुआ तो डॉक्टर को अपने काम में फ़ेलियर माना जाएगा। उन्हें एक करुणादायक चिकित्सक नहीं समझा जाएगा। किसी भी रूप में दर्द को ख़तरनाक माना जाता है। सिर्फ़ इसलिए नहीं कि इससे कष्ट होता है। परंतु इसलिए क्योंकि ऐसा माना जाता है कि यह भविष्य के दर्द के लिए मस्तिष्क के कुछ हिस्सों को प्रज्ज्वलित करता है। यह एक तंत्रिका संबंधी घाव छोड़ जाता है, जो कभी ठीक नहीं होता।

दर्द महसूस करने की दुनिया में जो बड़े बदलाव हुए हैं, उससे मनोचिकित्सक बड़ी मात्रा में लोगों को अच्छा महसूस कराने वाली दवाएँ प्रिस्क्राइब करने लगे हैं। आज, अमेरिकी वयस्कों में हर चार में से एक किसी न किसी तरह की साइकियाट्रिक ड्रग का सेवन कर रहे हैं। हर बीस में से एक से अधिक अमेरिकी बच्चा भी इस तरह की किसी न किसी ड्रग पर निर्भर है।

अमेरिका और दुनियाभर के अन्य देशों में भी पैक्सिल, प्रोज़ैक, और सेलेक्सा जैसी एंटी-डिप्रेसेंट्स पर लोगों की निर्भरता बढ़ती जा रही है। और इस सूची में अमेरिका सबसे ऊपर है। अमेरिका में हर दस लोगों में एक से अधिक लोग आज एंटी-डिप्रेसेंट्स रोज़ाना ले रहे हैं। असल में हर 1000 पर 110 लोग। इस सूची में आइसलैंड (106 व्यक्ति प्रति 1000) दूसरे नंबर पर, ऑस्ट्रेलिया (89 व्यक्ति प्रति 1000), कैनेडा (86 व्यक्ति प्रति 1000), डेनमार्क (85 व्यक्ति प्रति 1000), स्वीडन (79 व्यक्ति प्रति 1000), और पुर्तगाल (78 व्यक्ति प्रति 1000) हैं। जिन पच्चीस देशों की यह सूची निकाली गई उनमें दक्षिण कोरिया में 13 व्यक्ति प्रति 1000 का अनुपात सबसे कम है।

जर्मनी में गत चार वर्षों में एंटी-डिप्रेसेंट्स का उपयोग 46 प्रतिशत बढ़ा है और यही स्थिति कम-से-कम स्पेन और पुर्तगाल में भी है। बीते चार सालों में एंटी-डिप्रेसेंट्स का उपयोग इन देशों में भी 20 प्रतिशत बढ़ा है। हालाँकि अन्य एशियाई देशों का, चीन को लेकर, कोई पुख़्ता डाटा

मौजूद नहीं है पर हम बढ़ते हुए एंटी-डिप्रेसेंट्स की सेल से यह अंदाज़ लगाया जा सकता है कि वहाँ भी इसका उपयोग लगातार बढ़ ही रहा है। चीन में एंटी-डिप्रेसेंट्स की सेल वर्ष 2011 में 2.61 बिलियन डॉलर थी, जो बीते वर्ष से 19.5 प्रतिशत अधिक थी।

अमेरिका में उद्दीप्ति कारकों का प्रिस्क्रिप्शन 2006 से 2016 के बीच, यानी गए दस वर्षों में दोगुना हो गया है। यह स्टिमुलेंट्स (ऐडरॉल और रिटलिन) पाँच साल से भी कम के बच्चों को प्रिस्काइब किया जा रहा है। वर्ष 2011 में पाँच वर्ष से कम के सभी बच्चे जिनका डायग्नोसिस ऐडीडी के साथ हुआ उन सभी को डॉक्टर्स ने स्टिमुलेंट्स प्रिस्क्राइब किया है।

बेंजोडायजेपाइन (ज़ैनैक्स, क्लोनोपिन, वैलियम) जैसी शामक दवाओं के नुस्ख़े, जो नशे की लत भी हैं, आज बड़ी मात्रा में बढ़ रहे हैं। शायद इन नुस्ख़ों को इसलिए सुझाया जाता है कि आज जो भी स्टिमुलेंट्स हम ले रहे हैं यह उन सबकी भरपाई कर सके। संयुक्त राज्य अमेरिका में 1996 और 2013 के बीच, बेंजोडायजेपाइन का प्रिस्क्रिप्शन दाख़िल करने वाले वयस्कों की संख्या 67 प्रतिशत बढ़कर 8.1 मिलियन से 13.5 मिलियन हो गई।

2012 में, प्रत्येक अमेरिकी के लिए गोलियों की एक बोतल भरने के लिए पर्याप्त मात्रा में ओपिऑयड प्रिस्क्राइब किए गए थे। और यह आश्चर्य की बात नहीं है कि ओपिऑयड के ओवरडोज़ से मरने वाले अमेरिकियों की संख्या सड़क दुर्घटनाओं और बंदूक की हिंसा से मरने वालों की संख्या से भी अधिक है।

तो क्या इस बात की कहीं से भी शंका होनी चाहिए कि डेविड ने अपने आप को दवाइयों की मदद से महसूस करने के लिए अक्षम बने रहना चाहता था।

दर्द से दूर भागने की दौड़ में अब हम इस क़दर शामिल हो चुके हैं कि हम ज़रा सी भी असहजता से परेशान हो जाते हैं। दर्द से दूर की दौड़ के

यह अति के उदाहरण थे, लेकिन हम वर्तमान समय से ख़ुद को लगातार विचलित करते रहने का प्रयत्न करते रहते हैं। हम वर्तमान को भुलाकर हमेशा अपने मनोरंजन का साधन तलाशते हैं।

जैसा कि एल्ड्स हक्स्ली ने अपनी किताब *ब्रेव न्यू वर्ल्ड रीविजिटेड* में कहा था, "जन संचार माध्यम उद्योग के विकसित होते और बढ़ते जंजाल ने किसी भी व्यक्ति के विचलित हो सकने की अपरिमित और असीमित भूख को ध्यान में नहीं रखा। इन जन संचार उद्योगों का उद्देश्य सच और झूठ से परे, अवास्तविक और काल्पनिक चीज़ों में है, जो कमोबेश अप्रासंगिक हैं।"

ठीक इन्हीं विचारों को नील पोस्टमैन, 1980 की एक क्लासिक किताब *अम्यूज़िंग आवरसेल्वस टु डेथ* में इको करते हैं। वे लिखते हैं, "अमेरिकी अब एक दूसरे से बातें नहीं करते। वे एक दूसरे को मनोरंजित करते हैं। वे किसी से विचार नहीं साझा करते बल्कि चित्र साझा करते हैं। वे अब अपनी बहसों से तर्क को दूर भगा देते हैं। वे अब अपनी बहसों में अच्छी शक्ल, सेलिब्रिटीज, और ब्रांड्स के प्रचारों की ही बातें रखते हैं।"

मेरी एक मरीज़, सोफ़ी, जो दक्षिण कोरिया से है और स्टैनफ़ोर्ड से स्नातक है, वह मेरे पास डिप्रेशन और एंग्जायटी का इलाज ढूँढ़ने आई। दुनिया जहाँ की जो बातें हमने कीं उसमें उसने यह बताया कि जागने के बाद के अधिकतर घंटे वह किसी न किसी ऐप पर ही बिताती है। जैसे यूट्यूब, या फिर इंस्टाग्राम, या फिर किसी पॉडकास्ट या प्लेलिस्ट को सुनते हुए।

उसके साथ हुए सेशंस में, मैंने उसे सुझाया कि वह कक्षाओं के लिए जब टहलते हुए जाती है तो बिना कुछ सुनते हुए उसे शांति से जाना चाहिए। इस दौरान जो भी विचार उसके मन में उपजते हैं, उन्हें वह अपने मन-मस्तिष्क की सतह पर लाए।

वह मुझे सहमी हुई और अचंभित निगाहों से देखने लगी।

उसने मुँह बाये यह पूछा, "मैं ऐसा क्यों करूँगी?"

मैंने कहा, "वैसे तो यह ख़ुद से पहचान स्थापित करने का और स्व से परिचित होने का एक प्रचलित तरीक़ा है। अपने अनुभवों को बिना किसी रोकटोक के, नियंत्रण के, और बिना उनसे भागे उन्हें बहने देना और उन्हें अपने तरीक़े से ख़ुद पर खुलने देना। यह जिस तरह तुम ख़ुद को दिनभर इन ऐप से विचलित करती रहती हो यही तुम्हारे डिप्रेशन और एंग्जायटी का कारण हो सकते हैं। हर वक़्त ख़ुद से बचना या बचने की कोशिश करना असल में बहुत थकान दे जाता है। हो सकता है जब तुम अपने आप को एक नए तरीक़े से महसूस करोगी तो तुम्हें अपने भीतर पनप रहे नए विचार या भावनाओं का रास्ता दिखाई दे। और इस तरह शायद तुम ख़ुद से, दूसरों से, और दुनिया से ज़्यादा जुड़ा हुआ महसूस कर पाओगी।"

यह सुनकर सोफ़ी कुछ देर ध्यानमग्न रही। और फिर उसने कहा, "लेकिन यह काफ़ी बोरिंग नहीं है?"

मैंने कहा, "हाँ बोरिंग तो है। और बोरियत सिर्फ़ बोरिंग नहीं डरावनी भी होती है कई बार। यह हमें मज़बूर करती है कि जीवन के बड़े दार्शनिक और अस्तित्वादी समस्याओं, जैसे जीवन के अर्थ और हमारे ज़िंदा होने का क्या उद्देश्य है, ऐसे सवालों का हम सीधे-सीधे सामना करें। और इस तरह बोरियत असल में एक अवसर भी है। अवसर नए अविष्कार और नई चीज़ें उघाड़ने का। यह नए विचारों के बनने और पनपने के लिए पर्याप्त जगह प्रदान करती है। बिना नए विचारों के हम बस अपने आस-पास मौजूद स्टिमुली पर बस रिएक्ट कर रहे होते हैं। और इस तरह हम अपने जिए जा रहे अनुभवों को जान ही नहीं पाते।"

अगले हफ़्ते सोफ़ी ने बिना कुछ सुनते हुए अपनी कक्षाओं तक पैदल जाना शुरू किया। उसके लिए यह एक नया प्रयोग था।

फिर सोफ़ी ने मुझे अपने अनुभव बताए, "पहले पहल तो मुझे बहुत मुश्किल हुई। फिर धीरे-धीरे मुझे इसकी आदत पड़ गई और शायद मुझे यह पसंद भी आने लगा। मैंने रास्ते के पेड़-पौधों पर ध्यान देना शुरू किया।"

ख़ुद के देखभाल की कमी या कोई मानसिक रोग?

डेविड पर वापस आते हैं। डेविड के ही शब्दों में, "मैं चौबीसों घंटे ऐडरॉल के प्रभाव में रहता था।" 2005 में जब उसने अपने कॉलेज की पढ़ाई पूरी की, उसके बाद वह अपने माता-पिता के पास रहने चला गया। उसने इसी बीच लॉ स्कूल जाने के बारे में सोचा, एलसैट की परीक्षा में उपस्थित हुआ, और ठीक-ठाक नंबर भी अर्जित किए, लेकिन जब अप्लाई करने की बारी आई तो उसका मन नहीं हुआ।

"मैं पूरे दिन सोफ़े पर बैठा रहता और ख़ुद के लिए साथ ही पूरी दुनिया के लिए अपने मन में गुस्सा और नफ़रत पैदा करते रहता।"

"तुम्हें गुस्सा किस बात पर आता था?"

"मुझे लगता था कि मैंने अपनी स्नातक की पढ़ाई बर्बाद कर दी है। मैंने असल में वह नहीं पढ़ा जो पढ़ने की मेरी इच्छा रही थी। मेरी गर्लफ्रेंड यूनिवर्सिटी में वापस चली गई थी, अपना मास्टर्स कोर्स पूरा कर रही थी और ज़िंदगी में बहुत ख़ुश थी। और मैं, मैं घर पर बैठा-बैठा ख़ुद से शिकायतें करता और ख़ाली पड़ा रहता।"

जब डेविड की गर्लफ्रेंड ने अपना ग्रैजुएशन पूरा किया तब उसे पालो आल्टो में नौकरी मिल गई। डेविड उसके पीछे-पीछे वहाँ चला गया और 2008 में दोनों ने शादी कर ली। डेविड को एक टेक-स्टार्टअप में नौकरी मिल गई और उसकी वहाँ युवा और समझदार इंजीनियर्स से मुलाक़ात हुई, जो इतने दयालु थे कि उन्होंने अपना समय डेविड को दिया।

डेविड कोडिंग के क्षेत्र में वापस आ गया और उसने वह सारी चीज़ें सीख लीं, जो वह कॉलेज के दिनों में सीखना-समझना चाहता था, लेकिन बच्चों से भरी कक्षा में सीखने-समझने की उसकी कभी हिम्मत नहीं हुई। डेविड का सॉफ़्टवेयर डेवलपर के पद पर प्रमोशन भी हो गया। वह अब पंद्रह घंटे काम में जुटा रहता, और ख़ाली वक़्त में हर हफ़्ते तीस मील दौड़ने भी जाता।

फिर डेविड ने बताया कि यह सब करने के लिए वह बस सुबह ही एडरॉल नहीं लेता, बल्कि पूरे दिन लेता रहता। "मैं सुबह उठता और

एडरॉल लेता। घर पहुँचता, डिनर करता, और फिर एडरॉल लेता। मेरे लिए दवाइयाँ नया नार्मल बन गईं। मैं अधिक माल्रा में उस वक़्त कैफ़ीन भी पी रहा था। और फिर जब रात हो जाती और मुझे सोने जाना होता तब मैंने सोचा कि *अब मैं क्या करूँ?* फिर मैं अपनी मनोचिकित्सक के पास गया और उसे मुझे एम्बियन देने के लिए मना लिया। मैंने इस तरह दिखाया जैसे मुझे पता नहीं है कि एम्बियन क्या है, लेकिन मेरी माँ ने पूरी ज़िंदगी एम्बियन का सेवन किया है और मेरे एक-दो चाचाओं ने भी। मैंने अपनी मनोचिकित्सक को सीमित माल्रा में अटवीयन देने के लिए भी मना लिया ताकि किसी भी प्रेजेंटेशन देने से पहले की एंग्जायटी को नियंत्रित रख सकूँ। 2008 से 2018 के बीच मैं रोज़ाना, एडरॉल तीस मिलीग्राम, एम्बियन पचास मिलीग्राम, और अटवीयन तीन से छह मिलीग्राम लेता था। मुझे यह लगता था कि *मुझे एडीएचडी और एंग्जायटी है और नार्मल व्यवहार और काम करने के लिए मुझे इन दवाओं की ज़रूरत है।*"

डेविड ने अपने नींद की कमी और अत्यधिक स्टिमुलैंट्स के उपभोग के बजाय मानसिक बीमारी के लिए थकान और असावधानी को ज़िम्मेदार ठहराया। इस तर्क पद्धति से वह अपनी दवाओं के प्रयोग-उपभोग को लगातार उचित ठहराता रहा। इसी तरह के विरोधाभासों को मैंने अपने कई मरीज़ों में नोट किया है। वे आत्म-देखभाल की बुनियादी कमी की भरपाई के लिए प्रिस्क्राइब्ड या अन्य तरीक़ों की दवाओं का उपयोग करते हैं। फिर वे अपनी इस लत और स्थिति का कारण मानसिक बीमारी को बताते हैं, जिससे उन्हें और भी अधिक दवाओं की आवश्यकता होती है। और इस तरह उनके लिए ज़हर विटामिन का काम करता है।

मैंने मज़ाक़ में डेविड से कहा, "तुम अपने सभी विटामिन ए उचित माल्रा में ले रहे थे - एडरॉल, एम्बियन, और अटवीयन।"

डेविड ने भी मुस्कराते हुए कहा, "आप ऐसा कह सकती हैं।"

"क्या तुम्हारी पत्नी या किसी को भी इस बारे में ख़बर थी कि तुम्हारे जीवन में क्या चल रहा है?"

"नहीं। किसी को भी कोई ख़बर नहीं थी। मेरी पत्नी को इस बारे में कोई जानकारी नहीं थी। कभी-कभार जब मेरे एम्बियन का स्टॉक समाप्त हो जाता था तब मैं दारू पीता था या फिर जब मैं एडरॉल अधिक मात्रा में ले लेता तो खीझकर उस पर चीख़ने लगता था। इसके अलावा मैंने अपनी इस आदत को बहुत सलीके से छिपा रखा था।"

"फिर उसके बाद क्या हुआ?"

"मैं इन सबसे थक गया था। मैं दिन-रात स्टिमुलैंट्स और डिप्रेसेंट्स लेकर परेशान हो चुका था। मेरे भीतर आत्म-हत्या का ख़याल आने लगा था। मुझे ऐसा लग रहा था कि मरकर मैं एक बेहतर जगह पहुँच जाऊँगा। और बाक़ी लोग भी मेरी अनुपस्थिति में एक बेहतर जीवन का अनुभव करेंगे। लेकिन मेरी पत्नी उस समय पेट से थी और मुझे लगा कि मुझे अपने जीवन में कुछ ज़रूरी बदलाव लाने होंगे। मैंने उससे कहा कि मुझे मदद की आवश्यकता है। मैंने उसे ख़ुद को हॉस्पिटल ले जाने को कहा।"

"और इस बात पर तुम्हारी पत्नी का क्या रिएक्शन था?"

"वह मुझे इमरजेंसी रूम ले गई और जब यह सारी बातें उसे पता चलीं तो वह शॉक रह गई थी।"

"उसके शॉक के पीछे का कारण क्या था? मेरा मतलब वह किस बात पर शॉक हुई थी।"

"दवाइयों की वजह से। जो भी दवाइयाँ मैं रोज़ाना के हिसाब से ले रहा था। मेरा विशाल भंडार। और मैं कितना कुछ छिपा रहा था।"

डेविड को साइकियाट्रिक वार्ड के रोगियों के साथ भर्ती किया गया। उसे स्टिमुलैंट्स और बेहोशी की दवाइयों की लत से डायग्नोस्ड किया गया। डेविड तब तक अस्पताल में भर्ती रहा, जब तक उसकी एडरॉल, एम्बियन, और अटवीयन की आदत छूट नहीं गई और उसके भीतर से आत्महत्या का ख़याल नहीं चला गया। वह दो हफ़्तों में ठीक हुआ। और फिर डिस्चार्ज होने के बाद वह अपनी प्रेगनेंट पत्नी के पास वापस आ गया।

हम सब दर्द से भाग रहे हैं। हममें से कुछ लोग दवाइयों का सहारा लेते हैं। और कुछ लोग सोफ़े पर पड़े-पड़े नेटफ़्लिक्स को लगातार देखते रहते हैं। हममें से कुछ रोमांटिक उपन्यास पढ़ते हैं। असल में हम सब ख़ुद से ख़ुद को बचाने के लिए कोई न कोई विचलित करने का नुस्ख़ा ढूँढ़ लेते हैं। और अंततः दर्द से ख़ुद को बचाने की हमारी सारी कोशिशें नाकाम रहती हैं। इन कोशिशों ने ही हमारे दर्द को और अधिक पीड़ादायक और असहनीय बनाया है।

वर्ल्ड हैप्पीनेस रिपोर्ट के मुताबिक़ अमेरिकी नागरिक 2008 की तुलना में 2018 में ज़्यादा नाख़ुश हैं। यह रिपोर्ट 156 देशों को इस आधार पर सूचीबद्ध करती है कि उस देश के नागरिक ख़ुद को कितना ख़ुश मानते समझते हैं। अन्य देशों के नागरिकों के बीच भी पहले से कम ख़ुश होने के ट्रेंड को नोट किया गया। बेल्जियम, कैनेडा, डेनमार्क, फ़्रांस, जापान, इटली, और न्यूज़ीलैंड जैसे देशों में, जहाँ लगभग एक जैसी आय, संपत्ति, सोशल सपोर्ट, और लाइफ़ एक्स्पेक्टंसी है, भी नागरिकों द्वारा व्यक्त किए गए ख़ुशी के पैमानों में गिरावट दर्ज की गई है।

शोधकर्ताओं ने यह जानने के लिए कि सामान्य एंग्जायटी डिसऑर्डर किस हद तक मौजूद है और फैल रहा है, लगभग 26 देशों में गुज़र-बसर करने वाले 150,000 लोगों का साक्षात्कार लिया। सामान्य एंग्जायटी डिसऑर्डर को अत्यधिक और अनियंत्रित चिंता जो किसी भी व्यक्ति के जीवन पर प्रतिकूल प्रभाव डालती है, से परिभाषित किया गया है। इस शोध से यह पता चला कि जो देश अमीर थे, जहाँ आय के साधन ज़्यादा मौजूद और संपत्ति ज़्यादा थी, वहाँ ग़रीब देशों की तुलना में अधिक लोग एंग्जायटी जैसी स्थिति से जूझ रहे थे। इस शोध के लेखकों ने लिखा कि "यह डिसऑर्डर कम आय या मध्यम आय वाले देशों की तुलना में संपन्न और अधिक आय वाले देशों में काफ़ी बड़े अंतर से मौजूद है।"

दुनिया भर में 1990 से 2017 के बीच डिप्रेशन के मरीज़ों में पचास प्रतिशत से अधिक का उछाल दर्ज किया गया है। नए मामलों में सबसे अधिक वृद्धि उच्चतम सामाजिक जनसांख्यिकीय सूचकांक (आय) वाले क्षेत्रों में दिखाई दिया, विशेषकर उत्तरी अमेरिका में।

शारीरिक दर्द भी बढ़ोतरी पर है। अपने पूरे करियर में मैंने यह पाया है कि ज़्यादा से ज़्यादा मरीज़ बिना किसी पहचानी गई बीमारी के या बिना किसी भी तरीक़े के मांसपेशियों की चोट से ग्रसित होने के बावजूद भी उनके पूरे बदन में दर्द उपस्थित रहता है। इस संख्या में सेहतमंद युवा लोग भी शामिल हैं। बिना किसी कारण के होने वाले बदन दर्द से ग्रस्त लोगों की संख्या और ऐसे अकारण उठने वाले दर्द के प्रकारों में भी वृद्धि दर्ज की गई है। इन दर्द के प्रकारों में जटिल क्षेत्रीय दर्द सिंड्रोम, फ़ाइब्रोमायल्जिया, इंटरस्टिशियल सिस्टिटिस, मायोफ़ेशियल दर्द सिंड्रोम, पेल्विक दर्द सिंड्रोम, इत्यादि शामिल हैं।

जब शोधकर्ताओं ने लगभग तीस देशों के नागरिकों से यह प्रश्न पूछा, "बीते चार हफ़्तों में कितनी बार आपके बदन में दर्द या कष्ट रहा है? कभी नहीं, कभी कभार, अक्सर या लगभग रहता ही है?" - तो उन शोधकर्ताओं ने यह जानकारी पाई कि अमेरिकी नागरिक विश्वभर में सबसे अधिक शारीरिक दर्द से जूझने वाले लोग हैं।

चौंतीस प्रतिशत अमेरिकी नागरिकों का जवाब था, अक्सर या लगभग रहता ही है। इसकी तुलना यदि अन्य देशों से करें तो पाएँगे कि चीन में रहने वाले मात्र उन्नीस प्रतिशत लोगों का यह जवाब था, अठारह प्रतिशत ही जापानी नागरिक इस परेशानी से जूझ रहे थे, तेरह प्रतिशत स्वीडन के नागरिकों का यह जवाब था, और केवल ग्यारह प्रतिशत दक्षिण अफ़्रीकी नागरिकों ने यह जवाब दर्ज कराया।

प्रश्न यह है : अभूतपूर्व धन, स्वतंत्रता, तकनीकी प्रगति और चिकित्सा उन्नति के समय में, हम पहले से कहीं अधिक दुखी और अधिक दर्द में क्यों दिखाई देते हैं?

मेरे मुताबिक़ हम सब इतने परेशान, इतनी पीड़ा, इतनी वेदना, इतने कष्ट में इसलिए हैं, क्योंकि हम इनसे बचने की अनेक कोशिशों में व्यस्त हैं। हमने ख़ुद को परेशान ना होने देने के चक्कर में परेशान किया है। हमारी शारीरिक पीड़ा आराम खोजने के कारण बढ़ी है। हम कष्ट में इसलिए हैं, क्योंकि हमने अपनी ज़िंदगियों से कष्ट निवारण की कोशिश बहुतायत में की है।

3

आनंद और पीड़ा का तराज़ू

प्रतिफल पथ की प्रक्रियाओं पर विगत पचास से सौ बरसों में हो रहे न्यूरो-वैज्ञानिक खोजों ने नई रोशनी डाली है। बीते वर्षों में जैविक रसायन में नए आविष्कार हुए हैं, नई इमेजिंग तकनीक आई है, और कम्प्यूटेशनल जीव विज्ञान का उद्भव हुआ है। इन सभी क्रमिक विकासों ने पुरस्कार मार्ग की प्रक्रिया की हमारी समझ को बढ़ाया और सुदृढ़ किया है। जब हम पीड़ा और आनंद को संचालित करने वाले तंत्रों को बेहतर समझ पाएँगे तब ही इस बारे में जानने के लिए एक नई दृष्टि बना पाएँगे कि ज़्यादा आनंद हमें पीड़ादायक क्यूँ लगने लगता है?

डोपामाइन

मस्तिष्क की मुख्य क्रियाशील कोशिकाएँ न्यूरॉन कहलाती हैं। ये कोशिकाएँ स्न्याप्सेज़ के समय विद्युतीय संकेतों और न्यूरो ट्रांसमिटर्स के माध्यम से एक दूसरे से लगातार संवादरत रहती हैं।

न्यूरो ट्रांसमिटर्स बेसबॉल जैसे होते हैं। प्री-सिनैप्टिक न्यूरॉन एक पिचर की तरह होता है। और पोस्ट-सिनैप्टिक न्यूरॉन कैचर की भाँति व्यवहार करता है। और पिचर तथा कैचर के बीच की जगह को सिनैप्टिक क्लेफ़्ट कहते हैं। जिस तरह बेसबॉल में पिचर और कैचर के बीच बॉल फेंकी जाती है ठीक उसी तरह न्यूरॉन्स के बीच की दूरी के लिए न्यूरो

ट्रांसमिटर्स सेतु निर्माण करते हैं। यह वे केमिकल संदेश वाहक हैं, जो मस्तिष्क के विद्युतीय संकेतों को संचालित करते हैं।

वैसे तो न्यूरो ट्रांसमिटर्स बहुतायत में हैं, लेकिन फ़िलहाल हम डोपामाइन पर ही अपना ध्यान केंद्रित करेंगे।

न्यूरो ट्रांसमिटर्स

स्वतंत्र रूप से काम कर रहे दो वैज्ञानिकों द्वारा वर्ष 1957 में डोपामाइन को पहली बार न्यूरो ट्रांसमिटर के रूप में इंगित किया गया था। वे दो वैज्ञानिक थे; एर्विड कार्लसन और उनकी टीम जो लुंड, स्वीडन में खोज कर रही थी और दूसरी कैथलीन मोंटगु और उनकी टीम जो कि लंदन से काम कर रही थी। फ़िजियोलॉजी या चिकित्सा का नोबेल प्राइज बाद में कार्लसन को भी मिला।

प्रतिफल प्रक्रिया में शामिल, डोपामाइन ही इकलौता न्यूरो ट्रांसमिटर नहीं है लेकिन अधिकांश वैज्ञानिक यह मानते हैं कि डोपामाइन ही सबसे महत्त्वपूर्ण न्यूरो ट्रांसमिटर है। शायद डोपामाइन का मुख्य कार्य प्रतिफल

के आनंद की अनुभूति करने के बजाय मस्तिष्क को प्रतिफल पाने के लिए प्रोत्साहित करना है। पसंद से अधिक चाहना। जिन चूहों में अनुवंशकीय बदलाव कर दिए जाते हैं, जिसके कारण वे डोपामाइन बनाने में अक्षम हो जाते हैं, वे भोजन नहीं ढूँढ़ते। उनके सामने ही भोजन की थाली रखी हो तब भी वे ख़ुद को भूखा रहकर मार लेंगे। लेकिन यदि उनके मुँह में सीधे भोजन को डाला जाए तो वे चबाएँगे भी और उस भोजन को खाएँगे भी। वे इस प्रक्रिया का आनंद भी लेंगे।

मस्तिष्क का डोपामाइन
पुरस्कार मार्ग

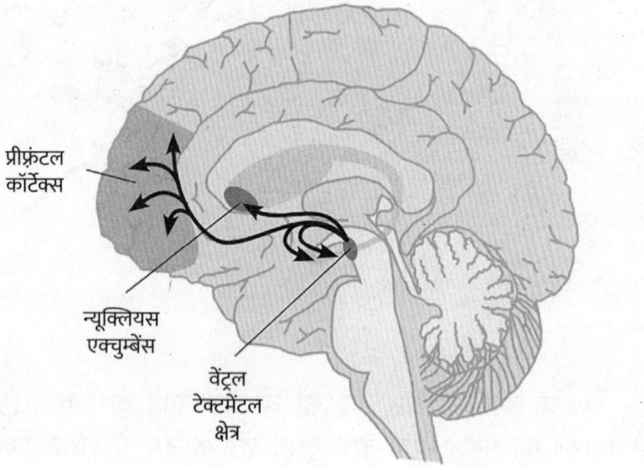

प्रेरणा और आनंद के बीच अंतर के बारे में बहस के बावजूद, *डोपामाइन* का उपयोग किसी भी व्यवहार या ड्रग के नशे की क्षमता को मापने के लिए किया जाता है।

जब भी कोई ड्रग मस्तिष्क के पुरस्कार मार्ग में अधिक मात्रा में डोपामाइन संश्लेषित करती है और जितने तेज़ दर पर करती है, वह ड्रग

उतनी ही लत लगाने वाली होती है। एक सर्किट जो वेंट्रल टेक्टमेंटल क्षेत्र, न्यूक्लियस एक्युम्बेंस और प्रीफ्रंटल कॉर्टेक्स को जोड़ता है उसे ही मस्तिष्क का पुरस्कार मार्ग कहा जाता है।

लेकिन इन बातों का यह मतलब बिलकुल भी नहीं है कि *अत्यधिक डोपामाइन* पदार्थों में डोपामाइन ज़्यादा मात्रा में होता है। असल में वह पदार्थ हमारे मस्तिष्क के प्रतिफल मार्ग में डोपामाइन संश्लेषण की क्रिया को शुरू करते हैं और बढ़ाते हैं। एक डिब्बे में बंद चूहे के लिए, चॉकलेट मस्तिष्क में डोपामाइन के बेसल आउटपुट को 55 प्रतिशत, सेक्स 100 प्रतिशत, निकोटीन 150 प्रतिशत और कोकीन 225 प्रतिशत तक बढ़ा देती है। नशे के लिए मिलने वाली ड्रग जिन्हें सामान्यतः 'स्पीड', 'आइस', या 'शाबू' कहा जाता है उनमें सबसे अधिक सक्रिय सामग्री एम्फ़ैटेमिन होती है। अटेंशन डेफ़िसिट डिसऑर्डर का इलाज करने के लिए प्रिस्क्राइब की जाने वाली दवा - एडरॉल में भी सबसे सक्रिय सामग्री एम्फ़ैटेमिन ही है। एम्फ़ैटेमिन, डोपामाइन संश्लेषण को 1000 प्रतिशत बढ़ा देता है। अगर डोपामाइन संश्लेषण के आधार पर गणना की जाए तो मेथ पाइप से एक हिट दसियों ऑर्गेज्म के बराबर होगा।

रिवार्ड्स और डोपामाइन रिलीज

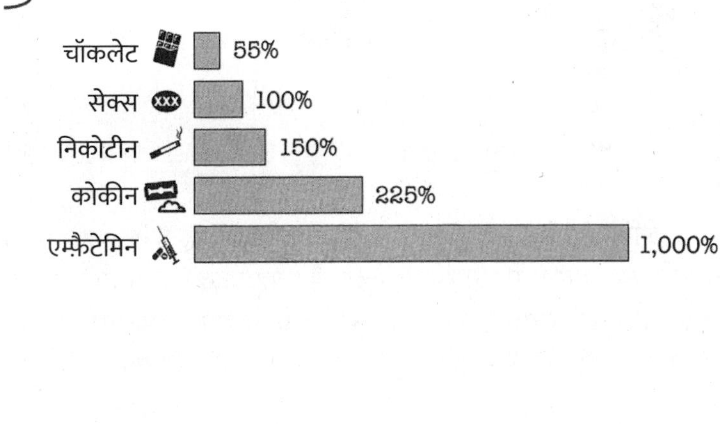

आनंद और पीड़ा के स्थल सह-स्थित हैं

डोपामाइन की खोज के अलावा, न्यूरो विज्ञानियों ने यह निर्धारित किया है कि आनंद और दर्द अतिव्यापी मस्तिष्क क्षेत्रों में संसाधित होते हैं। और वे एक विरोधी-प्रक्रिया तंत्र के माध्यम से काम करते हैं। इसे कहने का दूसरा तरीक़ा यह है कि सुख और दर्द एक संतुलन की तरह काम करते हैं।

कल्पना कीजिए कि हमारे मस्तिष्क में एक संतुलन है - एक पैमाना जिसके केंद्र में एक आधार है। जब इस संतुलन वाली तराज़ू पर कुछ नहीं होता तब यह पैमाना ज़मीनी स्तर पर होता है। जब हमें किसी भी क्रिया या अनुभव के कारण आनंद की अनुभूति होती है तब, हमारे मस्तिष्क के पुरस्कार मार्ग में डोपामाइन प्रकाशित होता है, तब इस संतुलन का तराज़ू का पलड़ा आनन्द की ओर झुक जाता है। जितना अधिक यह पलड़ा झुकता है, और जितनी तेज़ी से यह झुकता है, उतना ही ज़्यादा हम आनंद महसूस करते हैं।

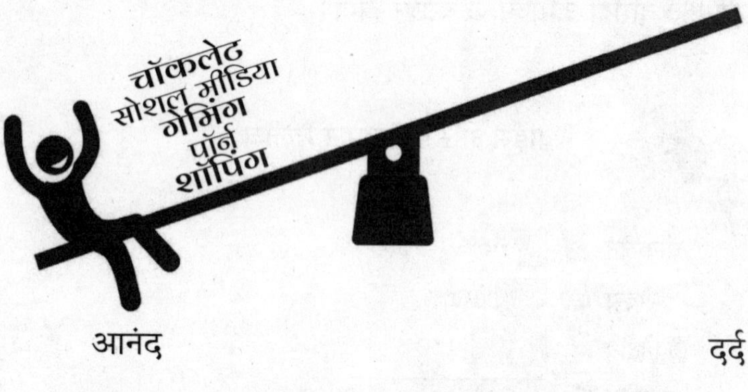

लेकिन यहाँ संतुलन के बारे में महत्त्वपूर्ण बात यह है कि यह समतल यानी साम्य अवस्था में बने रहना चाहता है। यह बहुत लंबे समय तक एक तरफ़ या दूसरी तरफ़ झुका हुआ नहीं रहना चाहता। इसलिए, जब भी संतुलन आनंद की ओर झुकता है, शक्तिशाली स्व-विनियमन तंत्र इसे

फिर से साम्य अवस्था में लाने के लिए कार्रवाई में जुट जाते हैं। इन स्व-विनियमन तंत्रों को सचेत विचार या इच्छाशक्ति के कार्य की आवश्यकता नहीं होती है। वे बस घटित होते हैं, एक प्रतिवर्ती प्रक्रिया की तरह।

मैं इस संतुलन स्केल और इसके स्व-विनियमन प्रणाली की कुछ इस तरह कल्पना करती हूँ कि छोटे-छोटे ग्रेमलिन्स दर्द की तरफ़ वाले पलड़े पर कूदने लगते हैं, जिससे की आनंद की तरफ़ झुका हुआ स्केल स्वतः फिर से साम्य अवस्था में पहुँच जाए। यह ग्रेमलिन्स *होमियोस्टैसिस* की प्रक्रिया को इंगित करते हैं। *फ़िज़ियोलॉजिकल* साम्यता बनाने के लिए यह किसी भी जीवित प्रणाली की प्रवृत्ति होती है। और एक बार यह स्केल जब साम्य अवस्था में पहुँच जाता है तो वहीं नहीं रुकता बल्कि चलता जाता है और

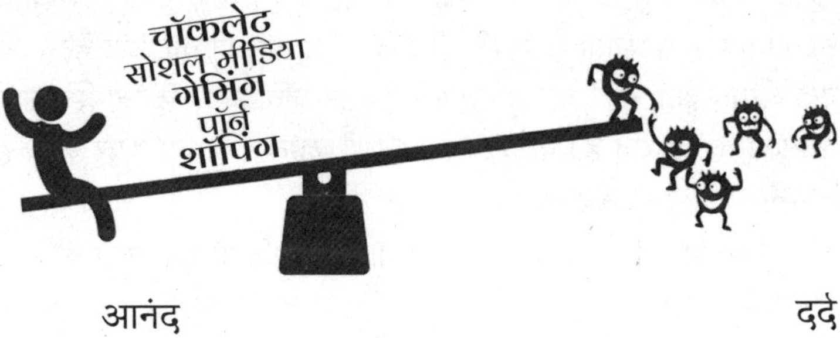

जितना पलड़ा आनंद की स्थिति में झुका था उतना ही दर्द की तरफ़ भी झुकने लगता है।

सत्तर के दशक में, सामाजिक वैज्ञानिक रिचर्ड सोलोमन और जॉन कोर्बिट इस प्रक्रिया को आनंद और पीड़ा के बीच का व्युत्क्रमानुपाती संबंध, अपने प्रतिद्वंदी प्रक्रिया सिद्धांत में बताते हैं। वे कहते हैं, "सुखमय या भावात्मक तटस्थता से किसी भी लंबे समय तक या बार-बार हटने की एक क़ीमत होती है।" *वह लागत एक* "उत्तर-प्रतिक्रिया" है, जो स्टिमुलस के मूल्य के विपरीत है। *या जैसी कि पुरानी कहावत है, जो ऊपर जाता है उसे नीचे आना ही पड़ता है।*

ऐसा पाया गया है कि ज़्यादातर शारीरिक प्रक्रिया इसी तरह की स्व-विनियमन प्रणाली द्वारा संचालित होते हैं। उदहारण के तौर पर, जोहान वोल्फ़ गैंग वॉन गेटे, इवाल्ड हेरिंग और अन्य ने प्रदर्शित किया है कि कैसे रंग को समझने और महसूसने की प्रक्रिया भी एक प्रतिद्वंद्वी-प्रक्रिया प्रणाली द्वारा ही नियंत्रित होती है। किसी भी रंग को एक द्रष्टा यदि लंबे समय तक गौर से देखता रहता है तो अचानक उस द्रष्टा की नज़रों में एक विपरीत रंग का चित्र उभर आता है। प्रयोग के लिए आप श्वेत बैकग्राउंड पर बने हरे रंग को जब एक लंबे अंतराल के लिए गौर से देखते रहेंगे और फिर आप अपना ध्यान जब श्वेत रंग पर डालेंगे तो आपका मस्तिष्क अचानक लाल रंग का एक उत्तर रंग निर्मित करेगा। हरे रंग को जब आप देख, समझ, और जान रहे होंगे तो उत्तर रंग आपके मन मस्तिष्क में लाल रंग का उभरेगा। जब आपके मन में हरे रंग का अनुभव होता रहेगा तब

आप लाल रंग ना देख सकते हैं और ना महसूस कर सकते हैं और ऐसा ही लाल रंग जब आप अनुभव करेंगे तो हरा ना देख पाएँगे ना महसूस कर पाएँगे।

सहिष्णुता (न्यूरो-अडॉप्टेशन)

आनंद की अनुभूति होने के बाद हम सबने और अधिक आनंद उठाने की तीव्र इच्छा महसूस की है। चाहे वह दूसरे आलू के चिप्स को खाने की इच्छा जगे या फिर किसी वीडियो गेम के अगला राउंड खेलने का मन उठे - जिस क्रिया ने हमें अच्छा महसूस कराया है उसको दोहराने और पुनः निर्मित करने की यह इच्छा हमारे भीतर प्राकृतिक है। हम यह तो प्रयत्न करते ही हैं कि जो बेहतरीन भाव हमारे अंदर निर्मित हुए हैं वे यूँ ही कहीं लुप्त ना हो जाएँ। और इसका सीधा और आसान तरीक़ा हम यह पाते हैं कि हम खाना जारी रखें, या खेलना जारी रखें, या देखना जारी रखें, या फिर पढ़ना जारी रखें। लेकिन इस सामान्य और प्राकृतिक दिखने वाले तरीक़े में एक बुनियादी समस्या है।

जब एक ही या एक ही तरीक़े के आनंद के स्टिमुलस के सामने ख़ुद को हम बार-बार एक्सपोज़ करते हैं तब आनंद की तरफ़ स्केल का पलड़ा शुरुआत में जितना अधिक झुकता था। वह धीरे-धीरे कमज़ोर होता जाता है और हम अपनी आनंद की अनुभूति देने वाली क्रिया से आनंद पहले से कम महसूस करना शुरू कर देते हैं। यह आनंद के तरफ़ पलड़े का झुकाव पहले से अधिक कमज़ोर, कम देर का और उत्तर प्रक्रिया में पीड़ा की तरफ़ स्केल का पलड़ा लंबे समय तक टिका रहता है। इस प्रक्रिया को वैज्ञानिक *न्यूरो-अडॉप्टेशन* कहते हैं। यानी, दोहराव के साथ, हमारे ग्रेमलिन्स बड़े, तेज़ और संख्या में अधिक हो जाते हैं, और समान प्रभाव प्राप्त करने के लिए हमें अपनी पसंद की ड्रग की और अधिक आवश्यकता होती है।

आनंद की अनुभूति करने के लिए, जब किसी पदार्थ की हमें अधिक मात्रा में ज़रुरत महसूस होने लगती है या दिए गए डोज़ में हमारे आनंद की अनुभूति कमतर होने लगती है तो इसे *सहिष्णुता* कहते हैं। लत के विकास के क्रम में सहिष्णुता की एक अदद और महत्त्वपूर्ण जगह है।

ट्वाईलाइट कथा को दूसरी बार पढ़ना मेरे लिए आनंददायक तो था, लेकिन पहली बार पढ़ने की अपेक्षा में उससे कम आनंद की अनुभूति हुई। और जब तक मैंने इस कथा को चौथी बार पढ़ा (हाँ, मैंने *ट्वाईलाइट* को चार दफ़ा पढ़ा है), उसे पढ़ने का जो आनंद था, वह हर बार कम होता गया और चौथी बार तक तो बहुत ज़्यादा ही कम हो गया था।

पुनर्पाठ मुझे पहली दफ़ा के पाठ के मुक़ाबले अधिक आनंद नहीं दे पाया। इसके अलावा, हर बार जब मैंने इसे पढ़ा, तो इसके परिणाम के प्रति मेरे मन में असंतोष की गहरी भावना रह गई। और हर बार, पहली बार पढ़ते समय जो अनुभूति हुई थी, उसे पुनः प्राप्त करने की प्रबल इच्छा भी महसूस हुई। जैसे ही मेरी *ट्वाईलाइट* के प्रति सहिष्णुता निर्मित हुई, मैं इसी ड्रग, इसी आनंद की खोज में नए और शक्तिशाली स्रोतों को ढूँढ़ने के लिए मज़बूर हुई। मैं हर हाल में अपने पहले पाठ वाला आनंद और रोमांच की अनुभूति को दोबारा पाना चाहती थी।

जब हम किसी एक ही चीज़ या पदार्थ, जो हमें आनंद प्रदान करती है, उसे लंबे समय तक करते रहते हैं तो धीरे-धीरे आनंद-पीड़ा का स्केल

अंततः पीड़ा की तरफ़ झुक जाता है। हमारे आनंद के निर्धारित तय अंक बदलते रहते हैं, और वे हमारी आनंद की अनुभूति की क्षमता को कम करते हैं और हम कष्ट झेलने की अभेद्यता बढ़ जाती है। आप इसे ऐसे सोच सकते हैं, जैसे ग्रेमलिन्स ने तराज़ू के दर्द वाले हिस्से पर हवा भरने योग्य गद्दों और पोर्टेबल बारबेक्यू के साथ अपना डेरा डाल दिया हो।

मैं 2000 की शुरुआती दौर में ही लत वाले पदार्थों की मस्तिष्क पुरस्कार मार्ग पर पड़ रहे गहरे प्रभावों को समझ चुकी थी। यह हाई-डोपामाइन पदार्थ किस तरह प्रतिफल मार्ग पर अपना प्रभाव छोड़ते हैं, इसे मैं ध्यान से परख़ती थी। और इस परख़ की शुरुआत तब हुई, जब मैंने यह पाया कि मेरे क्लिनिक में आने वाले हाई-डोज़, लंबे समय तक ओपिऑयड थेरेपी में संलिप्त मरीज़ों की संख्या लगातार बढ़ रही थी। लंबे समय तक कष्ट झेल रहे इन मरीज़ ऑक्सीकॉन्टिन, विकोडिन, मॉर्फिन, फ़ेंटानिल जैसे ओपिऑयड्स की गिरफ़्त में थे। हालाँकि ऐसी ओपिऑयड दवाओं के हाई डोज़ एक लंबे समय तक जारी रखने के बाद भी इनके पुराने दर्द कभी ठीक नहीं हुए। और तो और वे समय के साथ इन मरीज़ों की परेशानियाँ बढ़ाते गए। ऐसा क्यों हुआ था? क्योंकि अनवरत चले आ रहे ओपिऑयड के सेवन के कारण उनके मस्तिष्क ने आनंद-पीड़ा स्केल को पीड़ा के पलड़े में अधिक झुका दिया था। अब उनकी दीर्घकालिक दर्द की बीमारी पहले से अधिक बुरी हो ही चुकी थी

और शरीर के वे अंग जो कभी दर्द मुक्त रहे थे उनमें नया दर्द पनपने लगा था।

इस घटना को *ओपिऑयड-इंड्यूस्ड हाइपरलेग्जिया* कहते हैं। इसे बहुतेरे जानवरों पर शोध करते समय देखा गया है, पहचाना गया है, और सिद्ध किया गया है। *अल्जेसिया* - ग्रीक शब्द अल्जेसिस से आता है, जिसका अर्थ होता है - दर्द के प्रति संवेदनशीलता। और आश्चर्य की बात यह रही कि जब इन मरीज़ों की ओपिऑयड की खुराक बंद कर दी गई तब इनकी शारीरिक पीड़ा पहले से बेहतर हुई। मरीज़ों ने दर्द में कमी महसूस की।

न्यूरोसाइंटिस्ट नोरा वोल्को और उनके सहकर्मियों ने दिखाया है कि उच्च-डोपामाइन पदार्थों के भारी और लंबे समय तक सेवन से अंततः डोपामाइन की कमी हो जाती है।

वोल्को ने सेहतमंद लोगों के मस्तिष्क में होने वाली डोपामाइन ट्रांसमिशन की जाँच की और इन नतीजों को ओपिऑयड या किसी अन्य नशे की लत में डूबे व्यक्ति, जिन्होंने दो हफ़्ते पहले ही अपनी ड्रग की आदत छोड़ी है, उनके मस्तिष्क में डोपामाइन ट्रांसमिशन से तुलना की। मस्तिष्क के जो स्कैन्स आए वे दरअसल, बेहद अतुलनीय थे। स्वस्थ व्यक्तियों के मस्तिष्क चित्रों में, पुरस्कार और प्रेरणा से जुड़ा मस्तिष्क का किडनी-बीन के आकार का क्षेत्र चमकदार लाल रंग में चमक रहा था, जो डोपामाइन न्यूरोट्रांसमीटर गतिविधि के उच्च स्तर का संकेत देता है। नशे की लत वाले उन लोगों की मस्तिष्क तसवीरों में, जिन्होंने दो सप्ताह पहले ही नशीले उत्पादों का उपयोग बंद कर दिया था, मस्तिष्क के उसी किडनी-बीन-आकार वाले क्षेत्र में बहुत कम या कोई लाल रंग उपस्थित नहीं था, जो कम डोपामाइन संचरण का संकेत देता है।

इस घटना को देखते समझते हुए वोल्को और उनके साथियों ने यह लिखा, "नशीले पदार्थों का सेवन करने वाले लोगों में, डीए डी2 रिसेप्टर्स में कमी दर्ज की गई, जिससे डीए रिलीज़ में भी कमी हुई है। और इन वजहों से प्राकृतिक प्रतिफल के कारण होने वाले स्टिमुलेशन के प्रति मस्तिष्क

के पुरस्कार मार्ग में संवेदनशीलता कम हुई है।" एक बार जब मनुष्य मस्तिष्क इस अवस्था में पहुँच जाता है तब उसे कुछ भी आनंदित नहीं कर सकता।

इसे दूसरे तरीक़े या शब्दों में कहें तो, टीम डोपामाइन के खिलाड़ी अपनी गेंदें और अपने मिट्स लेते हैं और घर चले जाते हैं।

डोपामाइन रिसेप्टर्स पर लत के प्रभाव

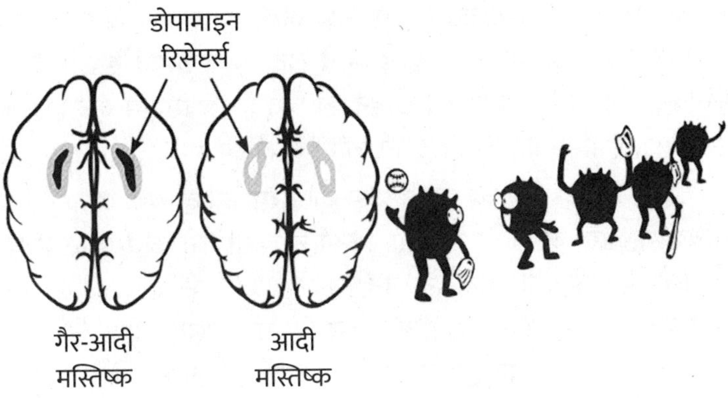

उन दो वर्षों में जिनमें मैंने रोमांटिक उपन्यासों का विवशतापूर्वक सेवन किया था, उस दौरान मैं अंततः एक ऐसी जगह पहुँच चुकी थी, जहाँ मुझे कोई किताब संतुष्टि या आनंद नहीं प्रदान कर पा रही थी। मैं किसी भी किताब को पढ़ कर रोमांचित नहीं हो पाती थी। ऐसा प्रतीत होता था, जैसे मैं अपने उपन्यास के पठन से उत्पन्न होने वाले आनंद के मस्तिष्क केंद्र को नष्ट कर चुकी थी और अब कोई भी किताब उस बिंदु को दोबारा निर्मित करने में असमर्थ थी।

विरोधाभास यह है कि हेडोनिज़्म यानी आनंद की खोज सिर्फ़ आनंद प्राप्ति के लिए आपको *एन-हेडोनिया* की अवस्था में पहुँचा देता

है, जिसका अर्थ यह हुआ कि आप किसी भी तरह के रोमांच, आनंद या ख़ुशी को महसूस कर पाने में असमर्थ हो जाते हैं। पठन या अध्ययन मेरे लिए हमेशा से आनंद प्राप्ति को और इस दुनिया से विरक्त होने का मुख्य साधन रहा है और जब उसने अपना असर दिखाना छोड़ दिया तो मुझे बेहद दुःख हुआ और शॉक लगा। पर इस अतृप्ति और असंतुष्टि के बाद भी पढ़ने की लत छोड़ना मुश्किल था।

मेरे मरीज़, जो किसी न किसी नशे की लत के शिकार रहे हैं, मुझे अक्सर यह बात बताते हैं कि कैसे एक समय बाद, एक बिंदु पर आकर, उनके लिए वह नशा काम करना बंद कर देता है। वे अब उन चीज़ों को कर के ज़रा सा भी उत्तेजित महसूस नहीं करते हैं। लेकिन फिर भी जब वे अपनी पसंद की ड्रग नहीं लेते हैं तो वे ख़ुद को घृणास्पद रूप में देखते हैं। किसी भी नशीले पदार्थ को छोड़ने का विदड्रॉअल सिम्टम एक ही हैं - एंग्जायटी, इंसोमनिया, चिड़चिड़ापन और डिस्फ़ोरिया।

जब आनंद-पीड़ा का पलड़ा पीड़ा की तरफ़ ज़्यादा झुक जाता है तब अधिकांश लोग, जो कभी न कभी, किसी न किसी नशे की गिरफ़्त में थे, वे सालों के परहेज़ के बाद पुनः उन नशीले पदार्थों की ओर वापस लौट आते हैं। जब हमारी आनंद-पीड़ा स्केल का एक पलड़ा पीड़ा की तरफ़ ज़्यादा झुका होता है तब हमें उन नशीले पदार्थों की ज़रूरत सिर्फ़ सामान्य महसूस करने के लिए जान पड़ती है। इन नशीले पदार्थों के सेवन से हम एक साम्य अवस्था स्थापित कर पाते हैं।

न्यूरो वैज्ञानिक जॉर्ज कूब इस घटना को "डिस्फ़ोरिया से संचालित पुनरावृत्ति के चक्कर में फँसना" कहते हैं। जहाँ किसी भी नशीले पदार्थ के लंबे समय तक रखे परहेज़ को तोड़ने का कारण आनंद की खोज नहीं, बल्कि अपने दर्द या शारीरिक, या मानसिक पीड़ा को कम करने के लिए होता है। यह वे पीड़ाएँ हैं, जो लंबे समय के परहेज़ से उत्पन्न होती हैं।

पर एक अच्छी ख़बर भी है। जब हम अपने परहेज़ का धैर्य से पालन करें और लंबे समय तक किसी भी प्रकार के नशीले पदार्थ के सेवन से बचे रहें तब हमारा मस्तिष्क सामान्यतः पुनः ख़ुद को एडजस्ट करता है

और हम आनंद–पीड़ा के स्केल पर एक साम्य अवस्था बना पाते हैं। हम अपने आधारभूत होमियोस्टैसिस को दोबारा स्थापित कर पाने में सक्षम होते हैं। और एक बार जब यह स्केल अपनी साम्य अवस्था को पा लेता है तब हम फिर से रोज़ाना की साधारण चीज़ों में आनंद को ढूँढ़ पाने में समर्थ होते जाते हैं। उदाहरणत; किसी लंबी सैर के लिए जाना, सूर्योदय देखना, सूर्यास्त का आनंद उठाना, अपने मित्रों के साथ एक अच्छी शाम गुज़ारना, इन सब चीज़ों में भी हमें एक आनंद की अनुभूति होनी शुरू हो जाती है।

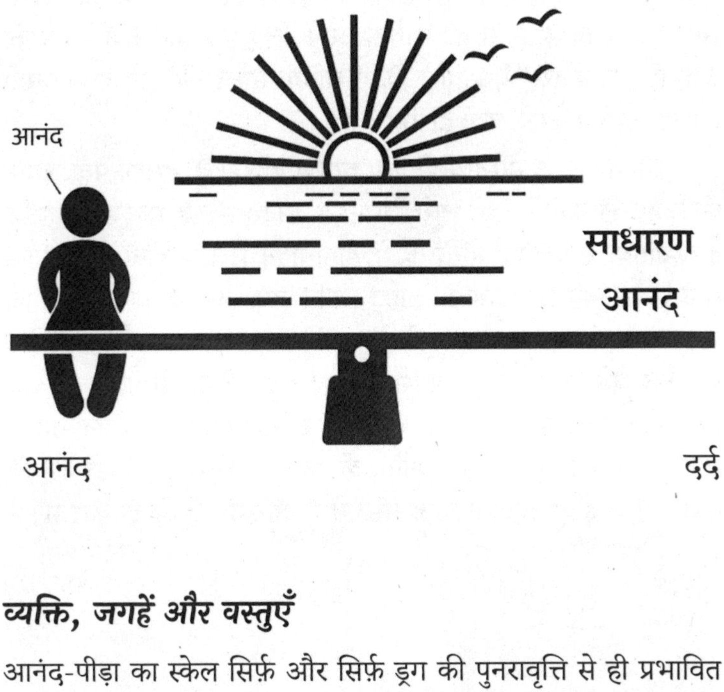

व्यक्ति, जगहें और वस्तुएँ

आनंद-पीड़ा का स्केल सिर्फ़ और सिर्फ़ ड्रग की पुनरावृत्ति से ही प्रभावित नहीं होता। वह उन संकेतों से भी प्रभावित होता है जो ड्रग के उपयोग के साथ जुड़े हुए होते हैं। इस घटना को परिभाषित करने के लिएशराबियों के गुमनाम सिद्धांतों में क्रियाशील वाक्यांश *लोग, जगहें और वस्तुएँ* है।

न्यूरो विज्ञान की दुनिया में इसे *संकेत आधारित सीख* भी कहते हैं। इसे क्लासिकल कंडीशनिंग या पाव्लोवियन कंडीशनिंग भी कहा जाता है।

इवान पाव्लोव जिन्हें वर्ष 1904 का फ़िजियोलॉजी या चिकित्सा क्षेत्र का नोबेल पुरस्कार प्राप्त हुआ था उन्होंने यह दर्शाया कि एक कुत्ता बिना किसी सोच-विचार के, बाध्यकारी ढंग से उसका मुँह लार से भर जाता है, जब भी उसके सामने मीट प्रस्तुत किया जाता है। जब उसके सामने मीट की प्रस्तुति लगातार किसी बजर की आवाज़ के साथ होती है तब इन कुत्तों के मुँह में पानी बजर की आवाज़ सुनते ही आने लगता है, हालाँकि कोई मीट का लोथड़ा आने वाला हो या ना हो। इसका नतीजा यह निकाला गया कि कुत्ता मांस के लोथड़े को उस बजर की आवाज़ के साथ जोड़ लेता है। मांस का लोथड़ा उसके लिए एक प्राकृतिक इनाम की तरह है और बजर की आवाज़ किसी शर्तिया संकेत की तरह काम करती है। मस्तिष्क में उसके क्या हो रहा है?

किसी चूहे के मस्तिष्क में क्या हरक़त हो रही है, इसका पता लगाने की जाँच की जाए तो हमें न्यूरो विज्ञान की मदद से यह मालूम पड़ेगा कि इस शर्तिया संकेत पर मस्तिष्क में डोपामाइन रिलीज़ होता है। शर्तिया संकेत जैसे बजर, मेट्रोनोम, लाइट आदि हुए। यह डोपामाइन रिलीज़ प्राकृतिक इनाम का सेवन करने के काफ़ी पहले हो जाता है। प्राकृतिक प्रतिफल जैसे कोकीन का इंजेक्शन हुआ। यह प्रतिफल से पहले का चढ़ा हुआ डोपामाइन स्तर इस बात की तरफ़ इंगित करता है कि इन शर्तिया संकेतों से हम उस आने वाले आनंद की कल्पना की अनुभूति करते हैं कि असल में कोई आनंददायी चीज़ रास्ते में है और हम उसके इंतज़ार में।

डोपामाइन स्तर:
प्रत्याशा और लालसा

इन शर्तिया संकेतों के ठीक बाद मस्तिष्क में डोपामाइन स्तर अचानक से गिरता है और बेसलाइन स्तर से भी नीचे चला जाता है। प्रतिफल की गैरमौजूदगी में भी मस्तिष्क के पास डोपामाइन रिलीज़ करने के लिए पर्याप्त टॉनिक मौजूद होते हैं। इस क्षणिक डोपामाइन स्तर में आई कमी के कारण ही हम प्रतिफल की आकांक्षा में उसकी खोज में निकल जाते हैं। जब आधारभूत रेखा के नीचे डोपामाइन गिर जाता है तो प्रतिफल को प्राप्त करने की हममें तीव्र इच्छा जागती है। और इसी तीव्र इच्छा का अनुवाद होते हैं हमारी अपने पसंदीदा ड्रग की तलाश में उठाए जा रहे सोचे-विचारे क़दम।

मेरे सहकर्मी और एक विशिष्ट तथा विख्यात न्यूरो वैज्ञानिक, रॉब मलेंका ने एक दफ़ा मुझसे कहा था कि, "किसी भी लैब में बंद कोई जानवर को किसी भी नशे की कितनी लत है उसका अंदाज़ इस बात से लगाया जा सकता है कि वह अपने मनपसंद ड्रग को प्राप्त करने की चाह में कितनी मेहनत करने को तैयार है। कोई लीवर दबा कर या किसी भूलभुलैया से निकल कर या फिर किसी ढलान पर चढ़कर वह अपने मनपसंद ड्रग को प्राप्त करने की कोशिश ज़रूर करता है।" और अपने

कार्यकाल में मैंने इंसानों के लिए भी इस बिंब को सटीक और सही पाया है। और यहाँ यह बताने की कोई आवश्यकता नहीं है कि मनपसंद ड्रग को प्राप्त करने की चाह, और उसकी मेहनत से की जा रही खोज का चक्कर व्यक्ति की जागरूक अवस्था की सीमा के बाहर किसी अनजान अवस्था में भी हो सकता है।

जब हम अपने पसंद की ड्रग को प्राप्त कर लेते हैं और उसे तलाशने की इच्छा से तृप्त हो जाते हैं तब हमारे मस्तिष्क में डोपामाइन का स्तर टॉनिक स्तर से बहुत ऊपर पहुँच जाता है। और जब हमारी लाख कोशिशों के बावजूद भी हम अपने पसंद के ड्रग को प्राप्त करने में असमर्थ होते हैं, हमारी सारी कोशिशों पर पानी फिर जाता है तब हमारे मस्तिष्क में डोपामाइन का स्तर आधारभूत रेखा से बहुत नीचे गिर जाता है। इसे यदि दूसरे शब्दों में कहा जाए तो यह कहा जा सकता है कि जब हमें अपनी इच्छा के अनुसार प्रतिफल की प्राप्ति होती है तब हमारे मस्तिष्क में डोपामाइन का स्तर में एक बड़ा उछाल दर्ज किया जाता है। और जब हमें अपनी इच्छा की तृप्ति नहीं मिल पाती या प्रतिफल की खोज असफल रहती है तब इस डोपामाइन के स्तर में बड़ी तेज़ी से गिरावट देखी जाती है।

डोपामाइन स्तर:
प्रत्याशा और लालसा

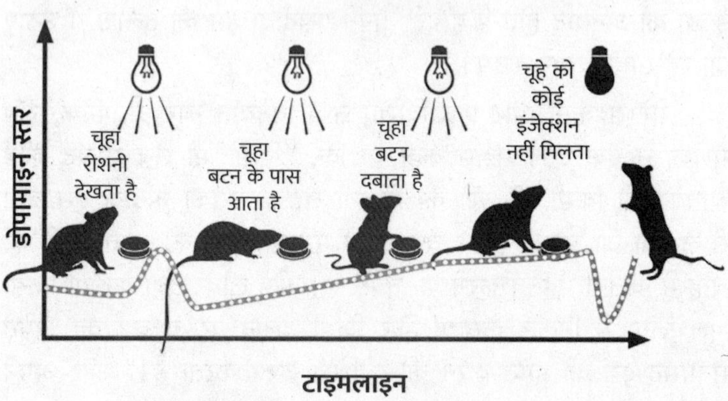

हम सबने कभी न कभी अपनी अधूरी इच्छाओं से उत्पन्न निराशा का अनुभव किया है। किसी प्रतिफल की इच्छा में की जा रही कोशिशों के बावजूद जब असफलता हाथ लगती है तो वह उस स्थिति से बदतर होती है, जब हमें किसी भी प्रकार के किसी भी प्रतिफल की आकांक्षा ही नहीं रही हो।

हमारे भीतर संकेत आधारित इच्छा का उद्गम, आनंद-पीड़ा के स्केल को कैसे प्रभावित करता है? भविष्य में किसी प्रतिफल की प्राप्ति की प्रत्याशा में यह स्केल आनंद के पलड़े में झुक जाता है, जिससे हमें डोपामाइन के स्तर में एक छोटी सी उछाल देखने को मिलती है। और इस शर्तिया संकेत के तुरंत बाद हमारे मस्तिष्क के डोपामाइन स्तर में एक छोटी सी गिरावट भी देखी जाती है, जहाँ इस संतुलन स्केल पर पलड़ा दुःख की तरफ़ झुक जाता है। डोपामाइन के स्तर में आई गिरावट जिससे डोपामाइन की कमी होती है उससे लालसा और अपनी मनपसंद ड्रग को तलाश करने की तीव्र इच्छा को जन्मती है।

बीते एक दशक में, पैथॉलाजिकल जुआरी होने या जुआ खेलने की आदतों के जैविक कारणों को समझने के क्रम में कई महत्त्वपूर्ण विकास हुए हैं। जिससे *मानसिक विकारों के निदान और सांख्यिकी मैनुअल (5वें संस्करण)* में जुआ विकारों को नशे की लत विकारों के रूप में पुनः वर्गीकृत किया गया है।

जुए की लत के कारण होने वाले डोपामाइन स्तर में बदलावों को समझने के लिए, किए गए शोध हमें बताते हैं कि यह प्रतिफल प्राप्त (अक्सर वित्तीय) करने की बजाय प्रतिफल की प्राप्ति की अनिश्चितता पर ज़्यादा निर्भर करता है। जुआ खेलने के पीछे सबसे बड़ा कारक प्रतिफल की प्राप्ति की संभावनाओं को बिलकुल सटीक बता पाने की अक्षमता पर बहुत निर्भर करता है और जुआ खेलने की लत पैसे जीतने या गँवा देने की बात से ज़रा सा भी प्रभावित नहीं होती।

जिन लोगों को जुआ खेलने की लत है उनके मस्तिष्क में होने वाले डोपामाइन रिलीज़ पर वर्ष 2010 में जैकोब लिनेट और उनके साथियों

ने एक शोध किया। और साथ ही उस शोध में उन्होंने कुछ सेहतमंद नियंत्रक भी रखे। इस शोध में लिनेट और उनकी टीम ने जुआ खेलते वक़्त पैसे जीतने और हारने पर होने वाले डोपामाइन स्तर के बदलावों को मैप किया। इन दोनों समूहों के डोपामाइन स्तर में, जब वे पैसा जीत रहे थे तब कोई बड़ा अंतर नहीं दिखा। लेकिन सेहतमंद नियंत्रकों की तुलना में पैथोलॉजिकल जुआरियों में पैसा हारने पर डोपामाइन के स्तर में निरा-अंतर दिखाई दिया। उनमें पैसे हारने पर भी डोपामाइन का स्तर बढ़ रहा था। पैथोलॉजिकल जुआरियों के मस्तिष्क पुरस्कार मार्ग में सबसे अधिक डोपामाइन का स्तर तब दर्ज किया गया जब पैसे हारने या जीतने की संभावना ठीक बराबर थी यानी 50 प्रतिशत संभावना जीतने या हारने की बनी हुई थी। इस अधिकतम अनिश्चितता में जुआरियों के मस्तिष्क प्रतिफल में सबसे अधिक डोपामाइन रिलीज़ हो रहा था।

जुआ विकार इनाम की प्रत्याशा (इनाम से पहले जारी डोपामाइन) और इनाम प्रतिक्रिया (इनाम के बाद या उसके दौरान हुए डोपामाइन रिलीज़) के बीच के सूक्ष्म अंतर को उजागर करता है। मेरे मरीज़ जो जुआ विकार की लत से पीड़ित थे उन्होंने मुझसे यह क़बूल किया है कि उनके भीतर का एक हिस्सा उस वक़्त भी ख़ुश होता था, जब वे पैसे हार रहे होते थे। जितना अधिक वे हारते जाते थे, उनके भीतर और अधिक दाँव लगाने की, और अधिक जुआ खेलने में संलिप्त होने की इच्छा बढ़ती जाती। और यह इच्छा तब और तीव्र हो जाती जब वे जीत जाते। इस घटना को “लॉस चेजिंग” कहा जाता है।

मेरी व्यक्तिगत राय यह है कि ऐसा ही कुछ सोशल मीडिया ऐप्स के साथ भी घटित हो रहा है। जहाँ दूसरों की प्रतिक्रिया इतनी मनमौजी और अप्रत्याशित होती है कि “लाइक” या उसके कुछ समकक्ष पाने की अनिश्चितता स्वयं “लाइक” जितनी ही प्रबल होती है।

प्रतिफल प्राप्ति और उससे जुड़े संकेतों की पुरानी और भूली-बिसराई स्मृतियों को हमारा मस्तिष्क एनकोड करता है। हमारा मस्तिष्क इनको डोपामाइन निर्मित करने वाले न्यूरॉन के आकार और आकृति को बदलकर एनकोड करता है। उदाहरण के तौर पर, डेन्ड्राइट, जो न्यूरॉन से निकलने वाली शाखाएँ होते हैं, वे उच्च स्तरीय डोपामाइन प्रतिफल वाले पदार्थों की प्रतिक्रिया में लंबे और और अधिक शाखाओं वाले हो जाते हैं। इस प्रक्रिया को *एक्सपीरियंस-डिपेंडेंट प्लास्टिसिटी* (यानी अनुभव आधारित लचीलापन) कहते हैं। यह बदलाव कई बार जीवन भर तक बने रहते हैं। और यदि आगे भविष्य में कोई ड्रग ना भी हो तब भी बने रहते हैं।

कोकीन लेने का प्रभाव चूहों पर जाँचने के लिए शोधकर्ताओं ने चूहों को ठीक बराबर मात्रा में हफ़्ते के हर दिन दिया और देखा कि कोकीन के प्रभाव में वे हर इंजेक्शन के बाद कितना दौड़ते हैं। जिस चूहे में कोकीन के इंजेक्शन लगे होंगे वह सामान्य चूहों की तरह पिंजरे की परिधि में दौड़ने के बजाय पिंजरे के पार दौड़ने का प्रयास करता है। वह चूहा कितनी दूर दौड़ा है इसका पता पिंजरे के पार प्रक्षेपित प्रकाश की किरण का उपयोग करके मापा जा सकता है। जितनी अधिक बार वह चूहा इस प्रक्षेपित प्रकाश के किरण को काटेगा, इसका अर्थ यह हुआ कि वह चूहा उतना ही अधिक दौड़ लगा रहा है।

इस प्रयोग से वैज्ञानिकों ने यह पाया कि हर दिन के कोकीन के प्रयोग की वजह से जो चूहा पहले दिन हल्की जॉग लगा रहा था वह हफ़्ते के आख़िरी दिन तक पहुँचते-पहुँचते पागलों की तरह दौड़ लगाने लगा। इससे यह बात सामने आती है कि कोकीन का मन मस्तिष्क पर संचीय संवेदीकरण का प्रभाव होता है।

एक दिन जब शोधकर्ताओं ने चूहों को कोकीन देना बंद कर दिया तो उसने यह चीज़ पाई कि चूहों ने दौड़ना भी बंद कर दिया। एक साल बाद - जो कि किसी चूहे के लिए एक सम्मानजनक जीवन है - कोकीन दोबारा इंजेक्ट किया तो वह चूहा उसी गति से दोबारा दौड़ने लगा जिस गति से वह प्रयोग के आख़िरी दिन दौड़ रहा था।

जब वैज्ञानिकों ने चूहों के दिमाग़ का परीक्षण किया तो उन्होंने पाया कि कोकीन के प्रयोग से चूहों के मस्तिष्क प्रतिफल मार्ग में जो बदलाव आए थे, वह लगातार कोकीन के संचयी संवेदीकरण की तरह ही थे। ये नतीजे हमें बताते हैं कि कोकीन जैसे ड्रग आपके दिमाग़ को हमेशा के लिए बदल सकते हैं। ऐसे ही नतीजे अन्य नशीले पदार्थों के लिए भी निकाले गए हैं, जैसे; शराब, ओपिऑयड्स या फिर गाँजा।

अपने चिकित्सीय कार्य में, मैंने यह अक्सर देखा है कि बरसों के परहेज के बाद किसी एक मौक़े पर भी अगर व्यक्ति ड्रग का दोबारा उपभोग कर लेता है तब फिर से वह अपनी लत वाली स्थिति में वापस सरक जाता है। उसे उस ड्रग की बाध्यकारी ज़रूरत महसूस होने लगती है। इसका एक बड़ा कारण यह हो सकता है कि हमारा अपनी मनपसंद ड्रग के प्रति एक संवेदना मन-मस्तिष्क में संचित रहती है, जो ट्रिगर हो जाती है। ये पुरानी ड्रग के उपभोग के दूर से आ रही प्रतिध्वनियाँ होती हैं।

सीखने से मस्तिष्क में डोपामाइन का स्तर बढ़ने लगता है। जब महिला चूहों को तीन महीने के लिए एक नए, भिन्न और स्टिमुलेट वातावरण में रखा गया तो उनके भीतर मानक प्रयोगशाला के पिंजरों में रखे चूहों की तुलना में मस्तिष्क के पुरस्कार मार्ग पर डोपामाइन समृद्ध सिनैप्सिस का प्रसार दर्ज किया गया। नई और भिन्न जगहों से जहाँ एक स्टिमुलेटिंग वातावरण होता है, वहाँ जाने से मस्तिष्क में जो बदलाव आते हैं वे किसी उच्च डोपामाइन (जिनसे नशे की लत पड़ जाती है) वाली ड्रग जैसे ही होते हैं।

लेकिन यदि उन्हीं चूहों को ऐसे नए और उत्तेजक वातावरण में भेजने से पहले ही किसी उच्च डोपामाइन वाला ड्रग जैसे मेटाएम्फ़ैटेमिन दे दिया जाए तब वे ऐसे समृद्ध करने वाले वातावरण में जाने के बाद भी उनके मस्तिष्क में पहले देखे गए सिनेप्टिक बदलाव देखने को नहीं मिलते

हैं। इससे यह नतीजा निकलता है कि मेटाएम्फ़ैटेमिन चूहों के सीखने की क्षमता को कम कर देता है।

लेकिन यहाँ एक अच्छी ख़बर भी है। मेरे सहकर्मी एडी सलीवन, जो मस्तिष्क पर शराब के कारण होने वाले प्रभाव के विषयों के संबंध में विश्व भर में प्रख्यात विशेषज्ञ हैं, उन्होंने नशे की लत से उबरने की प्रक्रिया पर शोध किया है। और वह इस नतीजे पर पहुँचे हैं कि नशे के कारण होने वाले कुछ बदलाव हमेशा के लिए हो जाते हैं, लेकिन मस्तिष्क के इन क्षतिग्रस्त इलाक़ों के आस-पास से नए न्यूरल नेटवर्क्स बना कर पहले की स्थिति हासिल की जा सकती है। इसका अर्थ यह हुआ कि मस्तिष्क में नशे के कारण हुए बदलाव परमानेंट हो सकते हैं, लेकिन नए सिनेप्टिक मार्ग खोज कर अच्छी और सेहतमंद आदतें बनाई जा सकती हैं।

हालाँकि भविष्य के पास नशे के घावों को ठीक करने और उन्हें पुनः सामान्य कर सकने की चमत्कृत करने वाली संभावनाएँ उपलब्ध हैं। विन्सेंट पास्कोली और उनके साथियों ने चूहों के मस्तिष्क में कोकीन के इंजेक्शन के बाद होने वाले व्यावहारिक बदलावों को अवलोकित किया (जैसे पागलों की तरह दौड़ लगाना) और फिर ऑप्टोजेनेटिक्स की सहायता से मस्तिष्क में कोकीन के कारण हुए सिनैप्टिक बदलावों को उलट दिया। ऑप्टोजेनेटिक्स एक जैविक तकनीक है, जिसमें प्रकाश के मदद से न्यूरॉन को संचालित और नियंत्रित किया जा सकता है। शायद आने वाले भविष्य में ऑप्टोजेनेटिक्स का प्रयोग इंसानों पर भी संभव हो सके।

संतुलन सिर्फ़ एक बिंब अंतरंगता है

असल जीवन में किसी संतुलन स्केल की कार्यवाही से ज़्यादा सुघड़ और जटिल तरीक़े से पीड़ा और आनंद काम करते हैं।

जो चीज़ एक व्यक्ति के लिए आनंददायक है वही चीज़ दूसरे व्यक्ति के लिए भी आनंददायक हो यह ज़रूरी नहीं है। हर व्यक्ति के पास उसके मन के पसंद का एक नशा है, एक लत है।

पीड़ा और आनंद एक साथ भी घटित हो सकते हैं। उदाहरण के तौर पर तीखा और मसालेदार भोजन करते समय हम कष्ट और आनंद दोनों की अनुभूति एक साथ कर सकते हैं।

और हर कोई एक साम्य अवस्था में रखी संतुलन स्केल से शुरू नहीं करता। जो लोग डिप्रेशन, एंग्जायटी, या किसी पुराने दर्द से पीड़ित हैं उनके लिए संतुलन स्केल की शुरुआत दर्द के पलड़े में झुकी हुई होती है। इसी लिए साइकियाट्रिक विकारों से जूझ रहे लोग नशे के प्रति ज़्यादा संवेदनशील होते हैं।

हमारे लिए दर्द (और आनंद) की अनुभूति इस बात पर भी निर्भर करती है कि हम इन शब्दों को किन मायनों में देखते-समझते हैं।

हेनरी नोल्स बीचर (1904-1976) ने उत्तरी अफ्रीका, इटली और फ्रांस में द्वितीय विश्व युद्ध के दौरान एक सैन्य चिकित्सक के रूप में कार्य किया। उन्होंने लगभग 225 सैनिकों के युद्ध में मिली गंभीर रूप से चोटों और घावों को देखा और उस पर रिपोर्ट्स भी लिखीं।

बीचर अपनी रिपोर्ट में किसको स्टडी करना है और किसको नहीं इसको लेकर बेहद सख़्त थे। उन्होंने सिर्फ़ उन्हीं मर्दों को सर्वे किया जो, "चुने गए पाँच गंभीर घावों में से किसी एक से पीड़ित थे। वे प्रतिनिधि घाव निम्न थे; व्यापक परिधीय नरम ऊतक की चोट, एक लंबी हड्डी का मिश्रित फ्रैक्चर, एक फटा हुआ सिर, एक फटी हुई छाती, या फिर फटा हुआ पेट। जिनका सर्वे किया जा रहा है वे मानसिक रूप से स्वस्थ और साफ़ होने चाहिए तथा सवाल पूछते समय शॉक में नहीं होने चाहिए।"

बीचर ने इस तरह एक बड़ा ही महत्त्वपूर्ण अविष्कार किया। इन बुरी तरह से घायल सैनिकों में से तीन चौथाई सैनिकों ने चोट लगने के तुरंत बाद हल्का दर्द या कोई भी दर्द महसूस नहीं किया। हालाँकि उनकी चोटें जानलेवा थी फिर भी उन्होंने कोई दर्द नहीं महसूस किया।

बीचर ने इस रिपोर्ट और सर्वे का यह नतीजा निकाला कि उन सैनिकों का शारीरिक कष्ट, "उस अत्यधिक जानलेवा और ख़तरनाक वातावरण से जिसमें मृत्यु, थकान, असुविधा, चिंता, और डर जैसे वास्तविक ख़तरों से

घिरा हुआ था," उससे बच निकलने की भावनात्मक राहत से कम हो गया था। "उनके दर्द ने उन्हें अस्पताल की देखभाल और सुरक्षा का टिकट दे दिया था।"

ठीक इसके उलट *ब्रिटिश मेडिकल जर्नल* में 1955 में प्रकाशित केस रिपोर्ट एक 29 वर्ष के कंस्ट्रक्शन लेबर के बारे में बताती है, जिसे असहाय पीड़ा की स्थिति में इमरजेंसी रूम में ले जाया गया। उस वर्कर ने 15 सेंटीमीटर लंबी कील पर अपना पैर रख दिया था। वह कील उसके मज़बूत कंस्ट्रक्शन जूतों से बाहर निकल कर ऊपर तक आ गई थी। कील चमड़े, मांस, और हड्डियों को चीरते हुए बाहर निकल आई थी। "कील की हल्की सी भी चाल उस वर्कर को असहाय दर्द देती। फिर उसे शक्तिशाली ओपिऑयड्स और सेडेटिव, फ़ेंटानील और मिडाज़ोलम जैसी दवाइयों से बेहोश किया गया।"

लेकिन जब कील को नीचे से बाहर निकला गया और बूट्स भी निकाले गए तो यह बात सामने आई कि, "कील पैर की अँगुलियों के बीच से ही बाहर निकल आई थी, और उस वर्कर के पैरों में कहीं भी चोट नहीं आई थी।"

विज्ञान हमें सिखाता है कि हर आनंद की हमें एक सही क़ीमत चुकानी पड़ती है। और उस आनंद की अनुभूति के कारण जो हमारे भीतर पीड़ा उत्पन्न होती है वह ज़्यादा गहरी और लंबी देर तक चलती है।

आनंद की स्टिमुली से बार-बार और लगातार सामने आने के कारण हमारी दर्द सहने की क्षमता दिनों-दिन घटती जा रही है। और इस स्टिमुली से बार-बार दो चार होने के कारण हमारे आनंद की अनुभूति का आधारभूत स्तर रोज़ाना के हिसाब से बढ़ता जा रहा है।

तत्काल और स्थायी स्मृतियों को हम अपने मन-मस्तिष्क पर अंकित कर के लाख चाहने के बाद भी आनंद और पीड़ा के सबक़ को बिसरा नहीं पाते हैं। यह हिप्पोकाम्पल टैटू हमारे साथ जीवन भर के लिए हो जाता है।

फ़ाइलो-जेनेटिकली हमारे आनंद और पीड़ा को महसूस करने का तंत्र अति प्राचीन समय से लगभग समान ही रहा है। विकास के क्रम में और अलग-अलग जीव जंतुओं में भी इसी तंत्र से सब आनंद और पीड़ा की अनुभूति करते हैं। अभावों की दुनिया के मुताबिक़ हमारा यह तंत्र बेहतरीन ढंग से बना है। बिना आनंद की अनुभूति के ना हम खाएँगे, ना पिएँगे और ना ही आगे प्रजनन की प्रक्रिया को जारी रखेंगे। बिना पीड़ा या कष्ट की अनुभूति के हम ख़ुद को ना किसी घाव या चोट लगने से बचाएँगे और ना ही मृत्यु से बचने के कोई उपाय करेंगे। लेकिन लगातार और बार-बार आनंद की अनुभूति कर के हमने ख़ुद के न्यूरल बिंदु को, जिसके कारण हम आनंद महसूस कर पाते हैं, उसके स्तर को ऊँचा उठा दिया है। और इस कारण हम हमेशा किसी न किसी चीज़ की आकांक्षा में डूबे हुए हैं, आनंद के नए मार्ग तलाशने में जुटे हुए हैं, हमें हमारे पास जो मौजूद है उसमें संतुष्टि नहीं प्राप्त होती, बल्कि और ज़्यादा चीज़ें होनी चाहिए इसकी तीव्र इच्छा जागती है।

लेकिन इस तरह की विचार पद्धति में ही एक बड़ी समस्या छुपी हुई है। मनुष्य जो अपरिमित खोज में व्यस्त जीव हैं और आनंद की तलाश में रमे रहते हैं, उन्होंने आनंद की खोज में डूबे रहने और भरसक पीड़ा से बचे रहने की चुनौती पर अपनी करारी प्रतिक्रिया दी है। और इसी कारण हमने इस दुनिया को एक अभाव की दुनिया से इसे अतिरेक की दुनिया में तब्दील कर दिया है।

लेकिन हमारे मस्तिष्क इस अतिरेक और जहाँ हर चीज़ अतिरेक में मौजूद हो ऐसी दुनिया के लिए विकसित नहीं हुए हैं। जैसा कि मधुमेह रोग में होने वाली लंबी और पुरानी गतिहीन भाव पर शोध करने वाले डॉक्टर टॉम फ़िनुकेन कहते हैं, "हम एक वर्षा वाले जंगल में कैक्टस के पौधे की तरह हैं।" और जैसा कि कैक्टस ने शुष्क जलवायु में बने रहना सीख लिया ठीक उसी तरह हम मनुष्य डोपामाइन के सागर में डूबे जा रहे हैं।

और अंततः इन सबका कुल मिलाकर प्रभाव यह है कि अब हमारे मस्तिष्क के पुरस्कार मार्ग में अधिक मात्रा में, आनंद महसूस करने के

लिए, प्रतिफल चाहिए और दर्द महसूस करने के लिए थोड़ी सी भी चोट काफ़ी है। और यह पुनः अंशाकन सिर्फ़ और सिर्फ़ वैयक्तिक स्तर पर नहीं हो रहा, बल्कि यह राष्ट्रों के स्तर पर भी हो रहा है। और इस कारण यह प्रश्न अहम हो जाते हैं - इस नए वातावरण में हम कैसे जीवित बचेंगे और कैसे जीवन जिएँगे? हम अपने बच्चों का पालन पोषण किस तरह करेंगे? और किस प्रकार की नई सोच, और सोचने के पद्धति को हम इक्कीसवीं सदी के बाशिंदों को विकसित करनी होगी?

और हमें इस अतिरेक की दुनिया में बाध्यकारी और मज़बूर ढंग से किए जा रहे सेवन से कैसे बचना है यह भला उससे बेहतर कौन समझा पाएगा, जो किसी न किसी लत की गिरफ़्त में कभी न कभी रहा है या नशे की लत से संघर्षरत है। सहस्राब्दियों तक विभिन्न संस्कृतियों में अपमानजनक, परजीवी, अछूत और नैतिक अधमता के वाहक के रूप में त्यागे गए, नशे की लत से ग्रस्त लोगों ने उस युग के लिए पूरी तरह से उपयुक्त ज्ञान विकसित किया है, जिसमें हम आज रह रहे हैं।

आगे आपके लिए प्रतिफल की चाह से थकी हुई दुनिया के लिए पुनर्प्राप्ति के सबक़ हैं।

खंड - 2

आत्म बंधक

4

डोपामाइन फ़ास्टिंग

"मैं यहाँ सिर्फ़ इसलिए आई हूँ, क्योंकि मेरे माता-पिता ने मुझे यहाँ आने के लिए मज़बूर किया।" डेलिलाह ने उदास आवाज़ में कहा, जो अमेरिकन किशोरियों की हॉलमार्क है।

"ठीक है।" मैंने कहा। फिर पूछा कि, "तुम्हारे माता-पिता क्यों चाहते थे कि तुम मेरे पास आओ और मुझसे मिलो?"

"उन्हें ऐसा लगता है कि मैं आजकल ज़्यादा ही गाँजा पी रही हूँ। लेकिन मेरी असल समस्या यह है कि मुझे एंग्जायटी है। मैं गाँजा इसलिए पीती हूँ क्योंकि मैं घबराई हुई होती हूँ। यदि आप मेरी एंग्जायटी में कुछ मदद कर पाएँगी तो फिर मैं गाँजा नहीं पिऊँगी।"

मैं एक क्षण के लिए गहरी उदासी की गिरफ़्त में चली गई। इसलिए नहीं कि मुझे पता नहीं था कि मैं उसे क्या सुझाव दूँ बल्कि इसलिए क्योंकि मुझे यह मालूम था या यूँ कहें कि डर था कि वह मेरी राय नहीं मानेगी।

फिर मैंने कहा, "चलो फिर यहाँ से शुरू करते हैं। मुझे अपनी एंग्जायटी के बारे में ज़रा विस्तार से बताओ।"

डेलिलाह की टाँगें बेहद लंबी थीं और वह काफ़ी सुंदर सलीके वाली लड़की थी। उसने अपने पैर एक दूसरे पर चढ़ाए और अपने नीचे ही हल्का सा उन्हें मोड़ लिया।

उसने बोलना शुरू किया, "यह सब जूनियर हाई स्कूल में शुरू हुआ। और साल-दर-साल मेरी यह आदत बद से बदतर ही होती गई है। मैं सुबह उठकर जो पहली चीज़ महसूस करती हूँ, वह एंग्जायटी है। सुबह-सुबह जब मैं वैक्स पेन लेती हूँ तभी बिस्तर से उठ पाती हूँ।"

"तुम्हारी वैक्स पेन?"

"हाँ। अब मैं वेप करती हूँ। मैं पहले ब्लंट और बोंग खींचा करती थी। सतीवा दिन में समय और सोने से पहले इंडिका। लेकिन अब मैं संग्रहीत केंद्रित गाँजे को ज़्यादा पसंद करती हूँ। जैसे वैक्स, आयल, बडर, शैटर, सीज़र, डस्ट, क़्वीसो। सामान्यतः मैं एक वेप पेन का इस्तेमाल करती हूँ, लेकिन कभी-कभी मैं वोल्केनो का भी प्रयोग करती हूँ। वैसे तो मुझे खाने वाली चीज़ों में मिला गाँजा पसंद नहीं है पर कभी-कभी जब ज़्यादा मन हो रहा होता है और मैं स्मोक नहीं कर सकती तब मैं वे भी खा लेती हूँ।"

डी का अर्थ डाटा है

वैक्स पेन के इस्तेमाल के बारे में और विस्तार से पूछ कर मैंने डेलिलाह को उसके रोज़ाना के इस्तेमाल के बारे में हर छोटी-मोटी बातों को बताने के लिए कहा। उसके साथ जो मेरी बातचीत हो रही थी दरअसल, वह एक फ्रेमवर्क के हिसाब से आगे बढ़ रही थी, जिसे मैंने ख़ुद के लिए, उन मरीज़ों के साथ जो बाध्यकारी कंजम्पसन जैसी किसी समस्या से जूझ रहे हैं, उनसे बात करने की कोशिश में विकसित की है।

इस फ्रेमवर्क को याद रखने के लिए एक आसान एक्रोनिम शब्द "डीओपीएएमआईएनई" (DOPAMINE) है। इस एक्रोनिम को आप सिर्फ़ पारंपरिक नशों यानी शराब या निकोटीन आदि के संदर्भ में ही नहीं, बल्कि किसी भी उच्च डोपामाइन पदार्थ या व्यवहार के संदर्भ में लगाया जा सकता है, जिसका हम सेवन बहुत लंबे समय से बहुत ज़्यादा कर रहे हैं, या फिर वह पदार्थ या व्यवहार जिनके साथ हम चाहते कि हमारा संबंध उसके साथ थोड़ा कम पीड़ादायक होता। हालाँकि इस फ्रेमवर्क का विकास पहले पहल तो मैंने सिर्फ़ अपनी प्रोफ़ेशनल प्रैक्टिस के लिए ही किया

था पर धीरे-धीरे मैंने इसे अपने ऊपर भी लागू किया है और अपनी कु-अनुकूलित कंजम्पसन की आदतों पर नियंत्रण पाने के लिए ख़ुद की जाँच के लिए भी किया है।

यहाँ डोपामाइन में डी (D) का मतलब डेटा से है। मैं सेवन के सरल तथ्यों को इकट्ठा करके शुरुआत करती हूँ। डेलिलाह के मामले में, मैंने यह पता लगाया कि वह क्या, कितना और कब कितनी बार उपयोग कर रही थी।

गाँजे के नशे में जिन प्रॉडक्ट्स और तरीक़ों के बारे में डेलिलाह ने विस्तार से मुझे बताया वह गाँजा पीने से संबद्ध आजकल के मेरे मरीज़ों के लिए मानक तौर-तरीक़े हैं। ज़्यादातर मरीज़ जो गाँजा पीने की लत से परेशान हैं, वे जब तक मेरे पास आते हैं तब तक वे एक तरह से गाँजा पीने की विधियों में पीएचडी धारक बन गए होते हैं।

इसकी तुलना अगर साठ के दशक से करें तो गाँजे का मनोरंजन के लिए प्रयोग सिर्फ़ सप्ताहाँत के लिए ही लोग करते थे। आज के समय में, मेरे मरीज़ जब बिस्तर से उठते हैं तभी से स्मोक करना शुरू कर देते हैं और पूरे दिन जारी रखते हैं, जब तक वे सो ना जाएँ। यह कई स्तरों पर परेशान करने वाली चीज़ है। और तो और इसके दैनिक उपयोग को लत से जोड़ा गया है यह सबसे महत्त्वपूर्ण बात है।

मैंने ख़ुद के बारे में यह नोटिस किया और मुझे यह संदेह हुआ कि अब मैं एक ख़तरनाक क्षेत्र में प्रवेश कर रही हूँ और यह आगे बड़ी परेशानी बन सकता है, जब मैं रोमांस उपन्यासों को पढ़ते हुए दिन में कई घंटे बिताने लगी और फिर कई दिन मेरे उन्हें पढ़ने में व्यतीत होने लगे।

ओ का अर्थ ऑब्जेक्टिव यानी उद्देश्य से है

"स्मोकिंग का तुम पर क्या असर होता है?" मैंने यह डेलिलाह से पूछा। "स्मोक करने से तुम्हें क्या मदद मिलती है?"

उसने कहा, "सिर्फ़ यही एक चीज़ है, जो मुझे मेरी एंग्जायटी को सँभालने में मददगार साबित होती है।" उसने जारी रखा, "इसके बिना मैं बिलकुल क्रियाहीन हो जाऊँगी, मेरा मतलब है, आज की जो स्थिति है उससे भी अधिक क्रियाहीनता का शिकार बन जाऊँगी।"

जब मैंने डेलिलाह से यह पूछा कि गाँजे के उपयोग से उसको क्या मदद मिलती थी या क्या फ़ायदा होता था तो मैं उसके गाँजे के उपयोग के पीछे के कारक को वैलिडेट कर रही थी कि अगर वह रोज़ाना गाँजा पीती है तो इसके पीछे यही तर्क हो सकता है कि गाँजा उसकी स्थिति को सुधारने में किसी न किसी प्रकार की मदद कर रहा होगा।

डोपामाइन, जो मेरे मरीज़ों से बात करने के फ्रेमवर्क का एक्रोनिम शब्द है, उसमें *ओ* का हमारा आब्जेक्टिव अर्थात उद्देश्य है कि किसी भी पदार्थ या व्यवहार के सेवन में जो लत लगती है, तलाब उठती है, उसके उपयोग के पीछे मरीज़ का क्या उद्देश्य रहता है। कई बार जो बातें या आदतें हमें अतार्किक प्रतीत होती हैं, उनके पीछे भी लोगों के कोई न कोई व्यक्तिगत तर्क होते हैं। लोग उच्च डोपामाइन पदार्थों या चीज़ों का सेवन कई कारणों से करते हैं, जैसे- मज़े के लिए, अपने आस-पास के समाज में मिला-जुला महसूस करने के लिए, बोरियत से उबरने के लिए, डर को शांत करने के लिए, गुस्से पर क़ाबू पाने के लिए, अपनी एंग्जायटी को सँभालने के लिए, इंसोमनिया जैसी बीमारी का इलाज करने के लिए, डिप्रेशन की अवस्था से बाहर निकलने के लिए, इग्नोर होने पर ख़ुद को सँभालने के लिए, दर्द पर क़ाबू पाने के लिए, समाज के डर को मिटाने के लिए... और यह लिस्ट इसी तरह ख़ूब लंबी होती चली जाती है।

मैं रोमांस उपन्यासों की तरफ़ इसलिए गई, क्योंकि मेरे पारिवारिक जीवन में जो बड़ा बदलाव आ रहा था, वह था कि छोटे बच्चों का पालन पोषण करने के बाद मुझे अब अपने किशोर बच्चों की परवरिश करनी थी, जिसे करने के लिए मुझे लगता था कि मैं आवश्यक दक्षता नहीं रखती

हूँ, और इस तरह मैं रोमांस उपन्यासों की काल्पनिक दुनिया में अपने वास्तविक जीवन से बच कर पनाह पाती थी। मैं इस विषाद को लेकर आश्वस्त थी और उस में डूबी रहती थी कि मैंने कभी एक और बच्चा नहीं किया, जो करने की मेरी प्रबल इच्छा थी पर मेरे पति नहीं चाहते थे। और इस कारण मेरे वैवाहिक जीवन और सेक्स जीवन में एक तनाव आ गया था, जो हम दोनों के बीच पहले कभी नहीं रहा था।

पी का अर्थ है प्रॉब्लम्स यानी समस्याएँ

मैंने डेलिलाह से पूछा कि "स्मोक करने की वजह से कोई परेशानी महसूस हो रही थी? कोई ऐसे परिणाम दिखाई दिए, जिसके बारे में तुमने सोचा नहीं था?"

डेलिलाह बोली, "स्मोक करने की इकलौती ख़राब चीज़ यह है कि मेरे माता-पिता हमेशा मुझ पर अपनी निगाह बनाए रखते हैं। अगर वे मुझे अकेला छोड़ दें तो फिर मुझे किसी भी परेशानी का सामना ना करना पड़े।"

मैं थोड़ी देर ठहर कर डेलिलाह के बालों पर चमकते सुनहरे सूर्य को निहारने लगी। देखने में वह सेहतमंद लगती थी इसके बावजूद कि वह रोज़ाना एक ग्राम से अधिक गाँजा फूँक रही थी। मुझे ऐसा लगता है कि जवानी ना जाने कितने चीज़ों की भरपाई कर देती है।

डोपामाइन, जो एक एक्रोनिम शब्द है, उसमें *पी* का अर्थ है, वे समस्याएँ जो किसी नशे की लत में उभर कर सतह पर आती हैं।

उच्च डोपामाइन वाली ड्रग हमेशा किसी न किसी समस्या को जन्म देती हैं। सेहत की समस्याएँ। आपसी संबंधों में आने वाली समस्याएँ। नैतिक समस्याएँ। अगर वे तुरंत आना नहीं शुरू होती हैं तो धीरे-धीरे आने लगती हैं। डेलिलाह को अपने माता-पिता और ख़ुद के बीच पहाड़

जैसे बढ़ते संघर्ष को छोड़ कर गाँजा फूंकने की और कोई परेशानी नहीं दिख रही थी यह शायद कैशोर्य का परिचायक है। और शायद सिर्फ़ किशोरों का ही नहीं। जो रिश्तों में एक तनाव आता है उसके कई कारण होते हैं।

पहली बात तो यह है कि हममें से ज़्यादातर लोग ड्रग के उपयोग के दुष्परिणाम और उससे उपजने वाली परेशानियों को समझ या देख ही नहीं पाते हैं, जब हम ड्रग का लगातार उपयोग कर रहे होते हैं। उच्च डोपामाइन वाले पदार्थ और आदतें दरअसल, हमारी बारीक़ ढंग से कारण और परिणाम का आकलन करने की क्षमता को कमज़ोर कर देते हैं।

जैसा कि न्यूरो वैज्ञानिक, डेनियल फ्रीडमैन, जो लाल हारवेस्टर चींटियों की चारा खोजने की प्रथाओं पर अध्ययन करते हैं, उन्होंने एक बार मुझसे यह टिप्पणी की थी, "दुनिया ऐंद्रिक रूप से समृद्ध और कारण रूप से ग़रीब है।" इसका अर्थ यह हुआ कि हमें पता होता है कि डोनट, जिस क्षण में हम खा रहे होते हैं उस क्षण में तो हमें आनंदित करता है, लेकिन इस बात पर हमारा ध्यान नहीं जाता कि यदि हम एक महीने तक रोज़ाना डोनट खाएँ तो वह हमारी वेस्ट लाइन में पाँच पाउंड वसा जोड़ देगा।

दूसरी बात यह है कि युवा लोग, वे भी जो बहुत ज़्यादा मात्रा में ड्रग का सेवन करते हैं, वे ड्रग के उपयोग के दुष्परिणामों के प्रति बेहद प्रतिरक्षित रहते हैं। जैसा की एक हाई स्कूल के शिक्षक ने मेरे से एक टीप साझा की थी कि "मेरे कुछ विद्यार्थी जो बेहद अच्छे हैं, वे भी रोज़ाना गाँजा फूँकते हैं।"

जैसे ही हमारी उम्र बढ़ने लगती है हम पाते हैं कि हमारी पुरातन ड्रग उपयोग की आदतों के अनायास परिणाम सामने आने लगे हैं। मेरे ज़्यादातर मरीज़ जो स्वेच्छा से मेरे पास इलाज के लिए आते हैं वे वयस्क होते हैं। वे मुझे इसलिए ढूँढ़ते हैं क्योंकि वे एक ऐसी जगह पहुँच चुके होते हैं जहाँ उनके ड्रग उपभोग की आदत के आनंद की अनुभूति के तुलना में दुष्परिणाम ज़्यादा दुश्वार हो जाते हैं। जैसे कि वे एए में कहते हैं, "मैं

बीमार होने और थका हुआ होने के कारण बीमार हो गया हूँ और थक चुका हूँ।" और उनकी तुलना में मेरे किशोर मरीज़ ना तो थके हुए होते हैं और ना ही बीमार।

हालाँकि फिर भी यदि इन किशोरों को उनके ड्रग के उपभोग के दौरान उसके होने वाले दुष्परिणाम को समझाया जा सके, चाहे वह बस इतनी सी बात हो कि उनकी इस आदत को अन्य लोग पसंद नहीं करते हैं, उनको रोकने के लिए एक महत्त्वपूर्ण केंद्र बिंदु बन सकता है। और उनका रुकना, भले ही वह एक छोटे से अंतराल के लिए अपने ड्रग उपभोग को रोक दें, तो वह उनको ड्रग उपभोग के असल कारक और उसके दुष्प्रभाव दिखाने-समझाने का एक अवसर प्रदान करता है।

ए से अर्थ है अबस्टिनेन्स यानी परहेज़

मैंने डेलिलाह से कहा कि "मेरे पास एक तरक़ीब है, जिससे तुम्हें राहत मिल सकती है। लेकिन उसके लिए तुम्हें कुछ ऐसा करना होगा, जिसे करने में कड़ी मेहनत लगेगी।"

"और वो चीज़ है क्या?"

"मैं चाहती हूँ कि तुम एक प्रयोग करने की कोशिश करो।"

अपने सिर को एक तरफ़ झुकाते हुए उसने पूछा, "एक प्रयोग?"

"मैं चाहती हूँ कि तुम गाँजा पीना एक महीने के लिए बंद कर दो।"

डेलिलाह का चेहरा भावशून्यता से भरा हुआ था।

"मुझे समझाने का मौक़ा दो। पहली बात तो यह कि एंग्जायटी की तुम्हारी दवाएँ और जारी इलाज काम नहीं करेंगे अगर तुम इतनी अधिक मात्रा में गाँजा पीना जारी रखोगी। और दूसरी और बेहद ज़रूरी बात यह कि अगर तुम पूरे एक महीने के लिए गाँजा पीना छोड़ दो तो इसकी प्रबल संभावनाएँ हैं कि तुम्हारी एंग्जायटी ख़ुद-ब-ख़ुद ठीक हो जाए। हाँ, शुरू-शुरू में तुम्हें ख़ुद से बेहद घृणा होने लगेगी, जो कि नशा छोड़ने की सार्वभौमिक लक्षण है। लेकिन अगर तुम पहले दो हफ़्ते बिना गाँजा पिए

गुज़ार दिए तो इस बात की बहुत ज़्यादा संभावना है कि अगले दो हफ़्ते तुम पहले से बेहतर महसूस करना शुरू कर दोगी।"

वह चुपचाप सुनती रही तो मैंने बोलना जारी रखा। मैंने उसे समझाया की कोई भी ड्रग जो हमारे मस्तिष्क के पुरस्कार मार्ग को स्टिमुलेट करता है, जैसा गाँजा करता है उसके भीतर हमारी आधारभूत एंग्जायटी के स्तर को बदलने की क्षमता होती है। जब आपको लगता है कि गाँजा आपकी एंग्जायटी का उपचार कर रहा है, संभव है कि वह आपकी पिछली बार गाँजा पीने की बाद के निकासी अवस्था को महज शांत कर रहा हो। और इस तरह गाँजा हमारी एंग्जायटी को ठीक करने के बजाय उसका कारक बन जाता है। और इसे बिलकुल ठीक तरह जानने का एकमात्र तरीक़ा यही है कि गाँजा पीने की आदत एक महीने के लिए पूरी तरह छोड़ दी जाए।

डेलिलाह ने मुझसे पूछा, "क्या मैं एक हफ़्ते के लिए छोड़ सकती हूँ? मैंने हफ़्ते भर के लिए पहले भी छोड़ा है।"

"एक हफ़्ता रोकना भी एक अच्छी शुरुआत होगी, लेकिन मैंने अपने अनुभव से यह जाना है कि दिमाग़ के पुरस्कार मार्ग को रिसेट करने में कम-से-कम एक महीने का वक़्त लगता है। और अगर तुमको एक महीने के परहेज़ के बाद भी अच्छा महसूस नहीं होता तो वह भी हमारे लिए कारगर डाटा साबित होगा। इसका अर्थ यह होगा की तुम्हारी एंग्जायटी का मुख्य कारक गाँजा नहीं है और फिर किस दूसरे कारण से यह हो रही है हमें वह खोजना होगा। तो फिर तुम्हें क्या लगता है? क्या तुम्हें लगता है कि तुम गाँजे के उपभोग को एक महीने के लिए रोकना चाहोगी और क्या रोक पाओगी?"

"हाँ। मुझे लगता है कि मैं अभी तो स्मोकिंग छोड़ने के लिए तैयार नहीं हूँ और ना ही छोड़ना चाहती, लेकिन बाद में ज़रूर कोशिश करूँगी। मैं ऐसे जीवन भर तो स्मोक नहीं करती रह सकती।"

"क्या तुम आने वाले दस सालों में भी ऐसे ही गाँजा पीना चाहती हो?"

"नहीं, नहीं ऐसा तो बिलकुल नहीं।" उसने मनाही में अपना सिर ख़ूब तेज़ी से हिलाया।

"फिर आने वाले पाँच सालों में क्या जारी रखना चाहोगी अपनी यह आदत?"

"नहीं अगले पाँच साल तक भी मैं अपनी आदत जारी नहीं रखना चाहूँगी।"

"और अगले साल? तब भी क्या गाँजा पीती रहना चाहती हो?"

वह ठहरी। और फिर एक हल्की सी हँसी उसके चेहरे पर उभर आई। "डॉक, मुझे लगता है आपने यहाँ पकड़ लिया। अगर मैं अगले साल तक अपनी आदत को जारी नहीं रखना चाहती तो मैं अभी ही उसे रोकने की कोशिश कर ही सकती हूँ।"

डेलिलाह ने मेरी तरफ़ देखा और मुस्कराई। "चलिए फिर गाँजा पीना छोड़ ही देती हूँ।"

जब मैं डेलिलाह से उसकी स्मोकिंग की आदत को उसके ख़ुद के भविष्य के विज़न में तुलना करने को कहा तो मुझे उम्मीद थी की वह अपनी इस आदत को छोड़ना एक शीघ्र ज़रूरत समझेगी। और मेरा यह दाँव शायद सही काम कर गया।

डोपामीन, जो कि एक एक्रोनिम शब्द है, उसमें ए का मतलब *अबस्टिनेन्स* यानी परहेज़ से है।

होमियोस्टैसिस की अवस्था को पुनः स्थापित करने के लिए परहेज़ करना अति आवश्यक है। और इस तरह कम शक्तिशाली प्रतिफल की अपेक्षा में भी हमें आनंद की प्राप्ति की क्षमता पुनः स्थापित हो जाएगी। और इसके साथ ही साथ हम अपने उच्च डोपामाइन पदार्थ के उपभोग और उससे हमारे अंदर उपजने वाले भाव का सही कारक और प्रभाव देखने में सक्षम हो पाएँगे। अगर इस बात को हम आनंद-पीड़ा के संतुलन

स्केल के बिंब का प्रयोग कर के समझना चाहें तो यह कह सकते हैं कि जब हम डोपामाइन से परहेज करते हैं या डोपामाइन स्टार्ट करने में सक्षम होते हैं तब हम ग्रेमलिन्स को स्केल से कूदने का पर्याप्त समय प्रदान करते हैं और फिर संतुलन स्केल धीरे-धीरे अपने संतुलन स्तर पर पहुँच जाता है।

महत्त्वपूर्ण सवाल यह है कि लोगों को उच्च डोपामाइन पदार्थों या व्यवहारों से कब तक परहेज़ करना चाहिए कि जिससे वे होने वाले मस्तिष्क के फ़ायदों को समझ सकें और महसूस कर सकें।

न्यूरो वैज्ञानिक नोरा वोल्को द्वारा किए गए अंकन अध्ययन पर अगर हम विचार करें तो हमें पता चलेगा कि दो हफ़्तों तक किए गए ड्रग्स से परहेज़ के बाद भी डोपामाइन संचार सामान्य अवस्था से कम ही बना रहता है। और नोरा का अंकन अध्ययन मेरे ख़ुद के व्यावसायिक कार्यकाल की समझ के साथ मेल खाता है। दो हफ़्तों के परहेज़ से उपभोगकर्ता को परहेज़ के फ़ायदे नहीं समझ आते। दो हफ़्तों तक सामन्यतः मरीज़ विदड्रावल के लक्षण ही महसूस कर रहे होते हैं। वे दो हफ़्तों तक *डोपामाइन डेफ़िसिट अवस्था* में रहते हैं।

और वहीं दूसरी तरफ़, चार महीनों का परहेज सामान्यतः काफ़ी होता है। मार्क शुकिट और उनके सहयोगियों ने ऐसे पुरुषों के एक समूह का अध्ययन किया जो प्रतिदिन ज़्यादा मात्रा में शराब पी रहे थे और नैदानिक अवसाद, या जिसे *प्रमुख अवसादग्रस्तता विकार* कहा जाता है, के मानदंडों को भी पूरा करते थे।

कैलिफ़ोर्निया विश्वविद्यालय, सैन डियेगो में, शुकिट प्रायोगिक मनोविज्ञान के प्रोफ़ेसर हैं। उन्हें यह दर्शाने के लिए जाना जाता है कि "शराबी" के जैविक पुत्रों में शराब सेवन विकार विकसित होने का आनुवंशिक जोख़िम बढ़ जाता है। उन लोगों की तुलना में जिनके पास यह आनुवंशिक भार नहीं है। 2000 के दशक की शुरुआत में नशे की लत पर कई सम्मेलनों में मुझे मार्क जो कि एक प्रतिभाशाली शिक्षक हैं उनसे सीखने का सौभाग्य मिला।

शुकिट के अध्ययन में जो शराबी व्यक्ति डिप्रेशन की अवस्था में थे

उन्हें हॉस्पिटल ले जाया गया और चार हफ़्तों तक उन्हें डिप्रेशन का कोई उपचार नहीं दिया गया सिवाय इसके की उनकी दारू बंद कर दी गई। सिर्फ़ एक महीने दारू छोड़ने की वजह से उन मरीज़ों में से 80 प्रतिशत मरीज़ क्लीनिकल डिप्रेशन से बाहर आ गए थे।

इस खोज से पता चलता है कि अधिकांश लोगों के लिए, नैदानिक अवसाद भारी शराब पीने का परिणाम था, ना कि सह-घटित अवसादग्रस्तता विकार। हाँ इन नतीजों के और भी कई स्पष्टीकरण हैं, जैसे; अस्पताल के माहौल का चिकित्सीय परिवेश, सहज छूट, अवसाद की प्रासंगिक प्रकृति, जो बाहरी कारकों से स्वतंत्र होकर आ और जा सकती है। लेकिन इस अध्ययन के बुनियादी नतीजे कमाल रहे जब हम जानते हैं कि नैदानिक अवसाद के मानक उपचार के तरीक़ों, जिनमें दवाइयाँ और साइकोथेरेपी शामिल हैं, उनकी भी प्रतिक्रिया दर सिर्फ़ 50 प्रतिशत है।

प्राकृतिक रूप से मैंने ऐसे कई मरीज़ देखे हैं, जिनके मस्तिष्क के पुरस्कार मार्ग को रिसेट करने में चार हफ़्तों से भी कम का वक़्त लगता है और वहीं कई ऐसे मरीज़ भी मैंने देखे हैं, जिनके पुरस्कार मार्ग को रिसेट करने में बहुत लंबा समय लगता है। जो व्यक्ति ज़्यादा क्षमता और शक्तिशाली ड्रगों का लंबे समय से और ज़्यादा मात्रा में उपभोग कर रहे हैं उन्हें सामान्यतः अपने मस्तिष्क के पुरस्कार मार्ग को रिसेट करने में ज़्यादा वक़्त लगेगा। युवा लोग वयस्कों की तुलना में अपने पुरस्कार मार्ग को आसानी से और जल्दी ही पुनः अंशांकित कर सकते हैं, क्योंकि युवाओं का मस्तिष्क बदलावों के प्रति ज़्यादा संवेदनशील होता है। और इसके साथ ही साथ विभिन्न ड्रग का उपयोग करने पर उसके शारीरिक विदड्रावल में अलग-अलग समय और अलग-अलग तरीक़ों से होता है। यह वीडियो गेम जैसी कुछ लतों के लिए मामूली हो सकता है, लेकिन शराब और बेंजोडायजेपाइन जैसी अन्य दवाओं के लिए संभावित रूप से जीवन के लिए ख़तरा साबित हो सकता है।

और इससे मुझे एक महत्त्वपूर्ण चेतावनी याद हो आई; मैं उन व्यक्तियों को डोपामाइन फ़ास्ट की कभी सलाह नहीं देती, जिनके ऊपर विदड्रावल का प्रभाव जीवन पर मँडराते ख़तरे जैसा हो सकता है, अगर

उन्होंने अचानक कोई चीज़ करनी बंद कर दी तो। जैसा कि अत्यंत शराब पीने वालों, बेंजोडायजेपाइन (ज़ैनैक्स, वैलियम या क्लोनोपिन) का उपभोग करने वालों, या ओपिऑयड पर निर्भर लोगों के साथ छोड़ने और उसके विदड्रावल के प्रत्यक्ष लक्षणों में हमें देखने को मिलता है। ऐसे मरीज़ों के संबंध में उनकी नशीले पदार्थों या व्यवहारों को धीरे-धीरे कम करना होता है और वह भी चिकित्सीय निगरानी में।

कभी-कभी मरीज़ यह चाहते हैं कि वे एक ड्रग के उपयोग को किसी दूसरे ड्रग से अदला-बदली कर दें, जैसे; निकोटिन की जगह गाँजा, पॉर्नोग्राफ़ी की जगह वीडियो गेम्स। और यह चीज़ शायद ही किसी के लिए लॉन्ग-टर्म में कारगर साबित होती होगी।

कोई भी प्रतिफल जो ग्रेमलिन्स पर क़ाबू पाने और आनंद-पीड़ा संतुलन स्केल को आनंद की ओर ले जाने के लिए पर्याप्त शक्तिशाली है, वह अपने आप में व्यसनी हो सकता है। और इस तरह वे एक नशे की लत को दूसरे नशे की लत के साथ रिप्लेस कर लेते हैं। इस प्रक्रिया को क्रॉस एडिक्शन भी कहा जाता है। और ऐसा कोई भी कार्य, पदार्थ या व्यवहार जिसमें उच्च डोपामाइन रिलीज़ ना हो वह हमें प्रतिफल प्रतीत ही नहीं होता। जब हम उच्च डोपामाइन पदार्थों या व्यवहारों के व्यसन में डूबे हुए होते हैं तब हमें साधारण आनंदों में सुख की संतुष्टि नहीं प्राप्त होती है। हम साधारण सुखों में ख़ुद को मनोरंजित करने की क्षमता खो देते हैं।

डोपामाइन फ़ास्ट के बाद कुछ मुट्ठी भर ही मरीज़ (लगभग 20 प्रतिशत) अच्छा महसूस नहीं करते। यह भी एक बेहद ज़रूरी डाटा बिंदु है, क्योंकि यह हमें बताता है कि मरीज़ के साइकियाट्रिक लक्षणों का मुख्य कारक वह ड्रग नहीं था और संभवतः उस मरीज़ को ड्रग उपयोग के साथ घटित हो रही कोई साइकियाट्रिक विकार उपस्थित है, जिसका अपना इलाज होना चाहिए।

और जिन केसेज में डोपामाइन फ़ास्ट के बाद मरीज़ों को बेहतर भी महसूस होता है उनका भी साथ-साथ चल रहा कोई साइकियाट्रिक विकार संभव हो, हो सकता है और उसका उपचार भी डोपामाइन फ़ास्ट के साथ साथ किया जा सकता है। अन्य मानसिक विकारों को संबोधित किए बिना लत का प्रबंधन करना आम तौर पर दोनों के लिए बुरे परिणाम देता है।

हालाँकि, किसी नशीले पदार्थ के उपभोग और साइकियाट्रिक विकार के परस्पर संबंधों को मैं तब ही अच्छे से समझ-बूझ सकती हूँ जब मैं मरीज़ को एक लंबे अंतराल तक बिना किसी उच्च डोपामाइन प्रतिफल के लिए पदार्थों या व्यवहारों में संलिप्त ना पाऊँ।

एम का अर्थ है माइंडफ़ुलनेस

मैंने डेलिलाह से कहा कि "तुम्हें इस बात के लिए तैयार रहना चाहिए कि अच्छा महसूस करने से पहले तुम्हें बेहद बुरा महसूस होगा। तुम ख़ुद को एक दयनीय अवस्था में पाओगी। मेरा मतलब यह है कि जब तुम गाँजे का उपयोग छोड़ोगी तो शुरू-शुरू में तुम्हारी एंग्जायटी बद से बदतर होती दिखेगी। लेकिन इस बात को अपने ज़ेहन में बनाए रखना कि यह एंग्जायटी वो नहीं है जो तुम्हारे साथ सदा-सदा के लिए बनी रहेगी अगर तुमने गाँजा पीना शुरू नहीं किया तो। यह एंग्जायटी तुम्हारे अंदर नशे के विदड्रावल के कारण पनपेगी। जितने ज़्यादा दिन तुम बिना गाँजे के रह पाओगी तुम उतनी ही जल्दी बेहतर महसूस करना शुरू कर दोगी। सामान्यतः मरीज़ अपनी मनोस्थिति में बदलाव दो हफ़्तों में महसूस करते हैं।"

"ठीक है। पर मैं जब गाँजा छोड़ूँगी उस समय मैं क्या करूँगी? क्या आप मुझे कुछ दवाइयाँ देंगी, जो मेरी इस समय में मदद करेंगी?"

"ऐसा कुछ भी मैं तुम्हें प्रिस्क्राइब नहीं कर सकती, जो तुम्हारा दर्द दूर कर सके और नशीला तथा लत लगाने वाला ना हो। और चूँकि मैं यह नहीं चाहती कि तुम एक नशे की आदत को दूसरे नशे की आदत से बदल लो, मैं चाहूँगी कि तुम इस दर्द को मजबूती से झेलो।"

डेलिलाह ने मानो एक घूँट लिया हो। यह जानकारी उसके लिए काफ़ी मुश्किल रही होगी।

"मुझे पता है। यह मुश्किल है। लेकिन यह तुम्हारे लिए एक अवसर भी है। इस बीच तुम ख़ुद को अपनी भावनाओं, विचारों, संवेदनाओं, और दर्द से भी अलग स्व का अवलोकन कर सकती हो। इसी अभ्यास को *माइंडफ़ुलनेस* भी कहा जाता है।"

डोपामाइन में *एम* अक्षर *माइंडफ़ुलनेस* के लिए ही उपयोग किया जाता है।

माइंडफ़ुलनेस एक ऐसा शब्द या कॉन्सेप्ट है, जिसे आजकल इतनी जगहों पर और इतनी बार प्रयोग किया जाता है कि इस शब्द ने कहीं न कहीं अपना गूढ़ अर्थ खो दिया है। बौद्ध भिक्षुओं के आध्यात्मिक साधना की परंपरा से माइंडफ़ुलनेस का विचार विकसित हुआ और पश्चिम द्वारा इसे वेलनेस अभ्यास के तौर पर कई अलग-अलग विषयों में अपनाया गया है। इसने पाश्चात्य सभ्यता की सांस्कृतिक चेतना में इस तरीक़े से अपनी जगह बना ली है कि आज यह अमेरिकी प्राथमिक विद्यालयों में इसकी नियमित ढंग से शिक्षा दी जाती है। लेकिन माइंडफ़ुलनेस असल में है क्या?

माइंडफ़ुलनेस साधारण शब्दों में मन-मस्तिष्क द्वारा किए गए कार्यों को, कार्य के घटित होने के दौरान, बिना किसी जजमेंट के अवलोकन करने की प्रक्रिया या अभ्यास है। यह जितना सीधा और आसान सुनने में लगता है इसका अभ्यास उतना ही कठिन और परिश्रम की माँग करता है।

और जिस ऑर्गन से हम अपने मस्तिष्क को कार्यरत अवलोकन कर रहे हैं वह ख़ुद हमारा मस्तिष्क है। काफ़ी टेढ़ा और अजीब लगता है सुनने में, है ना?

जब मैं रात के आकाश में अपनी आकाशगंगा मिल्की वे को देखती हूँ तो हमेशा इस बात से अचंभित होती हूँ कि जो हमसे इतना दूर और इतना अलग दिख रहा है, हम उसी के हिस्से हो सकते हैं। और माइंडफ़ुलनेस की आदत का अभ्यास करना कुछ-कुछ मिल्की वे को देखने जैसा ही है। यह अभ्यास हमसे यह माँग करता है कि हम अपने विचारों और भावनाओं को ख़ुद से दूर और अलग समझकर देखें पर साथ ही उसे अपना ही हिस्सा भी मानें।

इसके अलावा, मस्तिष्क कुछ बहुत ही अजीब चीज़ें कर सकता है, जिनमें से कुछ बेहद शर्मनाक भी हो सकती हैं, इसलिए जजमेंट के बिना रहने की आवश्यकता है। माइंडफ़ुलनेस के अभ्यास के लिए बिना किसी जजमेंट के होना आवश्यक इसलिए हो जाता है, क्योंकि जैसे ही हम अपने मस्तिष्क की कारगुज़ारियों की निंदा करना और उसे ग़लत ठहराना शुरू कर देते हैं - जैसे कि *मैं उस बारे में क्यों सोचूँगा? मैं तो एक लूज़र हूँ। मैं भी कैसा सनकी हूँ* - तब हम अपने आप को निरीक्षित करने की क्षमता खो देते हैं। हमारे मस्तिष्क और ख़ुद को नए तरीक़े से जानने के लिए पर्यवेक्षक की स्थिति में बने रहना आवश्यक है।

मुझे अच्छी तरह से याद है कि 2001 में, मैं किचन में अपने नवजात बच्चे को हाथ में लिए खड़ी थी। और एक बेहद ही भयानक तथा दख़ल देने वाला भित्ति चित्र उभर आया था कि मैं उस बच्ची के सर को फ्रिज या किचन के काउंटर पर दे मारती हूँ और उसका सर किसी तरबूज जैसा फट जाता है। छवि क्षणभंगुर लेकिन ज्वलंत थी, और यदि मैं सचेतनता यानी माइंडफ़ुलनेस की नियमित अभ्यासी नहीं होती, तो मैं इसे अनदेखा करने की पूरी कोशिश की होती।

शुरुआत में तो इस दृश्य के मेरे मानस में उभरने से मैं हैरान हो गई थी। और एक मनोचिकित्स्क होने के नाते मैंने मनोरोग से पीड़ित उन

माताओं का इलाज किया था, जिनके भीतर मनोरोग से जूझने के कारण यह विचार उत्पन्न होता था कि दुनिया को बचाने के लिए उन्हें अपने बच्चे को जान से मार देना ज़रूरी है। और उन मरीज़ों में से एक ने सच में अपने बच्चे को जान से मार दिया था। इस परिणाम पर मैं बेहद दुःख के साथ आज तक पछतावा करती हूँ। तो जब मैंने अपने ही नवजात को जान से मारने की छवि देखी तो इस सोच में पड़ गई कि कहीं मैं वैसी ही माताओं की गिनती में तो नहीं आ गई हूँ।

लेकिन मैंने ख़ुद को यह ध्यान दिलाया कि मुझे देखते समय जजमेंट नहीं देना है और फिर मैंने उस उभरी हुई छवि का पीछा किया और उन भावनाओं को खोज पाने में सफल हुई, जिनकी वजह से यह छवि मेरे मानस पर छाई थी। और इसका निष्कर्ष मैंने यह पाया कि दरअसल, मैं अपने नवजात का सिर फोड़कर उसे जान से नहीं मारना चाहती थी, बल्कि ऐसी दुर्घटना हो जाने का भय मुझे सताए जा रहा था। उस भय के कारण ही वह छवि मेरे पास आई थी।

ख़ुद को दोषी मान कर और घृणा करने की बजाय मैं ख़ुद के लिए करुणा जता पाने में सक्षम रही। मैं नई नवेली माँ होने के नाते अपनी गंभीर ज़िम्मेदारियों की समझ से जूझ रही थी, कि एक असहाय बच्चे की देखभाल कैसे करते हैं, जो अपनी सुरक्षा के लिए पूरी तरह मुझ पर निर्भर है।

परहेज़ के शुरुआती दिनों में माइंडफ़ुलनेस के अभ्यास बेहद आवश्यक होते हैं। हममें से ज़्यादातर लोग उच्च डोपामाइन पदार्थ या व्यवहार का प्रयोग ख़ुद को ख़ुद के विचारों से भटकाने के लिए करते हैं। जब हम पहले पहल डोपामाइन के प्रयोग से बच निकलने की आदत को बंद करते हैं तो वे पीड़ादायक विचार, भाव, और संवेदना एक साथ हमारे ऊपर हावी हो जाते हैं। और इनसे बचने का आसान तरीक़ा यह है कि हमें इन पीड़ादायक विचारों और भावों से भागने की बजाय ख़ुद को उन्हें सहने के लिए तैयार करें।

जब हम ऐसा करने में सक्षम हो जाते हैं, तो हमारे अनुभव एक नई और अप्रत्याशित रूप से समृद्ध बनावट प्राप्त कर लेते हैं। जो पीड़ा होती

है वह तो बनी रहती है, लेकिन किसी तरह यह एक बदले हुए और नए स्वरूप में होती है। ऐसा प्रतीत होता है कि यह पूरी तरह से हमारा अपना होने के बजाय सांप्रदायिक पीड़ा के एक विशाल परिदृश्य को शामिल करता है।

जब मैंने अपने पढ़ने की आदत को छोड़ा था तो शुरुआती कुछ हफ़्तों में मुझे एक विशालकाय अस्तित्ववादी डर ने घेर लिया था। शाम को मैं अपने सोफ़े पर पड़ जाती। यह एक ऐसा समय हुआ करता, जब मैं कोई किताब उठा लेती या ख़ुद को भटकाने का कोई अन्य तरीक़ा ढूँढ़ती। अब मैं सोफ़े पर पड़े-पड़े अपने हाथों को पेट पर रख कर आराम करने की कोशिश में लेटती, लेकिन अंदर ही अंदर एक भयावहता से भरी हुई महसूस करती। मैं आश्चर्यचकित थी कि मेरी दिनचर्या में आया इतना छोटा-सा बदलाव मुझे इतनी चिंता से भर सकता है।

लेकिन फिर जैसे दिन बीतते गए और मैंने अपने माइंडफ़ुलनेस के अभ्यास को जारी रखा, तो मैंने अपनी मानसिक सीमाओं में धीरे-धीरे आराम और अपनी जागरूकता के खुलने का अनुभव किया। मैंने यह देखना शुरू कर दिया कि मुझे ख़ुद को वर्तमान क्षण से लगातार विचलित करने की आवश्यकता नहीं है। मैं इसमें रह सकती थी और इसे सहन कर सकती थी, और शायद इससे भी कुछ अधिक।

आई से अर्थ है इनसाइट यानी अंतर्दृष्टि

डेलिलाह एक महीने के परहेज़ के लिए मान गई। जब वह वापस आई तब उसकी त्वचा चमक रही थी, उसके झुके हुए कंधे ग़ायब थे, और उसका उदास चेहरा अब एक चमकती मुस्कान में बदल गया था। वह मेरे कार्यालय में आई और एक कुर्सी पर अपनी जगह बना ली।

“मैंने कर लिया। मैंने कर दिखाया। और डॉ. आप भरोसा नहीं करोगी, लेकिन मेरी एंग्जायटी ख़त्म हो गई है। बिलकुल ख़त्म।”

“मुझे बताओ क्या-क्या हुआ और कैसा रहा सब?”

“शुरुआत के कुछ दिन बहुत मुश्किल थे। मेरे लिए वक़्त बिताना बेहद मुश्किल था। मुझे अजीब-सा लग रहा था। दूसरे दिन तो उल्टी भी हो गई। यह पागलपन जैसा था, क्योंकि मैं तो कभी उल्टी नहीं करती। तब मुझे बहुत बीमार-सा महसूस हुआ। उसी समय समझ आया कि मैं नशे की लत से बाहर आ रही हूँ। यही सोचकर मैंने हिम्मत रखी और संयम बनाए रखा।”

“यह संयम की भावना तुम्हें प्रोत्साहित कैसे कर पाई?”

“क्योंकि इससे मुझे पता चला कि असल में, मैं गाँजा पीने को लेकर एडिक्टेड थी।”

“फिर उसके बाद के हाल कैसे रहे? और अब तुम कैसा महसूस कर रही हो?”

“ड्यूड! इतना अच्छा फ़ील कर रही हूँ कि मैं आपको बता नहीं सकती। आह! एंग्जायटी तो अब सिरे से ग़ायब है। एंग्जायटी शब्द तो अब मेरे ज़ेहन में आता भी नहीं है। कहाँ एंग्जायटी कभी पहले मेरे पूरे दिन को बयां करती थी। अब मेरा दिमाग़ साफ़ है, और मैं चीज़ों के बारे में सही तरीक़े से सोच पा रही हूँ। अब मैं इस बात को लेकर ज़रा भी परेशान नहीं होती कि मेरे माता-पिता गाँजे की महक को इसे सूंघकर मुझ पर गुस्सा हो जाएँगे। मैं अब स्कूल में ज़रा भी एंग्जायटी नहीं महसूस करती। अब मेरे भीतर का व्यामोह और संदेह सिरे से ग़ायब हो चुका है। अब मैं हर उस चीज़ के पीछे भागदौड़ लगाती हूँ, और अपना बहुत सारा वक़्त और मानसिक प्रयास उन चीज़ों के लिए करती हूँ, जो मुझे एक बेहतर मनोभाव में ले जाएँगे। अब मैं गाँजा नहीं पी रही और यह एक बड़ी राहत है। मैं पैसे भी बचा पा रही हूँ। मैंने ऐसी घटनाएँ ढूँढ़ ली हैं, जिन्हें मैं बिना नशे के एन्जॉय करती हूँ, जैसे मेरे पारिवारिक फ़ंक्शन्स।”

“डॉक्टर मैं आपको सबकुछ सच-सच बता रही हूँ। पहले मैंने कभी भी अपनी गाँजा पीने की आदत को समस्या की तरह देखा ही नहीं था। सच में मुझे वह कोई समस्या नहीं लगती थी। और अब आज जब मैंने

गाँजा पीना छोड़ दिया है तब मुझे यह साफ़-साफ़ दिख रहा है कि गाँजा मेरे जीवन में कितनी समस्याएँ उत्पन्न कर रहा था, एंग्जायटी उसके कारण हो रही थी, वह मेरी एंग्जायटी का इलाज नहीं था। मैं पिछले पाँच वर्षों से गाँजा का लगातार उपभोग कर रही थी, बिना किसी ब्रेक के और मैं यह देख पाने या परख़ पाने में बिलकुल असमर्थ थी कि गाँजा मेरे साथ क्या कर रहा है और उसका मेरे जीवन में क्या प्रभाव पड़ रहा है। ईमानदारी से बताऊँ तो यह मेरे लिए एक शॉक की तरह है।"

डोपामाइन शब्द में *आई* का अर्थ *इनसाइट* अर्थात *अंतर्दृष्टि* से है।

मैंने अपनी क्लीनिकल जीवन में और ख़ुद के जीवन में भी बार-बार यह देखा है कि एक सामान्य सी प्रैक्टिस, जहाँ हम अपने मनपसंद ड्रग से चार हफ़्तों के लिए परहेज़ करते हैं तो हमें अपनी आदतों, व्यवहारों, और ड्रग उपभोग के कारण होने वाले जीवन पर प्रभावों को देखने समझने की एक ग़ज़ब की साफ़ अंतर्दृष्टि प्राप्त हो जाती है। ऐसी अंतर्दृष्टि को प्राप्त करना असंभव है, जब हम अपनी मनपसंद ड्रग का सेवन जारी रखते हैं।

एन अक्षर से हमारा अर्थ नेक्स्ट स्टेप्स से है

जैसे ही डेलिलाह की विजिट्स मेरे यहाँ ख़त्म होने वाली थीं, मैंने उससे पूछा कि आने वाले महीनों के लिए उसकी क्या योजनाएँ हैं।

मैंने कहा, "तो फिर तुम्हें क्या लगता है? क्या तुम अगले महीने के लिए भी अपना परहेज़ जारी रखना चाहती हो या फिर गाँजे के प्रयोग पर वापस जाओगी?"

डेलिलाह ने कहा, "नशा रहित रहूँगी। पक्का। बिना नशे की स्थिति में मैं अपने ख़ुद के सबसे अच्छे स्वरूप में होती हूँ।"

मैंने इस क्षण को अपने भीतर सहेजने की कोशिश, और मैं कुछ देर के लिए ठहर सी गई।

उसने आगे कहा, "लेकिन, मैं गाँजे को सचमुच पसंद करती हूँ और उस क्रियात्मक भावना को याद करती हूँ, जो मेरे भीतर गाँजा पीने के बाद पनपती थी। मैं उस पलायन को भी याद करती हूँ, जो मुझे गाँजा देता था। मैं गाँजा पीना एकदम से नहीं छोड़ना चाहती। मैं उसका सेवन जारी रखूँगी पर उस तरह नहीं, जिस तरह मैं करती थी।"

डोपामाइन शब्द में *एन* का अर्थ है, *अगले क़दमों* से।

यही वह समय होता है, जब मैं अपने मरीज़ों से पूछती हूँ कि एक महीने के परहेज़ के बाद उनकी अपने मनपसंद की ड्रग के सेवन को लेकर आगे की क्या योजनाएँ हैं। मेरे ज़्यादातर मरीज़ जिन्होंने एक महीने का परहेज़ सफलतापूर्वक पूरा कर लिया होता है और ड्रग के सेवन के दुष्परिणाम और परहेज़ से होने वाले फ़ायदों से परिचित हो चुके होते हैं, वे अपने मनपसंद ड्रग की तरफ़ फिर भी लौटना चाहते हैं। लेकिन ड्रग के सेवन के तौर-तरीक़ों में वे पहले जैसा नहीं करना चाहते, वे बदलाव लाना चाहते हैं। असल में उनका व्यापक लक्ष्य यह होता है कि वे अपने मनपसंद के ड्रग का सेवन अब कम मात्रा में करें।

व्यसन चिकित्सा के क्षेत्र में एक विवाद यह सालों से चल रहा है कि क्या जो लोग नशीली दवाओं का नशे की लत के रूप में उपयोग कर रहे हैं, वे मध्यम, गैर-जोख़िम भरे उपयोग पर लौट सकते हैं। दशकों से एल्कोहॉलिक्स एनोनिमस की समझदारी ने तय किया है कि लत से ग्रस्त लोगों के लिए परहेज़ ही एकमात्र विकल्प है।

लेकिन उभरते सबूतों से पता चलता है कि कुछ लोग जो अतीत में नशे की लत के मानदंडों को पूरा कर चुके हैं, विशेष रूप से कम गंभीर प्रकार की लत वाले लोग, नियंत्रित तरीक़े से अपनी पसंद की ड्रग का उपयोग करना शुरू कर सकते हैं। मेरे चिकित्सीय अनुभव में, यह बात सच साबित हुई है।

ई से अर्थ है एक्सपेरिमेंट यानी प्रयोग करना

डोपामाइन शब्द का अंतिम अक्षर ई है, जिसका अर्थ *एक्सपेरिमेंट* से है यानी प्रयोग से।

यह वह जगह है, जहाँ मरीज़ एक नए डोपामाइन सेट पॉइंट (सुख-दर्द संतुलन स्केल पर एक नया स्तर) और इसे बनाए रखने की योजना के साथ सशस्त्र होकर वापस दुनिया में जाते हैं। चाहे उनका लक्ष्य लगातार परहेज़ करने का हो या फिर डेलिलाह की तरह एक नियंत्रित मात्रा में सेवन जारी रखने का हो, मैं और मेरे मरीज़ साथ मिलकर उस लक्ष्य तक पहुँचने की और उसे जारी रखने की सशक्त योजना बनाते हैं। परीक्षण और त्रुटि की एक क्रमिक प्रक्रिया के माध्यम से, हम पता लगाते हैं कि क्या काम करता है और क्या नहीं।

मैं इस बात की क्षमा चाहूँगी यदि मैंने इस बात की ओर इशारा नहीं किया कि नियंत्रित तौर-तरीक़ों से ड्रग का उपभोग जारी रखने पर, मुख्यतः उन लोगों में जो गंभीर लत का शिकार रह चुके हैं, उनमें इस बात की संभावनाएँ भी खड़ी हो जाती हैं कि वे धीरे-धीरे एक लंबे परहेज़ के बावजूद भी सेवन की तीव्र वृद्धि में अपना योगदान देने के कारण फिर से उस नशे की लत में दोबारा गिर सकते हैं। इस प्रक्रिया को कभी-कभार *अब्सिटिनेंस-वायलेशन इफ़ेक्ट* यानी परहेज़ को तोड़ने का प्रभाव भी कहा जाता है।

जो चूहे नशे के आदी होने की आनुवंशिक प्रवृत्ति दिखाते हैं, वे शराब से दो-चार सप्ताह की अवधि के बाद शराब से दूर रहने के बाद, जैसे ही उन्हें फिर से शराब मिलती है, वे शराब पीना शुरू कर देते हैं और उसके बाद भी इसका भारी मात्रा में सेवन जारी रखते हैं। मानो उन्होंने कभी परहेज़ ही नहीं किया हो। इसी तरह की घटना उच्च कैलोरी वाले खाद्य पदार्थों के संपर्क में रहने वाले और उनके आदी चूहों में देखी गई है। यह प्रभाव उन चूहों में कम हो जाता है, जो आनुवंशिक रूप से बाध्यकारी उपभोग के प्रति कम संवेदनशील होते हैं।

जानवरों के इन अध्ययनों में इस बात में कोई साफ़गोई नहीं है कि यह परहेज़ के बाद फिर से नशे का आदि हो जाना दरअसल, सिर्फ़ और सिर्फ़ उन ड्रग्स में ही देखा जाता है, जिनमें उच्च कैलोरी होती हैं, जैसे, खाना या शराब और उन ड्रग्स में नहीं, जिनमें कैलोरी नहीं होती, जैसे, कोकीन, या फिर इस दोबारा लत पड़ने के पीछे इन चूहों की अनुवांशिक प्रवृत्तियाँ ज़िम्मेदार हैं।

और जिन मामलों में ड्रग्स के नियंत्रित उपभोग को करना संभव भी हो वहाँ भी मेरे बहुत सारे मरीज़ों के लिए ड्रग्स का उपभोग जारी रखना बहुत थकाऊ हो जाता है और अंततः इस कारण से वे मरीज़ लंबे समय के लिए परहेज़ को जारी रखना ही उचित समझते हैं।

लेकिन उन मरीज़ों का क्या जिन्हें खाने की लत है या फिर स्मार्टफ़ोन की? ऐसे किसी ड्रग की जिनका उपभोग संपूर्ण ढंग से बंद नहीं किया जा सकता।

आज के आधुनिक जीवन में किसी भी मनपसंद ड्रग का संयमित सेवन कैसे किया जाए, यह एक बेहद महत्त्वपूर्ण सवाल बन कर उभरा है। और इसका सबसे बड़ा कारण उच्च-डोपामाइन वस्तुओं की सर्वव्यापकता, जो हम सभी को बाध्यकारी अतिउपभोग के प्रति अधिक संवेदनशील बनाती है, और उन ड्रग्स के लिए भी जो लत के नैदानिक मानदंडों को पूरा नहीं करते हैं।

और जैसा कि आजकल के डिजिटल ड्रग, जैसे, स्मार्टफ़ोन जो हमारी ज़िंदगियों में इस क़दर अपनी जगह बना बैठे हैं, और जिनकी हमारे जीवन की अन्यान्य पहलुओं में गहरी पैठ है, वैसे में ख़ुद के लिए और हमारी आने वाली पीढ़ियों के लिए यह बेहद ज़रूरी और त्वरित हो जाता है कि हम इस बात का पता लगाएँ कि ऐसी ड्रग्स का संयमित उपभोग कैसे किया जाना चाहिए। हमें कोई न कोई तरीक़ा तो ईजाद करना ही होगा। और इस तरह अब मैं स्व-बाध्यकारी रणनीतियों का एक वर्गीकरण प्रस्तुत करती हूँ।

लेकिन इससे पहले कि हम आत्म-बंधन के बारे में बात करें, आइए डोपामाइन उपवास के चरणों की समीक्षा करें। इसका डोपामाइन उपवास का अंतिम और सबसे ज़रूरी लक्ष्य हमारे आनंद-पीड़ा संतुलन स्केल में साम्य अवस्था स्थापित करना है। एक स्तर संतुलन (होमियोस्टैसिस) प्राप्त करना है। और हमें हमारी आनंद की अनुभूति करने की क्षमता को पुनर्जीवित कर, कई प्रकारों में आनंद की अनुभूति करनी है।

डी - डाटा
ओ - ऑब्जेक्टिव
पी - प्रॉब्लम्स
ए - अबस्टिनेन्स
एम - माइंडफुलनेस
आई - इनसाइट
एन - नेक्स्ट स्टेप्स
ई - एक्सपेरिमेंट

5

स्पेस, समय और अर्थ

2017 के वसंत में अपनी बाध्यकारी सेक्सुअल आदतों से साल भर का परहेज़ रखने के बाद जैकब पुनः उन्हीं हरक़तों में लिप्त हो गए। वे उस समय 65 वर्ष के थे।

और उनकी अपनी सेक्सुअल आदतों की लत में वापस आने की शुरुआत तब हुई, जब वे पूर्वी यूरोप अपने परिवार से भेंट करने गए। उनका परिवार से मिलना इसलिए जटिल हो गया था, क्योंकि उनकी वर्तमान पत्नी और पहली शादी से हुए बच्चों में ज़रा सी भी नहीं बनती थी। पैसों की समस्या और किसे क्या मिलना चाहिए, ये पुरानी समस्याएँ हैं, जो उभर कर सतह पर आ चुकी थीं।

उनकी तीन हफ़्तों की ट्रिप में, दो हफ़्ते बाद ही उनके बच्चे उनसे ख़फ़ा थे, क्योंकि जैकब ने उन्हें उतने पैसे नहीं दिए थे, जितने की उन्होंने माँग की थी। और उनकी वर्तमान पत्नी इसलिए नाराज़ थीं, क्योंकि वे बच्चों को पैसे देने के बारे में सोच ही क्यों रहे थे। वे किसी को भी निराश करना नहीं चाहते थे और इस बाबत ख़ासे परेशान थे और इसी कारण उन्होंने सबको ही निराश करने की धमकी दे दी।

विदेश से ही जैकब ने मुझे यह सूचित करने के लिए ईमेल किया कि वे संघर्ष कर रहे थे। उन्होंने अभी तक तो रिलैप्स नहीं किया थे, लेकिन अपनी पुरानी लत की तरफ़ जाने में थोड़ा ही वक़्त बचा था। मैंने जैकब को फ़ोन कर के उन्हें फ़ोन पर ही समझाने-बुझाने की कोशिश की और

उन्हें घर वापस आते ही मुझसे मिलने की सलाह भी दी। वे मेरे ऑफ़िस में पूर्वी यूरोप से वापस लौटने के एक हफ़्ते बाद आए, लेकिन तब तक काफ़ी देर हो चुकी थी।

जैकब ने मुझसे कहा, "मुझे फिर से उन हरक़तों में लिप्त होने की तीव्र इच्छा उस होटल रूम की टीवी को देख कर जागी। मैंने पहले तो यूएस ओपन देखने के लिए टीवी ऑन किया। फिर मैं वहाँ पड़े-पड़े चैनल्स बदल रहा था और मेरे मन में कई तरह के सवाल और चिंताएँ थीं। मैं अपने परिवार, अपनी बीवी के बारे में सोच रहा था और यह कि कैसे सभी मुझसे नाराज़ हैं। मैं हल्का सा डिप्रेस्ड महसूस करने लगा। और तभी मैंने टीवी पर एक नंगी महिला को देखा। जब तक मैंने टीवी नहीं देखा था, तब तक मैं बिलकुल ठीक था। मेरे अंदर वासना की कोई भावना नहीं थी। मेरी सबसे बड़ी भूल यह रही की जब मैंने टीवी ऑन किया तो अपनी बीती आदतों के बारे में सोचने लगा, मैं सोचने लगा की दोबारा उन आदतों की तरफ़ चला जाऊँ, और एक बार इन विचारों ने जब मेरे मन मस्तिष्क में जगह बना लीं तो वे जाने का नाम ही नहीं लीं।"

"फिर क्या हुआ?"

"मैं मंगलवार को घर गया। मैं काम पर नहीं गया, ऑफ़िस से छुट्टी ले ली। पूरे दिन घर पर यूट्यूब देखता रहा। मैं बॉडी पेंटिंग के वीडियो देख रहा था, जिसमें लोग एक दूसरे के नंगे शरीरों पर रंग रहे थे। मेरे ख़याल से यह कोई कला का फ़ॉर्म है। और बुधवार तक मैं अपनी भावनाओं पर क़ाबू नहीं रख पाया। मैं बाहर गया और अपना मशीन पुनः बनाने के लिए ज़रूरी सामान बाज़ार से ख़रीदकर ले आया।"

"आपकी विद्युत सिमुलेशन वाली मशीन?"

जैकब ने दुखी होकर और मुझे नजरें छुपाते हुए कहा, "हाँ। पर मूल समस्या यह है कि एक बार जब आप शुरू करते हैं तो आप आनंद की स्थिति में बहुत लंबे समय तक बने रहते हैं। यह आपको ट्रांस की फ़ीलिंग देता है। और इससे आपको बेहद चैन की प्राप्ति होती है। उस वक़्त मैं किसी भी अन्य चीज़ के बारे में नहीं सोच रहा होता हूँ। मैं बीसियों घंटे

बिना रुके उसी प्रक्रिया में लिप्त रहता हूँ। मैं बुधवार को पूरे दिन और रात उसी मशीन के साथ लिप्त रहा। और फिर बृहस्पतिवार को सुबह मैंने मशीन के सभी पार्ट्स कूड़े में फेंक दिए और काम पर चला गया। फिर शुक्रवार की सुबह मैंने सभी पार्ट्स कूड़े से बाहर निकाले, मशीन को पुनः निर्मित किया, और उसका उपयोग पूरे दिन करता रहा। शुक्रवार की ही रात को मैंने अपने स्पांसर को फ़ोन किया और शनिवार को सेक्सहॉलिक्स एनोनिमस (यौन-लत मुक्ति सभा) की मीटिंग में गया। रविवार को मैंने कूड़े से पार्ट्स दोबारा इकट्ठा किए, फिर से मशीन बनाई, और फिर से उसका उपभोग किया। और अगले दिन सोमवार को भी मैंने इसे जारी रखा। मैं रुकना चाहता हूँ, इस आदत को हमेशा के लिए अलविदा कह देना चाहता हूँ, लेकिन यह कैसे संभव होगा। यह समझ नहीं आ रहा। मुझे क्या करना चाहिए?"

मैंने जैकब से कहा, "अपनी मशीन के सभी पुर्जे और कोई भी अन्य अतिरिक्त पुर्जे हों तो उन्हें उठाइए और कूड़े में डाल दीजिए। फिर अपने कूड़ेदान को किसी कूड़ेघर पर ले जाकर फेंक दीजिए या फिर किसी ऐसे जगह ले जाइए, जहाँ से आपको अपना कूड़ा वापस ना मिल सके।" जैकब ने समझते हुए सहमति में अपना सिर हिलाया। "और फिर किसी भी वक़्त आपको मशीन का उपयोग करने की तीव्र इच्छा जाग्रत हो या इस तरह का विचार मन में पनपे, तब अब घुटनों के बल होकर ईश्वर की प्रार्थना करिए। बस आराधना करिए। ईश्वर से मदद माँगिए, लेकिन ज़रूरी यह है कि मदद आप घुटने टेक कर ही माँगें।"

मैंने जैकब के लिए रोज़मर्रा और आध्यात्म को एक साथ जोड़ कर परोसा। मेरी समझ में किसी भी चीज़ का कोई उच्च स्थान या नीचे का स्थान नहीं है। उनको प्रार्थना करने के लिए कहना दरअसल, मनोचिकित्सा के अलिखित नियमों को तोड़ना हुआ। डॉक्टर्स ईश्वर की बात नहीं करते, मरीज़ों को प्रार्थना का शिल्प नहीं सिखाते हैं। लेकिन मैं भरोसे में भरोसा करती हूँ। और मेरे भीतर यह पुख़्ता विश्वास था कि जैकब के लिए, जो रोमन कैथोलिक के रूप में पले-बढ़े हैं, उनके लिए कारगर साबित होगा।

उनको प्रार्थना करने के लिए घुटनों के बल हो जाने को महत्त्वपूर्ण मैंने इसलिए कहा, क्योंकि मैं चाहती थी कि इस कार्य में उनको शारीरिक ढंग से कुछ करना पड़े, जो शायद उनकी मानसिक मजबूरी को रोकने में मदद करेगा, जो उन्हें उस उपयोग के लिए उनके भीतर तीव्र इच्छा जाग्रत कर रहा है। या शायद मैंने पहचाना कि जैकब को अपनी अधीनता को पूरा करने के लिए कुछ गहरी ज़रूरत थी। यह वही अधीनता थी, जिस कारण वे अपनी आदतों पर नियंत्रण नहीं कर पा रहे थे।

मैंने आगे जारी रखा, "जब आप प्रार्थना पूरी कर लें फिर उठें और अपने स्पांसर को फ़ोन करें।" जैकब ने फिर से हामी में सिर हिलाया। "और हाँ, जैकब आप अपने को माफ़ कर दीजिए। आप अपनी इन आदतों की वजह से बुरे इंसान नहीं हो गए हैं। आप भी कुछ समस्याओं से जूझ रहे हैं, जैसा कि बाक़ी सभी के पास भी हैं।"

जैकब के अपनी मशीन बाहर फेंक देने की, जैसी क्रिया या प्रक्रिया को *आत्म-बंधन* कहते हैं। इस तरीक़े से हम अपने और अपनी मनपसंद की ड्रग के बीच अपनी इच्छा से और मन से एक बैरियर बनाते हैं ताकि हम मजबूरी में उस ड्रग के अतिरेक में सेवन से ख़ुद को बचा पाएँ। आत्म-बंधन की रणनीति सिर्फ़ और सिर्फ़ दृढ़ संकल्प और इच्छा से पूरा नहीं होता। यद्यपि व्यक्तिगत एजेंसी (स्वायत्तता) भी कुछ भूमिका निभाती है। लेकिन, आत्म-बंधन खुले तौर पर इच्छा की सीमाओं को पहचानता है।

सफल और प्रभावी आत्म-बंधन बनाने के रणनीति की कुंजी यह है कि सबसे पहले तो हम अपने स्वैच्छिकता के नुक़सान को स्वीकार कर लें। और इस स्वेच्छा को हम ख़ुद से छूटता हुआ तब पाते हैं, जब बाध्यकारी रूप से हम अपने पसंद की ड्रग का सेवन करना चाहते हैं। एक सफल आत्म-बंधन की यही कुंजी है कि जब हमारे पास बाध्यकारी उपयोग की इच्छा के बावजूद स्वैच्छिक विकल्प की क्षमता बची रहे तभी हम ख़ुद पर बंधन लगाएँ।

यदि हम तब तक प्रतीक्षा करते हैं, जब तक हम उपयोग करने की मजबूरी महसूस नहीं करते हैं, तब आनंद की तलाश करने और या दर्द से बचने के प्रतिवर्ती खिंचाव का विरोध करना लगभग असंभव हो जाता है। चाहत की गिरफ़्त में, कोई निर्णय नहीं होता।

लेकिन ख़ुद के और अपनी पसंद की ड्रग के बीच हम मूर्त बैरियर स्थापित कर के हम चाहत और क्रिया के बीच पॉज बटन दबाने में सफल हो जाते हैं।

और तो और आत्म-बंधन का अभ्यास आज के दिनों-युग की मजबूरी है। यदि नशे की सामग्रियों और व्यवहारों पर बाहरी पाबंदी लगाई भी जाए, जैसे, सिगरेट पर टैक्स बढ़ाए जाएँ, शराब पीने पर उम्र की पाबंदी लगाई जाए, कोकीन रखने की मनाही करने वाले क़ानून बनाए जाएँ, हालाँकि ये क़दम भी बेहद महत्त्वपूर्ण हैं, फिर भी वे ऐसी दुनिया के लिए कभी काफ़ी नहीं होंगे, जहाँ उच्च डोपामाइन ड्रग के बढ़ते प्रकारों, जो असल में अनंत प्रकार की चीज़ें हैं, उन तक लोगों की आसानी से पहुँच है।

मेरे कई मरीज़ अपनी आत्म-बंधन की रणनीतियों के बारे में मुझसे कई सालों से बात कर रहे हैं। कुछ समय बाद मैंने उन रणनीतियों का नोट बनाना शुरू कर दिया। मैं अन्य रोगियों को सलाह देने के लिए मरीज़ों से सीखी गई रणनीतियों में हल्का फेरबदल कर उनका पुन: उपयोग करती हूँ। जैसा कि मैंने जैकब के साथ किया था, जब मैंने उनसे कहा था कि वह अपनी मशीन को एक दुरस्थ कूड़ेदान में फेंक दे, जिससे उनके पास बाद में इसे पुनः प्राप्त करने की गुंजाइश नहीं बचेगी।

मैं अपने मरीज़ों से पूछती हूँ, "आप किस प्रकार की बाधाएँ खड़ी कर सकते हैं, जिससे आपका, आपकी पसंदीदा दवा तक आसानी से पहुँच पाना कठिन हो जाएगा?" मैंने अपने जीवन में भी बाध्यकारी अति-उपभोग की समस्याओं को प्रबंधित करने के लिए आत्म-बंधन की रणनीति का भी उपयोग किया है।

आत्म-बंधन को तीन व्यापक श्रेणियों में विभाजित किया जा सकता है : भौतिक रणनीतियाँ (स्थान), कालानुक्रमिक रणनीतियाँ (समय), और श्रेणीबद्ध रणनीतियाँ (अर्थ)।

जैसा कि आप आगे देखेंगे, आत्म-बंधन विफलता से बाहर निकलने का कोई गारंटीकृत तरीक़ा नहीं है, ख़ासकर गंभीर लत वाले लोगों के लिए। यह भी आत्म-धोखे, बुरे विश्वास और दोषपूर्ण विज्ञान का शिकार हो सकता है।

लेकिन शुरुआत करने के लिए यह एक अच्छी और आवश्यक जगह है।

भौतिक आत्म-बंधन

ट्रोज़न युद्ध से घर की ओर लौटते हुए होमर के ओडीसियस के सामने आए तमाम ख़तरों में से पहला ख़तरा सायरन थे। सायरन आधे-महिला, आधे-पक्षी जीव थे। सायरन अपने मंत्रमुग्ध कर देने वाले गीतों से नाविकों को पास के द्वीप की चट्टानों पर उनकी मौत की तरफ़ खींच लाते थे।

किसी भी नाविक के पास सायरन से अक्षत गुज़रने का एकमात्र तरीक़ा उनके मंत्रमुग्ध कर देने वाले गीतों को नहीं सुनना था। सायरन से बचने के लिए ओडीसियस ने अपने चालक-दल को कानों में मोम डाल लेने का आदेश दिया। उसने ख़ुद को नौकायन के मस्तूल से बाँधने का भी आदेश दिया और साथ में यह हिदायत भी दी कि यदि वह किसी भी तरीक़े से ख़ुद को छुड़ाने की कोशिश करे या उनसे छोड़ दिए जाने की विनती करे तो उसे और कसकर बाँध दिया जाए।

अपने और अपने पसंद के नशे के बीच सचमुच की भौतिक बाधाएँ और या भौगोलिक दूरी बना लेना आत्म-बंधन का एक तरीक़ा है, जिसे यह प्रसिद्ध ग्रीक मिथक बख़ूबी दर्शाता है। इसी तरीक़े के आत्म-बंधन के कुछ उदाहरण जो मुझे मेरे मरीज़ों ने बताए हैं : "मैंने अपना टीवी अनप्लग कर दिया और अपनी अलमारी में बंद कर दिया।" "मैंने अपना गेम कंसोल गैराज में फेंक दिया।", "मैं क्रेडिट कार्ड का उपयोग नहीं

करता, केवल नक़्द का इस्तेमाल करता हूँ।", "मैं पहले ही होटल में फ़ोन करके उनसे मिनीबार हटाने के लिए अनुरोध करता हूँ।", "मैं पहले ही होटल में फ़ोन करके उनसे मिनीबार और टेलीविज़न हटा देने को कहता हूँ।", "मैंने अपना आईपैड बैंक ऑफ़ अमेरिका के एक सुरक्षा जमा बॉक्स में रख दिया है।"

सत्तर वर्ष से अधिक उम्र के मेरे मरीज़ ऑस्कर, बेहद विद्वान और तेज़ आवाज़ के धनी थे। लेकिन वह आत्मालाप यानी उनमें ख़ुद से बात करने की आदत इस तरह थी कि उन्होंने ग्रुप थेरैपी को इस क़दर अव्यवस्थित कर दिया की उन्हें वहाँ से निकाला गया। अपनी स्टडी में काम करते हुए, गैराज में काम करते हुए, और अपने बगीचे की रख-रखाव करते हुए उन्हें शराब पीने की बुरी लत लग गई थी।

परीक्षण और त्रुटि विधि से उन्हें यह समझ आया कि अपनी इस आदत को रोकने के लिए उन्हें अपने घर से शराब को पूरी तरह हटाना होगा। घर में लाई गई किसी भी शराब को फ़ाइल कैबिनेट में बंद करना पड़ता, जिसकी चाबी केवल उनकी पत्नी के पास होती थी। इस प्रणाली के माध्यम से ऑस्कर ने सफलतापूर्वक ख़ुद को शराब से वर्षों दूर रखा।

जैसा कि मैंने आपको पहले ही चेतावनी दी थी कि आत्म-बंधन की कोई गारंटी नहीं है। कभी-कभी अवरोध ही चुनौती को आमंत्रित करता है। अपनी मनपसंद चीज़ को हासिल करने की क़वायद ही ऐसी पहेलियों का रोमांच बन जाती हैं।

एक दिन ऑस्कर की पत्नी ने शहर से बाहर जाते वक़्त फ़ाइल कैबिनेट में एक महँगी शराब की बोतल को लॉक कर दिया और चाबी अपने साथ ले गईं। पहली शाम जब ऑस्कर की पत्नी घर से दूर थीं, वह कैबिनेट में रखी हुई शराब की बोतल के बारे में सोचने लगे। इस विचार ने अनधिकृत रूप से उनके मानस पर एक भौतिक उपस्थिति दर्ज़ की। इस विचार से उनके भीतर एक खीझ उपजने लगी। ऑस्कर ने ख़ुद से कहा, *अगर मैं एक बार जाकर यह देख आऊँ की बोतल सही ढंग से लॉक है तो फिर मैं उसके बारे में सोचना बंद कर दूँगा।*

वह अपनी पत्नी की स्टडी में गए और कैबिनेट की दराज को खींचा। उनके आश्चर्य के लिए, दराज लगभग आधा इंच खुल गया और उन्हें फ़ाइल्स के बीच सीधी खड़ी बोतल दिख गई। बोतल को निकालना तो उनकी पहुँच से दूर था, लेकिन उन्हें बोतल का कॉर्क दिखाई दे रहा था।

लगभग एक मिनट तक ऑस्कर उस अँधेरी दराज़ को घूरते हुए बोतल के बारे में सोच रहे थे। उनके भीतर का एक हिस्सा उस दराज़ को बंद कर देना चाहता था पर दूसरा हिस्सा उस बोतल को निहारते रहना चाहता था। फिर उनके मन में कुछ आया और उन्होंने निर्णय ले लिया - या शायद उन्होंने निर्णय लेने की कोशिश छोड़ दी। वह हरक़त में आ गए।

ऑस्कर अपनी टूलबॉक्स लाने जल्दी से गैरेज में गए। दराज खोलने और लॉक तोड़ने के लिए उन्होंने कई प्रकार के उपकरणों का प्रयोग किया। उन्होंने दृढ़ संकल्प और लेज़र फ़ोकस के साथ काम जारी रखा। लेकिन दराज़ नहीं खुली। उनके द्वारा आजमाया गया हर उपकरण उस लॉक को तोड़ने में विफल रहा।

फिर उनके मस्तिष्क में एक विचार इस तरह आया जैसे अँगुलियों के बीच में फँसी कोई गाँठ अचानक से खुल गई हो। *बिलकुल। यह मेरे दिमाग़ में पहले क्यों नहीं आया? यह तो अपने आप ज़ाहिर होना चाहिए था।*

वह आराम से बैठ गए। अब किसी जल्दबाजी की कोई आवश्यकता नहीं थी। उनका लक्ष्य उनकी पहुँच में था। उन्होंने लंबे तने वाला सरौता छोड़ अपने सभी उपकरण टूल-बॉक्स में पैक कर लिए। उन्होंने बोतल के कॉर्क को उस सरौते से खोला और एकमात्र आवश्यक औज़ार लेने रसोई में गए - एक प्लास्टिक स्ट्रॉ।

जहाँ ऑस्कर की फ़ाइल कैबिनेट उनके आत्म-बंधन में नाकाम रही, वहाँ नए उपकरण जैसे कि के-सेफ़ किचन सेफ़ ने शायद सफलतापूर्वक काम कर दिया होता। एक ब्रेड बॉक्स के आकार का और अभेद्य स्पष्ट प्लास्टिक से बना, के-सेफ में बिस्कुट से लेकर आइफ़ोन और ओपॉयड

दवा तक सब कुछ रख सकते हैं। टाइमर पर सेफ़ को बंद करने के लिए डायल को घुमाना पड़ता है। एक बार टाइमर सेट हो गया है, तो समय बीतने से पहले लॉक को खोलना या उस प्लास्टिक के भीतर जा पाना असंभव है।

आप अब भौतिक आत्म-बंधन अपने स्थानीय औषधालयों से भी पा सकते हैं। अपने ड्रग्स को किसी फ़ाइलों वाली दराज़ में छुपाने की जगह पर हमारे पास अब यह भी विकल्प है कि हम कोशिकाओं के स्तर पर लॉक लगवा सकते हैं।

नाल्ट्रेक्सोन की दवाइयों का प्रयोग मुख्यतः शराब और ओपिऑयड की लतों के उपचार के लिए होता है, और यह विभिन्न अन्य लतों की उपचार, जैसे, जुआ खेलना, अतिरेक में खान-पान, या फिर शॉपिंग की लत के लिए भी उपयोग होता है। नाल्ट्रेक्सोन ओपिऑयड रिसेप्टर को ब्लॉक करता है, जो बदले में विभिन्न प्रकार के प्रतिफलित व्यवहार के प्रबल प्रभावों को कम कर देता है।

मेरे कई मरीज़ ऐसे रहे हैं, जिन्होंने इस बात की पुष्टि की है कि उन्होंने लगभग या पूरी तरह से शराब सेवन की लत को नाल्ट्रेक्सोन की मदद से ख़त्म किया है। जो मरीज़ दशकों से शराब की लत से जूझ रहे हैं उनका शराब का सेवन बिलकुल बंद कर देना या फिर 'सामान्य लोगों' की तरह कम और नियंत्रित मात्रा में शराब पीने की क्षमता बना पाना किसी रहस्योद्घाटन कम नहीं है।

चूँकि नाल्ट्रेक्सोन हमारे अंतर्जात ओपिऑयड सिस्टम को अवरुद्ध करता है, इसलिए लोगों को आश्चर्य होता है कि क्या यह अवसाद को प्रेरित कर सकता है। लेकिन इस बात की पुष्टि के लिए कोई भी पुख़्ता सबूत मौजूद नहीं है। लेकिन कभी-कभार मैंने ऐसे भी मरीज़ देखे हैं, जो नाल्ट्रेक्सोन के उपयोग के बाद अपनी आनंद के अनुभूति की रेखा में एक शिथिलता दर्ज़ करते हैं।

मेरे एक मरीज़ ने मुझसे कहा था कि "नाल्ट्रेक्सोन की मदद से मैं शराब नहीं पीता, लेकिन अब मुझे बेकन खाने में भी वह आनंद नहीं आता जो पहले आया करता था या फिर गरम पानी से नहाने को या फिर दौड़ने में, मैं किसी भी क्रिया में पहले की तरह का आनंद नहीं अर्जित कर पाता हूँ।" इस स्थिति के लिए हमने मिलकर एक रास्ता निकाला। जब भी कभी उसे शराब पीने की किसी जोख़िम भरी स्थिति या जगह जाना होता, जैसे हैप्पी ऑवर, उससे ठीक आधे घंटे पहले मैंने उसे नाल्ट्रेक्सोन लेने की सलाह दी। और इस नाल्ट्रेक्सोन का सेवन तभी करें जब आवश्यकता हो की एप्रोच से हम उसकी समस्या से निपट पाए। अब वह कम माला में शराब का सेवन करने लगा या फिर बेकन को खाने में पहले जैसे आनंद की दोबारा खोज की। अब उसके आनंद की अनुभूति की रेखा में आई शिथिलता से निदान प्राप्त हो गया।

2014 की गर्मियों में, मैं और मेरा एक छात्र हेरोइन की लत का इलाज चाहने वाले लोगों का साक्षात्कार लेने के लिए चीन के न्यू हॉस्पिटल गए थे। न्यू हॉस्पिटल बीजिंग में एक स्वैच्छिक, गैर-सरकारी प्रायोजित व्यसन उपचार अस्पताल है।

हमने एक अड़तीस वर्षीय मरीज़ से बात की जिसने हमें बताया कि कैसे उसने न्यू हॉस्पिटल में उपचार के लिए भर्ती होने से पहले "एडिक्शन सर्जरी" ली थी। एडिक्शन सर्जरी में हेरोइन के प्रभाव को रोकने के लिए लंबे समय तक काम करने वाले नाल्ट्रेक्सोन प्रत्यारोपण को सम्मिलित करना शामिल था।

उसने हमें बताया, "वर्ष 2007 में मैं सर्जरी के लिए वुहान प्रॉविंस गया था। मेरे माता-पिता ने मुझे वहाँ जाने के लिए मजबूर किया और उन्हीं लोगों ने मेरे सर्जरी की क़ीमत भी चुकाई। मुझे ठीक से तो नहीं पता कि सर्जरी में क्या हुआ और क्या नहीं, सर्जनों ने जो भी किया उसका मुझे ना कोई लाभ हुआ और ना ही मेरी स्थिति में कोई बदलाव आया। सर्जरी के बाद भी मैं लगातार हेरोइन का सेवन करता रहा। मुझे हेरोइन के सेवन से कुछ महसूस नहीं होता था, लेकिन चूँकि हेरोइन का लगातार सेवन

करना मेरी आदत थी, मैंने जारी रखा। अगले छह महीनों तक रोज़ाना, बिना कुछ महसूस किए, मैं हेरोइन का सेवन करता रहा। मैंने रुकने के बारे में नहीं सोचा क्योंकि मेरे पास अभी भी इसे ख़रीदने के लिए पैसे थे। छह महीने तक हेरोइन का लगातार सेवन करने के बाद एक दिन अचानक मुझे हेरोइन का प्रभाव महसूस हुआ। इसी लिए मैं यहाँ आ गया हूँ। इस उम्मीद में की मेरी समस्या के लिए इनके पास कुछ नया और बेहतर विकल्प मौजूद होगा।”

यह किस्सा बताता है कि अंतर्दृष्टि, समझ और व्यवहार को बदलने की इच्छा के बिना अकेले फ़ार्माकोथेरेपी के सफल होने की संभावना नहीं है।

शराब की लत के इलाज के लिए इस्तेमाल की जाने वाली एक अन्य दवा डिसुलफ़िरम है। डिसुलफ़िरम अल्कोहल चयापचय को बाधित करता है। डिसुलफ़िरम से एसीटैल्डिहाइड का संचय होता है, जो बदले में गंभीर लालिमा प्रतिक्रिया, मतली, उल्टी, ऊँचा रक्तचाप और अस्वस्थता की समग्र भावना का कारण बनता है।

रोज़ाना डिसुलफ़िरम लेना उन लोगों के लिए एक प्रभावी निवारक है, जो शराब से दूर रहने की कोशिश कर रहे हैं, ख़ासकर उन लोगों के लिए, जो सुबह उठकर शराब ना पीने का संकल्प लेते हैं, लेकिन शाम तक अपना संकल्प खो देते हैं। इससे पता चलता है कि इच्छाशक्ति कोई अनंत मानव संसाधन नहीं है। यह किसी मांसपेशी के व्यायाम की तरह है, और जितना अधिक हम इसका उपयोग करेंगे यह उतना अधिक थक सकती है।

जैसा कि मेरे एक मरीज़ ने बिलकुल सही तरीक़े से कहा, “डिसुलफ़िरम के साथ, मुझे दिन में केवल एक बार शराब ना पीने का निर्णय लेना पड़ता है। मुझे दिन भर निर्णय लेते रहने की ज़रूरत नहीं है।”

कुछ लोगों, विशेषकर पूर्वी एशियाई लोगों में आनुवंशिक उत्परिवर्तन होता है, जिसके कारण उनमें दवा के सेवन के बिना भी शराब पीने पर डिसुलफ़िरम जैसी प्रतिक्रिया होती है। इन व्यक्तियों में ऐतिहासिक रूप से शराब की लत की दर कम रही है।

ध्यान दें, हाल के दशकों में, पूर्वी एशियाई देशों में शराब की ख़पत में वृद्धि के कारण पहले से संरक्षित इस समूह में भी शराब की लत की दर अधिक हो गई है। वैज्ञानिक अब पता लगा रहे हैं कि उत्परिवर्तन वाले लोग जो शराब पीते हैं, उनमें शराब से संबंधित कैंसर का ख़तरा अधिक होता है।

जैसा कि सभी आत्म-बंधन के प्रकारों के साथ है, डिसुलफ़िरम भी कई दफ़ा काम नहीं करता, या इस पर शत-प्रतिशत विश्वास नहीं किया जा सकता। मेरे मरीज़ अर्नोल्ड दशकों से बहुत ज़्यादा शराब के आदी हैं। और उनकी शराब पीने की लत और ज़्यादा गंभीर हो गई, जब उन्हें एक स्ट्रोक से पीड़ित होना पड़ा और उनके मस्तिष्क के फ़्रंटल लोब के कुछ फ़ंक्शन्स काम करना बंद हो गए। उनके कार्डियोलॉजिस्ट ने उन्हें यह हिदायत दी कि उन्हें शराब को पूरी तरह से त्यागना होगा वरना वे मर जाएँगे। दाँव ऊँचे थे।

मैंने अर्नोल्ड को डिसुलफ़िरम प्रिस्क्राइब की और यह सख़्त हिदायत दी की उनकी तबियत काफ़ी बिगड़ जाएगी यदि वे दवा के साथ अपना पीना जारी रखेंगे तो। इस बात की पुष्टि करने के लिए कि अर्नोल्ड ने दवा ले ली है, उनकी पत्नी हर सुबह उनकी खुराक उन्हें देतीं और बाद में जाँचती कि उन्होंने दवा को निगला है या नहीं।

एक दिन जब उनकी पत्नी कहीं बाहर गई हुई थीं तब अर्नोल्ड शराब के ठेके तक गए , वहाँ उन्होंने एक बटे पाँच की मात्रा में शराब ख़रीदी और पी गए। जब उनकी पत्नी घर वापस आईं और पाया कि अर्नोल्ड शराब पी चुके हैं, तो उन्हें सबसे बड़ी हैरानी इस बात से हुई कि डिसुलफ़िरम ने अर्नोल्ड को ज़रा सा भी बीमार नहीं किया था। वे शराब के नशे में ज़रूर थे लेकिन बीमार बिलकुल भी नहीं।

एक दिन बाद उन्होंने अपना कृत्य क़बूला। उन्होंने बताया कि बीते तीन दिनों से उन्होंने दवाई को निगला ही नहीं था, बल्कि उस दाँत के बीच की जगह में छुपा रखा था, जो जगह दाँत के ग़ायब होने से बनी थी।

भौतिक आत्म-बंधन के अन्य आधुनिक प्रकार का उपयोग करने से हमारे शरीर में कुछ एनाटॉमिकल बदलाव हो जाते हैं। उदाहरण के लिए, वज़न घटाने वाली सर्जरी जैसे गैस्ट्रिक बैंडिंग, स्लीव गैस्ट्रेक्टोमी और गैस्ट्रिक बाईपास।

इन सर्जरी की मदद से पेट को प्रभावी रूप से छोटा किया जाता है या गट के उस हिस्से को बाईपास कर दिया जाता है, जो कैलोरी अब्सॉर्ब करता है। गैस्ट्रिक बैंड पेट के चारों ओर एक भौतिक वलय बनाता है, जिससे पेट या छोटी आँत के किसी भी हिस्से को हटाए बिना इसे छोटा कर दिया जाता है। स्लीव गैस्ट्रेक्टोमी में पेट के हिस्से को शल्य चिकित्सा द्वारा हटा दिया जाता है ताकि उसे छोटा किया जा सके। गैस्ट्रिक बाईपास सर्जरी पेट और ग्रहणी के चारों ओर छोटी आँत को फिर से घुमाती है, जहाँ पोषक तत्व अवशोषित होते हैं।

मेरी मरीज़ एमिली ने वर्ष 2014 में अपनी गैस्ट्रिक बाईपास सर्जरी कराई थी और फिर मात्र एक साल के भीतर-भीतर वे अपने वज़न को 250 पाउंड्स से 115 पाउंड्स करने में सक्षम हो गई। किसी भी अन्य तरीक़े से - और एमिली ने लगभग सभी तरीक़ों से वज़न घटाने का प्रयास किया था - उसे वज़न घटाने में कोई मदद नहीं मिली थी। और एमिली ऐसी अकेली नहीं है।

वज़न घटाने वाली सर्जरी मोटापे के लिए एक सिद्ध प्रभावी हस्तक्षेप है, ख़ासकर जब अन्य उपचार विफल हो गए हों। लेकिन वे अनपेक्षित परिणामों से रहित नहीं हैं।

हर चार में से एक मरीज़ जो गैस्ट्रिक बाईपास सर्जरी कराते हैं उनके भीतर शराब की लत की नई समस्या उत्पन्न हो जाती है। अपनी सर्जरी के बाद एमिली को भी शराब की लत लग गई। और इस लत के पीछे कई कारण हैं।

अधिकांश लोग जो मोटापे के शिकार हैं वे एक तरह से भोजन से एडिक्टेड होते हैं। और सर्जरी ख़ुद इस नशे का समाधान नहीं करती। इस सर्जरी से गुज़रने वाले कुछ ही मरीज़ उन आवश्यक व्यावहारिक और

साइकोलॉजिकल उपचार लेते हैं जो उनके खाने की आदतों को बदल सके और ठीक कर सके। अतः इनमें से अधिकांश लोग, जो सर्जरी करा चुके हैं, वे पुनः अस्वास्थ्यकर तरीक़ों से खाना शुरु कर देते हैं और अपने छोटे पेट को बढ़ाने लगते हैं। इस कारण उन्हें चिकित्सीय समस्याएँ हो जाती हैं और दोबारा सर्जरी की आवश्यकता भी उत्पन्न हो जाती है। जब भोजन उनके लिए विकल्प नहीं बचता तो वे अपने पसंद की ड्रग को किसी अन्य ड्रग से बदल देते हैं, और उनमें से अधिकांश मौक़ों पर वह दूसरा ड्रग शराब होती है।

और तो और सर्जरी के कारण शराब के उपापचय का तरीक़ा परिवर्तित हो जाता है, जिससे शराब के अवशोषण की दर इन मरीज़ों के भीतर बढ़ जाती है। सामान्य पेट मौजूद ना होने के कारण शराब सीधे रक्तप्रवाह में लगभग तुरंत अवशोषित होती है और उपापचय के पहले स्टेप यानी पेट में अवशोषित होने का विकल्प छोटा पेट होने के कारण ख़त्म हो जाता है। परिणामस्वरूप, मरीज़ तेज़ी से नशे में आ जाते हैं और कम शराब पर लंबे समय तक नशे में रहते हैं, जो कि अल्कोहल IV लेने के समान है।

हम उन चिकित्सीय उपचारों के ईजाद पर ख़ुशियाँ मना सकते हैं और हमें मनाना चाहिए, जो ना जाने कितने लोगों के स्वास्थ्य को ठीक करने में लाभकारी साबित हो सकते हैं। लेकिन यह तथ्य कि हमें अपनी खाद्य आपूर्ति को समायोजित करने के लिए आंतरिक अंगों को हटाने और दोबारा आकार देने का सहारा लेना चाहिए, यह मानव उपभोग के इतिहास में एक महत्त्वपूर्ण मोड़ है।

उन लॉक बक्सों की मौजूदगी जो हमारा हमारे क्रेविंग तक की पहुँच को सीमित करते हैं, या उन उपचारों का ईजाद जो हमारे ओपिऑयड रिसेप्टर्स को ब्लॉक कर देते हैं, या फिर वे सर्जरी जो हमारे पेट को छोटा करने में सक्षम हैं - यह सब हमें इस ओर इशारा करती हैं कि आज के आधुनिक

युग में भौतिक आत्म-बंधन हर क़दम पर मौजूद है तथा यह स्पष्ट करता है कि आज के बढ़ते हुए उपभोग वाले समाज में उसकी आवश्यकता कितनी ज़्यादा है। यह बात तय होती है कि हमें अपनी डोपामाइन के सेवन की संख्या को कम करना चाहिए और डोपामाइन की भूख को नियंत्रित करना चाहिए।

अगर मैं ख़ुद का ही उदाहरण दूँ तो जब मैं मात्र एक दो क्लिक से किताबें ख़रीद सकती थी और सुलभता से वे मेरे पास मौजूद थीं तब मैं फ़ंतासी की दुनिया में अपनी चाह से अधिक या फिर जितना मेरे मन-मस्तिष्क के लिए सेहतमंद हो उससे अधिक देर तक ठहरने और फँसे रहने के लिए ज़्यादा संवेदनशील थी। मैंने अपना किंडल और उस पर सुलभता से मौजूद तथा डाउनलोड करने योग्य इरोटिका की एक स्थिर धारा तक मेरी आसानी से पहुँच को मिटाने के लिए, मैंने किंडल से अपना पीछा छुड़ा लिया। और इस वजह से मैं कैंडी गल्प में डूबने की अपनी आदत को नियंत्रित ढंग से संचालित करने का एक बेहतर मार्ग ढूँढ़ लिया। पुस्तकालय या किताबों की दुकान में जाने की सरल क्रिया ने मेरे और मेरी पसंद की ड्रग के बीच एक उपयोगी बाधा पैदा कर दी।

कालानुक्रमिक आत्म-बंधन

आत्म-बंधन का एक दूसरा तरीक़ा है तय समय सीमा और समाप्ति की पंक्तियों का उपयोग।

अपने उपभोग को दिन, हफ़्ते, महीने या साल के किसी तय समय सीमा में प्रतिबंधित करने से हम अपने अतिरेक में होने वाले उपभोग की संभावना को समाप्त कर अपने उपभोग की आज़ादी को नियंत्रित करते हैं और परिणामस्वरुप हमारा ड्रग कंजम्प्शन भी नियंत्रित हो जाता है। उदाहरण के तौर पर, हम ख़ुद से यह हमेशा कह सकते हैं कि - हम सिर्फ़ छुट्टियों में उपभोग करेंगे, या फिर सिर्फ़ सप्ताहाँतों पर ही हम उपभोग करेंगे, या बुधवार के पहले किसी दिन हम अपनी पसंद की ड्रग का सेवन नहीं करेंगे, या फिर शाम पाँच बजे से पहले कभी भी

हम अपनी पसंद की ड्रग का सेवन नहीं करेंगे - और इस तरह के कई समय सीमा तय कर के हम अपने उपभोग की आदत को नियंत्रित कर सकते हैं।

कभी-कभार हम ख़ुद को प्रतिबंधित करने के लिए किसी समय सीमा का उपयोग ना कर के बल्कि एक लक्ष्य या माइलस्टोन सेट कर के पूरा करते हैं। जैसे कि हम अपने जन्मदिन तक रुकेंगे, या फिर जैसे ही हमारा असाइनमेंट पूरा हो जाएगा फिर ही हम अपनी पसंद की ड्रग में संलिप्त होंगे, या फिर जब हमें हमारी डिग्री मिल जाएगी उसके बाद, या फिर हमें एक बार प्रमोशन मिल जाएगा उसके बाद। जब हमारे ख़ुद के द्वारा तय की गई समय सीमा समाप्त हो जाती है, या फिर हमारे द्वारा निर्धारित लक्ष्य प्राप्त हो जाता है, तब ड्रग की प्राप्ति और उसका सेवन हमारे लिए पुरस्कार होता है।

एस. एच. अहमद और जॉर्ज कूब जैसे न्यूरो वैज्ञानिकों ने यह प्रदर्शित किया है कि जिन चूहों को प्रतिदिन छह घंटे के लिए असीमित मात्रा में कोकीन दिया गया था, वे धीरे धीरे स्वतः अपने आप को इतनी मात्रा के कोकीन के लिए तैयार करने लगे कि वे शारीरिक रूप से बेहद थक जाते या फिर उनकी मृत्यु हो जाती। मेथामफ़ेटामाइन, निकोटीन, हेरोइन और अल्कोहल के साथ विस्तारित पहुँच स्थितियों (छह घंटे) के तहत स्व-प्रशासन में वृद्धि भी देखी गई है।

हालाँकि जिन चूहों के पास कोकीन की सीमित पहुँच थी, जैसे प्रतिदिन एक घंटे के लिए, उनमें पाया गया कि वे कई दिनों तक लगातार समान ही मात्रा में कोकीन की ख़पत कर रहे थे। इसका अर्थ यह है कि वे कोकीन की अधिक मात्रा का उपभोग करने के लिए ख़ुद की सीमाओं को तोड़ते नहीं चले जा रहे थे। हर बीतते दिन उन्होंने एक ही मात्रा के कोकीन का सेवन करना जारी रखा और प्रति दिन के हिसाब से ड्रग सेवन की दर को बढ़ाते नहीं रहे।

इस अध्ययन से पता चलता है कि किसी भी ड्रग की ख़पत को समय की एक संकीर्ण सीमा तक सीमित करके, हम अपने उपयोग को

नियंत्रित करने में सक्षम हो सकते हैं और असीमित पहुँच के साथ आने वाली बाध्यकारी और बढ़ती ख़पत से बच सकते हैं।

हम किस अतिरेक में उपभोग कर रहे हैं इसका अंदाज़ लगाने के लिए बस हमारे उपयोग की समय को ट्रैक कर के समझा जा सकता है, और एक बार जब हमारे मन-मस्तिष्क में यह चीज़ साफ़ हो जाती है कि हमारा उपभोग अतिरेक में हो रहा है, हम उसको कम करने, नियंत्रित करने का भरसक प्रयास करते हैं। उदहारण के लिए यदि बस हम यह ट्रैक करने लग जाएँ कि हम प्रतिदिन सिर्फ़ और सिर्फ़ अपने फ़ोन पर कितना समय व्यर्थ व्यतीत करते हैं तो वही पहला कदम होगा कि हम अपने फ़ोन के इस्तेमाल को नियंत्रित करें। जब भी हम ऑब्जेक्टिव फ़ैक्ट्स को निष्पक्ष भाव और सचेत अवस्था में जाँचते-परख़ते हैं तब हम अपने उपभोग में कितना समय बर्बाद कर रहे हैं, उपभोग हमारे जीवन में क्या बदलाव ला रहा है, इन बातों से मुँह नहीं मोड़ पाते और फिर हम एक ऐसी स्थिति में होते हैं कि हम अपने उपभोग की मात्रा को नियंत्रित करने के लिए सोचे-समझे क़दम उठा सकते हैं।

हालाँकि, यह बहुत तेजी से हमारे लिए बेहद पेचीदा मामला साबित हो सकता है। जब भी हम डोपामाइन का पीछा कर रहे होते हैं तो समय हमारे साथ अजब खेल खेलता है। वह इस क़दर हमारे हाथों से फिसल जाता है कि हमें अंदाज़ ही नहीं लगता।

मेरे एक मरीज़ ने मुझसे बताया कि जब वह मेथामफ़ेटामाइन का सेवन कर रहा होता था तो उसने ख़ुद को इस क़दर तैयार कर लिया था कि उसे ऐसा प्रतीत होता था कि समय का कोई मूल्य नहीं है। समय उसके लिए अब मायने नहीं रखता था। उसे ऐसा लगता था कि बीतते हुए या बीत गए समय को वह बाद में फिर से अपने जीवन में इस बारीक़ी और सलीके से जोड़ने में सक्षम हो जाएगा कि कोई इस बात पर ध्यान ही नहीं देगा कि उसके हाथों से समय गँवा दिया गया है। मैंने उसकी रात के

आकाश में तैरते हुए कल्पना की, कि वह किसी तारामंडल इतना बड़ा है, और वह बिब्लिकल बिंबों में उस आकाश में पाप के कॉन्फ़ेशन के कपड़े का चीर-फाड़ कर रहा है।

उच्च डोपामाइन वाले पदार्थ हमारी संतुष्टि को टाल सकने की क्षमता के साथ छेड़छाड़ कर देते हैं। इस संतुष्टि को देर तक ख़ुद से दूर ना रख पाने की घटना को *डिले डिस्कॉउंटिंग* कहा जाता है।

डिले डिस्कॉउंटिंग उस प्रक्रिया को कहा जाता है - जब हमें मिलने वाले किसी प्रतिफल से होने वाली संतुष्टि धीरे-धीरे कम होती जाए, जितना अधिक हमें उसका इंतज़ार करना पड़े। हममें से अधिकांश लोग आज ही बीस डॉलर लेना चुनेंगे इसके मुक़ाबले की उनको वही बीस डॉलर एक साल बाद दे दिये जाएँ।

हमारी देर से कुछ पाने की अपेक्षा तुरंत प्रतिफल पाने की इच्छा को अतिरेक में मूलयवान समझने का बढ़ता ट्रेंड कई अन्यान्य कारणों से हो सकता है। और उनमें से ही एक कारण है नशीली ड्रग्स का लगातार उपभोग और ऐसे व्यवहारों में संलिप्तता।

व्यवहारवादी अर्थशास्त्री ऐनी लाइन ब्रेटविले-जेन्सेन और उनके सहयोगियों ने सक्रिय हेरोइन और एम्फ़ैटेमिन उपयोगकर्ताओं में डिस्कॉउंटिंग की जाँच की। उन्होंने उनकी तुलना पूर्व-उपयोगकर्ताओं और मिलान नियंत्रणों के साथ की। व्यक्तियों का लिंग, आयु, शिक्षा स्तर इत्यादि के आधार पर मिलान किया गया। जाँचकर्ताओं ने प्रतिभागियों से यह कल्पना करने के लिए कहा कि उनके पास 100,000 नॉर्वेजियन क्रोनर (एनओके), लगभग 14,600 अमेरिकी डॉलर मूल्य का जीतने वाला लॉटरी टिकट है।

फिर उन्होंने प्रतिभागियों से पूछा कि क्या वे अभी कम पैसा (100,000 एनओके से कम) चाहेंगे या अब से एक सप्ताह बाद पूरी राशि लेना चाहेंगे। सक्रिय दवा उपयोगकर्ताओं में से 20 प्रतिशत ने कहा कि वे अभी पैसा चाहते हैं और इसे पाने के लिए कम राशि लेने को तैयार होंगे। केवल 4 प्रतिशत पूर्व उपयोगकर्ताओं और 2 प्रतिशत मिलान नियंत्रणों ने ही ऐसे नुक़सान को स्वीकार करने की सोचा था।

सिगरेट पीने वालों को मौद्रिक पुरस्कारों में डिस्कॉउंट देने की संभावना मिलान नियंत्रण की तुलना में अधिक है (यानी, अगर उन्हें पुरस्कार प्राप्ति के लिए लंबे समय तक इंतज़ार करना पड़ता है तो वे उसे कम महत्त्व देते हैं)। जितना अधिक वे धूम्रपान करते हैं, और जितना अधिक निकोटीन का उपभोग करते हैं, उतना ही अधिक वे भविष्य के पुरस्कारों में डिस्कॉउंट देते हैं। ये निष्कर्ष काल्पनिक धन और वास्तविक धन दोनों के लिए सही पाए गए हैं।

नशे की लत के शोधकर्ता, वारेन के. बिकेल और उनके सहकर्मियों की टीम ने ओपिऑयड के नशे की लत में धुत लोगों से और कुछ सेहतमंद कंट्रोल्स से पूछा कि, आप सभी को निम्न पंक्तियों से शुरू होने वाली कहानी को पूरा करना है - "जागने के बाद, बिल अपने भविष्य के बारे में सोचने लगा।" सामान्यतः उसने यह उम्मीद लगाई थी कि... ओपिऑयड के नशे की लत में डूबे उपयोगकर्ताओं ने एक ऐसे भविष्य की कल्पना की जो हद से हद 9 दिन लंबा था। और उसी जगह सेहतमंद कंट्रोल्स ने जिस भविष्य की कल्पना की वह औसतन लगभग 4.7 वर्ष लंबा था। यह आश्चर्यजनक अंतर दर्शाता है कि जब हम किसी नशे की लत के प्रभाव में होते हैं तो "अस्थायी क्षितिज" कैसे सिकुड़ जाते हैं।

ठीक इसके उलट जब मैं अपने मरीज़ों से पूछती हूँ कि उन्होंने रिकवरी में आने की कोशिश किस कारण से की तो अक्सर मुझे जो जवाब मिलता है उनमें वे लोग समय के एक लंबे अंतराल और उसके विचार को व्यक्त करते हैं। जैसा कि मेरे एक मरीज़, जो बीते एक बरस से लगातार हेरोइन का सेवन कर रहे थे, उन्होंने बताया, "मुझे अचानक से यह ख़याल आया कि मैं एक साल से हेरोइन का सेवन कर रहा हूँ। और फिर मैंने ख़ुद से ही सोचा कि अब अगर मैं नहीं रुका या ख़ुद को इस आदत से अलग नहीं कर पाया तो संभव है कि मुझे जीवन भर इसी तरह, इसी नशे में संलिप्त रहना पड़े।"

आज के क्षण में से निकलने और अपने संपूर्ण जीवन के प्रक्षेप पथ पर विचार करने भर से इस युवा मर्द को अपने दैनिक व्यवहारों की सटीक समझ खुली। डेलिलाह के मामले में भी यही बात सच साबित हुई थी।

उसने गाँजे से चार हफ़्तों के परहेज़ के बारे में बस इसलिए सोचा, क्योंकि वह ख़ुद को भविष्य में अगले दस साल बाद भी ख़ुद को गाँजा पीते हुए कल्पना नहीं कर पा रही थी।

आज के युग के डोपामाइन अमीर पारिस्थितिकी तंत्र में हम सब तुरंत संतुष्टि की खोज के लिए तैयार होते जा रहे हैं। हम कोई चीज़ ख़रीदना चाहते हैं तो और अगले ही दिन वह चीज़ हमारे दरवाज़े पर मौजूद होती है। हमें किसी चीज़ के बारे में जानना होता है और अगले ही पल हमारी उस जिज्ञासा का जवाब स्क्रीन पर प्रकट हो जाता है। क्या हम ख़ुद से चीज़ों को सुलझाने और जानने की क्षमता और कुशलता को धीरे-धीरे भूलते जा रहे हैं, या फिर जब हम किसी जवाब को ढूँढ़ रहे होते हैं तो एक चिड़चिड़ापन हमारे ऊपर छाया हुआ रहता है, या हमें किसी भी चीज़ को पाने के लिए उसका इंतज़ार करना समझ नहीं आता?

न्यूरो वैज्ञानिक सैमुएल मकक्लुर और उनके सहकर्मियों ने यह जाँच की कि मस्तिष्क के कौन से भाग डिलेड परिणाम की बजाय त्वरित संतुष्टि के चुनाव के लिए ज़िम्मेदार हैं। इस शोध में सैमुएल और उनकी टीम को यह पता चला कि जब व्यक्ति त्वरित संतुष्टि की चाह करता है तब उसके मस्तिष्क में इमोशन और रिवॉर्ड को प्रोसेस करने वाले भाग उद्वेलित हो जाते हैं। और जो प्रतिभागी अपने पुरस्कार प्राप्ति को डिले करते हैं उनके मस्तिष्क में प्रीफ्रंटल कोर्टेक्स यानी मस्तिष्क का वह भाग जो योजना बनाने और गूढ़ विचारों को संश्लेषित करने का काम करता है, वह कार्यान्वित हो उठता है।

यहाँ निहितार्थ यह है कि हम सभी अबप्रीफ्रंटलकॉर्टिकल एट्रोफ़ी के प्रति संवेदनशील हैं, क्योंकि हमारे मस्तिष्क का पुरस्कार मार्ग ही हमारे जीवन का प्रमुख चालक बन गया है।

उच्च डोपामाइन वाले पदार्थों का दैनिक सेवन ही डिले डिस्कॉउंटिंग की प्रक्रिया का एकमात्र चर कारक नहीं है।

उदाहरण के लिए, जो लोग संसाधन-विहीन वातावरण में पले-बढ़े हैं और मृत्यु संबंधी संकेतों से ग्रस्त हैं, वे उन लोगों की तुलना में विलंबित

पुरस्कारों की जगह तत्काल पुरस्कारों को महत्त्व देने की अधिक संभावना रखते हैं, जो समान रूप से वंचित हैं, लेकिन संसाधन-संपन्न वातावरण में पले बढ़े होते हैं।

झुग्गियों में रहने वाले युवा ब्राज़ीलियाई लोग उम्र के अनुरूप विश्वविद्यालय के छात्रों की तुलना में भविष्य के पुरस्कारों पर अधिक छूट देते हैं और त्वरित संतुष्टि की चाह में होते हैं।

क्या यह कोई आश्चर्य की बात है कि ग़रीबी लत के लिए एक बड़ा और बेहद जोखिम कारक है, ख़ासकर ऐसी दुनिया में जहाँ सस्ते डोपामाइन तक लोगों की आसान पहुँच है?

दूसरा चर कारक जो आज के दिन युग में अतिरेक में हो रहे उपभोग को बढ़ावा दे रहा है वह है लोगों के पास पड़ा हुआ बढ़ता ख़ाली समय और उस ख़ालीपन के कारण उभरती हुई बोरियत।

कृषि, विनिर्माण, घरेलू कामकाज और कई अन्य समय लेने वाली, श्रम गहन नौकरियों के मशीनीकरण ने प्रतिदिन लोगों द्वारा काम करने में बिताए जाने वाले घंटों की संख्या कम कर दी है, जिससे अवकाश या आराम के लिए अधिक समय बच गया है।

सिविल युद्ध (1861 से 1865) के ठीक पहले अमेरिका के एक श्रमिक का दैनिक जीवन आम तौर पर कुछ इस तरह था - चाहे श्रमिक किसानी कर रहा हो या किसी औद्योगिक जगह कार्यरत हो, वह दिन के 10 से 12 घंटे प्रतिदिन और साढ़े छह दिन प्रति हफ़्ते, और इक्यावन हफ़्ते प्रति वर्ष काम करते हुए बिताता था, और किसी भी दिन आराम की गतिविधियों के लिए उसके पास दो घंटों से अधिक समय नहीं बचता था। कुछ श्रमिक, अक्सर प्रवासी महिलाएँ, प्रतिदिन तरह घंटे और हफ़्ते के छह दिन काम पर बिताती थीं। और अन्य कई श्रमिक ग़ुलामी में काम करते थे।

उस वक़्त की तुलना में, अमेरिका में ही वर्ष 1965 और 2013 के बीच एक औसत कर्मचारी के पास हफ़्ते में आराम करने के समय में 5.1 घंटे की वृद्धि हुई है, यानी प्रति वर्ष 270 एक्स्ट्रा घंटे सिर्फ़ आराम के लिए। वर्ष 2040 तक अमेरिकी कर्मचारियों के एक दिन में औसतन 7.2 घंटे का अवकाश अनुमानित है और वह लगभग 3.8 घंटे ही रोज़ाना काम पर बिताएगा। अन्य उच्च कमाई वाले देशों में भी आनंद के लिए बचने वाला समय लगभग यही होगा।

संयुक्त राज्य अमेरिका में अवकाश का समय शिक्षा और सामाजिक-आर्थिक स्थिति के आधार पर भिन्न होता है, लेकिन उस तरह से नहीं जैसा आप सोच सकते हैं।

1965 में, अमेरिका के अंदर कम पढ़े-लिखों और अधिक पढ़े-लिखों दोनों के पास प्रतिदिन लगभग बराबर समय आराम के उपलब्ध होते थे। आज, बिना हाई स्कूल डिप्लोमा के अमेरिका में रहने वाले वयस्कों के पास स्नातक या उच्चतर डिग्री वाले वयस्कों की तुलना में 42 प्रतिशत अधिक ख़ाली समय होता है, ख़ाली समय में सबसे बड़ा अंतर कार्यदिवस के दौरान होता है। यह बड़े पैमाने पर उन लोगों के बीच अल्प रोज़गारी के कारण है जिनके पास कॉलेज की डिग्री नहीं है।

डोपामाइन का अतिरेक में उपभोग सिर्फ़ और सिर्फ़ काम पर बीतने वाले समय को भरने का एक तरीक़ा नहीं है। डोपामाइन का उपभोग एक बड़ा कारक है कि लोग कार्यबल का हिस्सेदार नहीं बन रहे हैं।

अर्थशास्त्री मार्क एगुइर और उनके सहयोगियों ने एक लेख में लिखा है, जिसका शीर्षक उपयुक्त है, “आराम विलासिता और युवा पुरुषों की श्रम आपूर्ति,” कि “21 से 30 वर्ष की उम्र के युवा पुरुषों ने पिछले पंद्रह वर्षों में वृद्ध पुरुषों या महिलाओं की तुलना में काम के घंटों में बड़ी गिरावट देखी है। 2004 के बाद से, समय-उपयोग डाटा से पता चलता है कि युवा पुरुषों ने स्पष्ट रूप से अपने अवकाश को वीडियो गेमिंग और अन्य मनोरंजक कंप्यूटर गतिविधियों में स्थानांतरित कर दिया है।”

लेखक एरिक जे. इन्नेली ने नशे की लत के अपने इतिहास का संक्षेप में उल्लेख इस प्रकार किया है :

वर्षों पहले, जो शायद अब मुझे किसी और जन्म की बात लगती है, मेरे एक दोस्त ने मुझसे कहा, "तुम्हारे पूरे अस्तित्व को तीन जीवन भाग चक्र में घटाया और फिर ढंग से समझा जा सकता है। पहला : किसी गड़बड़झाले में फँस जाओ। दूसरा : ख़ुद कोई गड़बड़ फैला दो। और तीसरा : किसी तरह फैले हुए रायते को समेटने की कोशिश में जुट जाओ।" मेरी जान पहचान उस मित्र से कोई बहुत पुरानी नहीं थी, अधिकतम हमारे परिचय को दो महीने हुए होंगे, और फिर भी उसने मेरे रोज़ाना की ऐसी पियक्कड़ी जिसमें मैं ब्लैक आउट हो जाता और मुझे कोई अंदाज़ नहीं होता कि क्या हो रहा - का गवाह बन चुका था, और व्यसन की स्वयं-स्थायी भँवर की अधिक स्पष्ट अभिव्यक्ति में से एक, मेरा नंबर प्राप्त करना था।

और फिर एक सूखी हँसी के साथ वह अधिक सामान्यतः परिकल्पना करने लगा - और, मुझे संदेह है, कि उसकी बातें आधी सच और आधी ही मज़ाक़िया थीं - कि नशे की लत में डूबे व्यक्ति अक्सर बोरियत के मारे या फिर चिड़चिड़े समस्या का समाधान करने वाले होते हैं, क्योंकि वे किसी अन्य समस्या की गैर मौजूदगी में स्वयं ही बिना किसी ठोस विचार के हुडिनी जैसी परिस्थिति बनाते हैं ताकि वे उससे ख़ुद को छुड़ाने का दंभ भर सकें। वह नशा उनके लिए तब पुरस्कार बन जाता है, जब वे अपनी कोशिशों में सफल हो जाते हैं और जब अपनी ही खड़ी की गई विषम परिस्थितियों में से वह ख़ुद को निकालने में नाकाम होते हैं तब नशा ही उनके लिए एक सांत्वना पुरस्कार बन कर उभरता है।

जब मैं मोहम्मद से पहली बार मिली तो वह शब्दों का एक सागर था। उसका उसके मस्तिष्क में भरे विचारों से तालमेल बिठाना मुश्किल था। उसकी जीभ उसके विचारों के साथ सिंक में नहीं चल पाती थी।

उसने कहा, "मुझे लगता है कि शायद मुझे किसी नशे के लत की समस्या है।" उसके ऐसा बोलते ही मैं उसे पसंद करने लगी।

बिना किसी ग़लती के वह अंग्रेज़ी में फर्राटेदार तरीक़े से बोले जा रहा था, और उसकी ज़बान पर हल्का सा मध्य-पूर्वी एक्सेंट भी था। उसने मुझे अपनी कहानी सुनाई।

वह 2007 में मिडिल ईस्ट से अमेरिका अंडरग्रैजुएट स्तर पर गणित और अभियांत्रिकी की पढ़ाई करने आया था। उसके गृह देश में किसी भी तरह के ड्रग उपभोग पर बेहद कठोर दंड मिलता था।

जब वह अमेरिका पहुँचा तो एक तरह से आज़ाद हो गया। वह अब बिना किसी कठोर कार्यवाही के डर से ड्रग्स का उपभोग केवल आनंद के लिए कर सकता था। शुरू-शुरू में तो उसने अपने ड्रग और शराब के उपभोग को सिर्फ़ सप्ताहाँतों तक ही सीमित रखा। लेकिन एक ही बरस में उसके दैनिक जीवन में गाँजा रोज़मर्रा की चीज़ बन गई। और अपनी इन आदतों के कारण वह अपने दोस्त गँवा रहा था, उसके ग्रेड्स ख़राब हो रहे थे।

उसने फिर ख़ुद से कहा, *"मैं अब तब तक गाँजा या सिगरेट नहीं पियूँगा जब तक मैं अपनी स्नातक की पढ़ाई पूरी नहीं कर लेता, परास्नातक में किसी अच्छे कॉलेज में एडमिशन नहीं ले लेता, और पीएचडी के लिए फ़ंड नहीं हो जाता।"*

अपने वादे पर सच्चा उतरते हुए उसने तब तक स्मोक नहीं किया जब तक उसने अपनी मास्टर्स की डिग्री स्टैनफ़ोर्ड से मैकेनिकल इंजीनियरिंग में पूरी नहीं कर ली और उसे पीएचडी के लिए जब तक फ़ंड नहीं मिल गया। फिर जब उसने स्मोकिंग दोबारा से शुरू की तो उसने फिर स्वयं से एक वादा किया कि वह अपनी इस आदत को बस सप्ताहाँतों तक ही सीमित रखेगा।

उसको पीएचडी करते हुए अभी एक ही बरस हुआ था कि वह फिर से रोज़ाना स्मोक करने लगा और दूसरे साल तक उसने अपने लिए नए नियम गढ़ लिए थे - *काम करते समय दस मिलीग्राम गाँजा वाला जॉइंट, जब काम नहीं कर रहा होगा तब तीस मिलीग्राम का जॉइंट, और तीन सौ मिलीग्राम वाला जॉइंट सिर्फ़ और सिर्फ़ ख़ास मौकों के लिए जब वह सच में इस दुनिया से बाहर निकलना चाहता होगा।*

अपनी पीएचडी की पढ़ाई का फ़ाइनल एग्जाम मोहम्मद फ़ेल कर गया। उसने दोबारा वही परीक्षा दी और फिर से फ़ेल हुआ। उसे पीएचडी प्रोग्राम से निकाला जाने लगा लेकिन उसने अपने प्रोफ़ेसर को बड़ी मेहनत से उसे एक और आख़िरी मौक़ा देने के लिए मना लिया।

वर्ष 2015 के बसंत में मोहम्मद ने फिर ख़ुद से क़सम खाई कि वह किसी भी प्रकार के नशे से तब तक परहेज़ रखेगा, जब तक वह अपना एग्जाम क्लियर नहीं कर लेता। उसने ख़ुद से ही यह वादा किया था कि भले ही उसे इस क्वालीफ़ाइंग एग्जाम को पास करने में कितना भी वक़्त लगे, वह गाँजे को हाथ तक नहीं लगाएगा। फिर अगले एक साल तक उसने गाँजे से परहेज़ रखा और पहले के मुक़ाबले कहीं ज़्यादा मेहनत की। उसकी फ़ाइनल रिपोर्ट लगभग 100 पेज लंबी थी।

मोहम्मद ने मुझे बताया कि "वह साल मेरे लिए अब तक के जीवन का सबसे अधिक सकारात्मक और उत्पादक वर्ष रहा।"

उस साल वह पीएचडी के क्वालीफ़ाइंग एग्जाम में उत्तीर्ण हुआ और उसी रात उसका एक दोस्त इस ख़ुशी के मौक़े पर उत्सव मनाने के लिए मोहम्मद की ख़ातिर गाँजा लेकर आया। पहले तो गाँजा पीने के लिए मोहम्मद ने साफ़-साफ़ मना कर दिया। लेकिन फिर उसके दोस्त ने एक तर्क दिया जिसके सामने मोहम्मद को घुटने टेकने पड़े। "ऐसा कोई तरीक़ा हो ही नहीं सकता, जिससे तुम जैसा बुद्धिमान आदमी किसी नशे के लत में डूब जाए। यह असंभव है।"

मोहम्मद ने फिर ख़ुद से कहा, *सिर्फ़ इस बार। और फिर जब तक मेरी पीएचडी पूरी नहीं हो जाती तब तक मैं इसे दोबारा हाथ नहीं लगाऊँगा।*

सोमवार तक, उसका जो वादा था कि *वह पीएचडी पूरा होने तक स्मोक नहीं करेगा,* वह बदल चुका था। अब उसका नया वादा था - *वह उन दिन गाँजा नहीं फूँकेगा, जिन जिन दिनों पर उसकी कक्षाएँ होंगी।* और धीरे-धीरे यह भी बदल कर - *वह उन दिनों पर गाँजा नहीं फूँकेगा, जिस दिन उसकी कठिन कक्षाएँ होंगी* - हो गया। फिर यह भी बदल गया। अब उसका नया मोटो था कि *वह उन दिनों गाँजा नहीं पिएगा, जिस दिन उसकी परीक्षाएँ होंगी।* और फिर यह भी बदला। अब उसका मोटो था कि *वह कभी भी सुबह 9 बजे से पहले गाँजा नहीं पिएगा।*

मोहम्मद सच में बुद्धिमान *था*। फिर वह यह क्यों नहीं समझ पाया कि जितनी बार वह गाँजा पिएगा उतनी बार वह अपनी बनाई गई समय सीमा के आत्म-बंधन के मुताबिक़ ख़ुद को बरत नहीं पाएगा?

क्योंकि एक बार जब उसने गाँजा पीना शुरू किया तब वह तर्कों के सहारे संचालित नहीं था - वह आनंद-पीड़ा संतुलन स्केल के सहारे संचालित था। सिर्फ़ एक जॉइंट पीना भी उसके अंदर ऐसी चाह पैदा करने लगता जिसे तर्क के सहारे नहीं समझा जा सकता। गाँजा पीने के प्रभाव में वह अब ऑब्जेक्टिवली चीज़ों को समझने में अक्षम हो गया था। वह स्मोकिंग से त्वरित संतुष्टि मिलने वाले पथ के फ़ायदे-नुक़सान को स्मोकिंग के कारण लंबे समय में होने वाले दुष्प्रभावों को सामने रख कर कोई फ़ैसला लेने में असमर्थ था। उसकी दुनिया और ज़िंदगी अब डिले डिस्कॉउंटिंग प्रक्रिया और उसी फ़लसफ़े के सहारे चल रही थी।

मोहम्मद के ड्रग उपभोग के मामले में कालानुक्रमिक आत्म-बंधन उसकी इतनी ही मदद कर सकती थी और उसके पास गाँजे को नियंत्रित तरीक़े से और सीमित मात्रा में पी पाना विकल्प नहीं था। उसको हर हाल में, कभी न कभी, अपने गाँजे की आदत को छोड़ने का कोई दूसरा रास्ता ढूँढ़ना था। बहरहाल वह गाँजा छोड़ने के लिए दूसरा रास्ता सफलतापूर्वक चुन पाया।

श्रेणीबद्ध आत्म-बंधन

जैकब अपनी पुरानी आदतों में दोबारा फिसल जाने के एक हफ़्ते बाद मेरे पास वापस आए। उन्होंने एक हफ़्ते से किसी भी प्रकार की सेक्सुअल हरक़त में हिस्सा नहीं लिया था। वे अपनी लत से परहेज़ कर रहे थे। उन्होंने अपनी मशीन को ऐसे कूड़ेदान में डाला, जिसके बारे में उन्हें पता था कि वह उसी दिन कहीं दूर कचरे के ढेर में ले जाया जा रहा है। उन्होंने साथ ही अपने लैपटॉप और टैबलेट को भी ख़ुद से दूर कर दिया। वह कई सालों में पहली बार गिरजाघर को गए और अपने परिवार के लिए ईश्वर से प्रार्थना की।

"ख़ुद के बारे में और ख़ुद की समस्याओं के बारे में नहीं सोचना मेरे लिए एक अच्छा बदलाव था। मैंने ख़ुद पर शर्म करना और ख़ुद से घृणा करना भी बंद कर दिया। मेरी एक दुखद परिस्थितियों वाली कहानी है, लेकिन मैं ही इसे ठीक भी कर सकता हूँ और बदल सकता हूँ।"

वे फिर ज़रा देर को ठहरे और मुझसे बोले, "लेकिन मैं अच्छा नहीं महसूस कर पा रहा हूँ। मैं आपसे सोमवार को मिलता हूँ, बात करता हूँ, लेकिन शुक्रवार आते आते ही मेरी इच्छा होती है कि मैं आत्महत्या कर लूँ। लेकिन मैं ख़ुद की जान नहीं लूँगा, यह मुझे पता है।"

मैंने जैकब से कहा, "यह उपभोग और उसको छोड़ने का नतीजा है।" मैंने आगे कहा, "अपनी भावनाओं को एक लहर की तरह अपने ऊपर हावी होने दें। धैर्य रखें, और समय के साथ, आप बेहतर महसूस करेंगे।"

आने वाले कई दिनों, हफ़्तों, और महीनों में जैकब सेक्सुअल हरक़तों से परहेज़ रखने में सफल रहे। और उन्होंने इस परहेज़ के लिए सिर्फ़ पोर्नोग्राफ़ी, चैट रूम्स, और टेन्स यूनिट से ही अपनी दूरी नहीं बनाई थी बल्कि हवस के किसी भी प्रकार को अपनी पहुँच से बहुत दूर रखा था।

जैकब ने लगभग उन सभी चीज़ों को, जो उनके भीतर किसी तरह का सेक्सुअली उत्तेजक चित्र बना सकती थीं, जैसे - टीवी, सिनेमा, यूट्यूब, महिलाओं की वॉलीबॉल प्रतियोगिताएँ आदि-आदि - उनसे ख़ासा परहेज़ रखा। वह कुछ तरह की ख़बरों को भी स्किप कर देते थे। जैसे, स्टॉर्मी

डैनिएल्स के बारे में लिखे हुए आर्टिकल्स, वह स्ट्रिपर जिसने कथित तौर पर संभवतः डॉनल्ड ट्रम्प से अफ़ेयर किया था। वह सुबह शीशे के सामने शेव करते समय अपने शॉर्ट्स पहने हुए रहते थे। अपनी ख़ुद को नग्नता को देखना भी उनके लिए ट्रिगर का काम करती थी।

जैकब ने मुझसे कहा कि, "मैं ख़ुद के शरीर के साथ कई वर्षों तक खेलता रहा था। अब मैं ऐसा नहीं कर सकता था।" उन्होंने आगे बताया कि, "मेरे लत वाले मस्तिष्क को जो भी चीज़ सहारा दे सकती है, मैं उसे हर हाल में टालूँगा।"

श्रेणीबद्ध आत्म-बंधन का तरीक़ा डोपामाइन के उपभोग को, डोपामाइन को कई श्रेणियों में विभाजित कर के, सीमित या नियंत्रित करता है। वे उप प्रकार जिनका सेवन कर सकने को हम ख़ुद को अनुमति दे सकते हैं और वे उप प्रकार जिनका हम उपभोग क़तई नहीं कर सकते।

यह विधि हमें ना केवल हमारी पसंद की ड्रग्स से बचने में मदद करती है, बल्कि उन ट्रिगर्स से भी बचने में मदद करती है जो हमारी उस ड्रग के प्रति लालसा पैदा करते हैं। यह योजना उन पदार्थों या व्यवहारों के लिए सबसे अधिक कारगर साबित होती है, जिन पदार्थों या व्यवहारों का सेवन हम अपनी ज़िंदगियों से पूरी तरह से निकाल नहीं सकते। हमारा प्रयास ऐसी आदतों के उपभोग के तरीक़ों को सेहतमंद और नियंत्रित करने का होना चाहिए - जैसे, भोजन, सेक्स, फ़ोन आदि।

मेरे एक मरीज़ मिच खेलों में सट्टे लगाने की आदत से ग्रस्त थे। चालीस बरस की उम्र तक वे सट्टे में लगभग एक मिलियन डॉलर गँवा चुके थे। गैंबलिंग एनोनिमस में भाग लेना उनके जीवन में उनकी इस लत को छुड़ाने के लिए महत्त्वपूर्ण क़दमों में से एक था। गैम्बलर एनोनिमस में जुड़ने से उन्हें जो सबसे आवश्यक चीज़ पता चली कि उन्हें सिर्फ़ खेलों में सट्टा लगाने से परहेज़ नहीं करना था। उन्हें ख़ुद को टीवी पर खेल देखने से, अख़बारों में प्रकाशित खेल संबंधी पृष्ठों को, इंटरनेट पर खेल से संबद्ध

वेबसाइटों को देखना, और रेडियो पर खेल के बारे में सुनने से बचाना था। उन्होंने अपने आस-पास के सभी कैसिनो में ख़ुद फ़ोन कर के अपने आप को "नो एडमिट" लिस्ट में डलवा लिया। अपनी मनपसंद लत से उबरने के लिए, उन्होंने उन पदार्थों और व्यवहारों को भी ख़ुद से दूर कर दिया जो उनकी लत से सीधा-सीधा संबंध नहीं भी रखते थे। खेल में सट्टा लगाने की लत में दोबारा ना फँस जाएँ, इसलिए मिच ने सभी संभावनाओं के रास्ते ख़ुद के लिएबंद कर दिए। यह श्रेणीबद्ध आत्म-बंधन का एक उम्दा उदहारण है।

लेकिन ख़ुद पर बंधन लगाने में एक उदासीनता, भयावहता, और भावनात्मकता का तत्व रहता है।

जैसे की जैकब के लिए, नग्न शरीरों से परहेज़, चाहे ख़ुद की नग्नता हो या किसी और की, उनके अपनी लत से उबरने की तरफ़ एक महत्त्वपूर्ण क़दम था। शरीर को इस तरह ढँकने और बचाने की प्रथा कई सांस्कृतिक समुदायों में बहुत पहले से रही है और आज के युग में भी कई सांस्कृतिक समाज इस प्रथा का पालन करते हैं। शरीर को ढँक कर वे ख़ुद को किसी भी अवांछित यौन हरक़तों से बचाने में सफल साबित होते हैं। क़ुरान महिलाओं की हया के बारे में कहता है, "और ईमान वाली महिलाओं से कहो कि वे अपनी निगाहें नीचे रखें और अपने गुप्तांगों की रक्षा करें और अपने श्रृंगार को उजागर ना करें। और उनके सिर ढँकने के कपड़े का [एक भाग] उनकी छाती के ऊपर लपेटा जाए, और उनका श्रृंगार उजागर ना किया जाए।"

चर्च ऑफ़ जीसस क्राइस्ट ऑफ़ लैटर-डे सेंट्स (एलडीएस चर्च) ने अपने सदस्यों के लिए शालीन पोशाक पर आधिकारिक बयान जारी किया गया है, जिसमें "छोटी शॉर्ट्स और छोटी स्कर्ट, शर्ट जो पेट को नहीं ढँकते हैं, और ऐसे कपड़े जो पेट को नहीं ढँकते हैं, कंधों को कवर नहीं करते हैं, या आगे या पीछे से लो-कट हैं" के उपयोग को हतोत्साहित किया जाता है।

जब हम अनजाने में स्वीकार्य गतिविधियों की हमारी सूची में एक ट्रिगर शामिल कर देते हैं तो श्रेणीबद्ध स्व-बाध्यकारी रणनीति विफल हो जाती है। हम अनुभव के आधार पर मानसिक रूप से छानने की प्रक्रिया से इस तरह की ग़लतियों को सुधार सकते हैं। लेकिन हमें तब क्या करना चाहिए जब श्रेणी ही बदल जाए?

आहार-विहार की घिसी-पिटी अमेरिकी परंपरा - शाकाहारी, शुद्ध शाकाहार, कच्चा शाकाहार, ग्लूटेन-मुक्त, एटकिन्स, जोन, केटोजेनिक, पैलियोलिथिक, ग्रेपफ्रूट - ये श्रेणीबद्ध आत्म-बाध्यकारी के उदाहरण हैं। हम इन आहारों को विभिन्न कारणों से अपनाते हैं : चिकित्सीय, नैतिक, धार्मिक। लेकिन कारण जो भी हो, इसका शुद्ध प्रभाव बड़ी मात्रा में खाद्य श्रेणियों तक की हमारी पहुँच में कमी करना है, जो बदले में हमारी ख़पत को सीमित करता है।

लेकिन जब बाज़ार की ताक़तों के परिणामस्वरूप समय के साथ श्रेणी बदलती है, तो स्पष्ट आत्म-बाध्यकारी के रूप में डाइटिंग का यह तरीक़ा ख़तरे में पड़ जाता है।

नार्थ अमेरिकी परिवारों में से 15 प्रतिशत से अधिक परिवार ग्लूटेन मुक्त भोजन या खाद्य पदार्थों का सेवन करते हैं। कुछ लोग ग्लूटेन मुक्त इसलिए भी हैं, क्योंकि उन्हें सीलिएक बीमारी है। सीलिएक रोग एक ऑटोइम्यून बीमारी है, जिसमें ग्लूटेन के सेवन से छोटी आँत को नुक़सान होता है। लेकिन आज के समय में बढ़ती संख्या में लोग ग्लूटेन-मुक्त होते जा रहे हैं, क्योंकि इससे उन्हें उच्च कैलोरी, कम पोषण वाले कार्बोहाइड्रेट की ख़पत को सीमित करने में मदद मिलती है। फिर समस्या क्या है?

वर्ष 2008 से 2010 के बीच अमेरिकी बाजार में लगभग 3000 नए ग्लूटेन मुक्त स्नैक उत्पाद पेश किए गए। 2020 में, अकेले अमेरिका में ग्लूटेन-मुक्त उत्पादों का मूल्य 10.3 बिलियन डॉलर अनुमानित किया गया था।

ग्लूटेन-मुक्त आहार, जिसमें पहले केक, कुकीज़, क्रैकर, अनाज, पास्ता और पिज्जा जैसे उच्च कैलोरी प्रसंस्कृत खाद्य पदार्थों की ख़पत

प्रभावी रूप से सीमित थी, अब ऐसी कोई चीज़ नहीं है। जो लोग ग्लूटेन से बचने के लिए ग्लूटेन-मुक्त आहार का इस्तेमाल कर रहे थे, उनके लिए तो यह अच्छी ख़बर हो सकती है। लेकिन जो लोग ब्रेड, केक और कुकीज़ की ख़पत को सीमित करने वाली श्रेणी के रूप में ग्लूटेन-मुक्त से लाभ उठा रहे थे, उनके लिए यह श्रेणी अब कारगर साबित नहीं होती है।

ग्लूटेन-मुक्त आहार का विकास दर्शाता है कि कैसे ख़पत को नियंत्रित करने के प्रयासों का आधुनिक बाज़ार की ताक़तों द्वारा तेज़ी से मुक़ाबला किया जाता है, जो हमारी डोपामाइन अर्थव्यवस्था में निहित चुनौतियों का एक और उम्दा उदाहरण है।

पहले से वर्जित ड्रग्स को सामाजिक रूप से स्वीकार्य वस्तुओं में बदलने के कई अन्य आधुनिक उदाहरण हैं, जोकि अक्सर दवाओं की आड़ में होता है। जैसे आज के समय में सिगरेट वेप पेन और zyn पाउचेज का रूप ले चुके हैं। हेरोइन ऑक्सीकॉन्टिन बन गई। गाँजा "मेडिकल मारिजुआना" बन गया। जैसे ही हम अपनी पुरानी लत छोड़ने के लिए प्रतिबद्ध होते हैं, हमारी पुरानी ड्रग्स फिर से एक अच्छी तरह से पैक किए गए, किफ़ायती नए उत्पाद के रूप में सामने आती है, जो हमसे कहती है, "*अरे! यह ठीक है। मैं अब आपके लिए अच्छी हूँ।*"

राक्षसों को देवता मानना स्पष्ट आत्म-बंधन का दूसरा रूप है।

प्रागैतिहासिक काल से, मनुष्यों ने धार्मिक समारोहों, संस्कारों के दौरान या दवाओं के रूप में उपयोग करने के लिए मन-परिवर्तन करने वाली ड्रग्स को पवित्र श्रेणियों में बढ़ा दिया है। इस संदर्भ में, केवल पुजारियों, जादूगरों, या अन्य नामित लोगों को, जिन्होंने विशेष प्रशिक्षण प्राप्त किया है या जिनके पास विशेष प्राधिकार है, इन ड्रग्स को प्रशासित करने की अनुमति होती है।

7000 से अधिक वर्षों से, हेलुसीनोजेन्स, जिन्हें साइकेडेलिक्स (मैजिक मशरूम, अयाहुस्का, पियोटे) के रूप में भी जाना जाता है, का

विभिन्न संस्कृतियों में धार्मिक उपयोग होता रहा है। हालाँकि, जब 1960 के दशक के काउंटरकल्चर आंदोलन में हेलुसीनोजेन मनोरंजक ड्रग्स के रूप में लोकप्रिय और व्यापक रूप से उपलब्ध हो गए, तो नुक़सान कई गुना बढ़ गया। इसके परिणामस्वरूप एलएसडी को दुनिया के अधिकांश हिस्सों में अवैध करार दिया गया।

आज, हेलुसीनोजेन और अन्य साइकेडेलिक्स को वापस उपयोग में लाने के लिए एक आंदोलन चल रहा है, लेकिन केवल साइकेडेलिक-सहायता प्राप्त मनोचिकित्सा के छद्म-पवित्र संदर्भ में। विशेष रूप से प्रशिक्षित मनोचिकित्सक और मनोवैज्ञानिक अब मानसिक स्वास्थ्य उपचार के रूप में हेलुसीनोजेन और अन्य शक्तिशाली साइकोट्रोपिक एजेंट (साइलोसाइबिन, केटामाइन, एक्स्टसी) दे रहे हैं। कई हफ़्तों तक टॉक थेरेपी के कई सत्रों के साथ साइकेडेलिक्स की सीमित ख़ुराक (एक से तीन) देना ओझागिरी का आधुनिक समकक्ष बन गया है।

उम्मीद यह है कि इन दवाओं तक पहुँच सीमित करके और मनोचिकित्सकों को द्वारपाल बनाकर, इन रसायनों के रहस्यमय गुणों - एकता की भावना, समय की श्रेष्ठता, सकारात्मक मनोदशा और श्रद्धा - का लाभ उठाया जा सकता है। और वह भी दुरुपयोग, अति प्रयोग, व्यसनी उपयोग के बिना।

कुछ लोगों को अपनी पसंद की दवा को पवित्रता से भरने के लिए ना तो किसी जादूगर और ना ही मनोचिकित्सक की आवश्यकता होती है। अब प्रसिद्ध स्टैनफ़ोर्ड मार्शमैलो प्रयोग में, प्रयोग में कम से कम एक बच्चे ने पवित्रता को पूरी तरह से अपने दम पर प्रबंधित किया।

स्टैनफ़ोर्ड मार्शमैलो प्रयोग विलंबित संतुष्टि का अध्ययन करने के लिए स्टैनफ़ोर्ड विश्वविद्यालय में 1960 के दशक के अंत में मनोवैज्ञानिक वाल्टर मिशेल के नेतृत्व में अध्ययनों की एक श्रंखला थी।

तीन से छह वर्ष की आयु के बच्चों को तुरंत प्रदान किए जाने वाले एक छोटे पुरस्कार (एक मार्शमैलो) या दो छोटे पुरस्कार (दो मार्शमैलो) के बीच चयन करने की पेशकश की गई। उसे दो मार्शमैलो तभी मिलेंगे जब बच्चा पहला मार्शमैलो खाए बिना लगभग पंद्रह मिनट तक इंतज़ार कर सके।

उस प्रयोग के बीच में, शोधकर्ता कमरे को छोड़ बाहर निकल जाते और फिर कुछ देर बाद वापस आते। मार्शमैलौ को एक ऐसे कमरे के बीचों-बीच मेज़ पर एक प्लेट में रखा गया था, जहाँ कोई भी अन्य अन्यमनस्कता मौजूद नहीं ही, जैसे ना कोई वहाँ खेलने की सामग्री मौजूद थी और ना ही अन्य बच्चे। इस अध्ययन का उद्देश्य यह था कि बच्चों के भीतर विलंबित संतुष्टि के विचार कब विकसित होते हैं। बाद के अध्ययनों ने जाँच की कि किस प्रकार के वास्तविक जीवन के परिणाम संतुष्टि में देरी करने की क्षमता या उसकी कमी से जुड़े हैं।

शोधकर्ताओं ने इस प्रयोग में पाया कि लगभग सौ बच्चों ने या एक-तिहाई बच्चों ने दूसरे मार्शमैलौ के इंतज़ार में पहले मार्शमैलौ को नहीं खाया। उम्र का इस प्रयोग में सबसे ज़्यादा असर पाया गया। जितनी अधिक बच्चे की उम्र थी, वह उतना ही अधिक देर तक ठहरने की क्षमता रखता था। अनुवर्ती अध्ययनों में यह पाया गया कि जिन बच्चों ने अधिक देर तक दूसरे मार्शमैलौ का इंतज़ार किया था, उनके एसएटी स्कोर बेहतर थे, उनकी शिक्षा उच्च दर्जे की थी, और वे हरफ़नमौला किशोर थे, जो संज्ञानात्मक और सामाजिक रूप से बेहतर समायोजित थे।

इस प्रयोग का एक महत्त्वपूर्ण डिटेल जो उतना लोकप्रिय नहीं है वह कि उन पंद्रह मिनटों में बच्चे क्या कर रहे थे, जब वे दूसरे मार्शमैलौ का इंतज़ार कर रहे थे या पहले मार्शमैलौ को नहीं खाने का संघर्ष कर रहे थे।

शोधकर्ताओं ने जो अवलोकन इस प्रयोग में नोट किया वह शत-प्रतिशत आत्म-बंधन के स्वरुप को उद्घाटित करते हैं : “बच्चे अपनी आँखों को अपने हाथों से ढँक लेते हैं या चारों ओर घूम जाते हैं ताकि वे ट्रे को ना देख सकें। वे डेस्क को लात मारना शुरू कर देते हैं, या अपने पिगटेल को

खींचते हैं, या मार्शमैलो को ऐसे सहलाते हैं जैसे कि यह कोई एक छोटा भरा हुआ जानवर हो।"

आँखें बंद कर लेना और मेज़ से दूर चले जाना भौतिक आत्म-बंधन का उदहारण है। पिगटेल खींच कर शारीरिक दर्द का उपयोग ध्यान भटकाने के लिए किया जाता है, जिसके बारे में, मैं बाद में विस्तार से बात करूँगी। लेकिन मार्शमैलो को सहलाने का क्या? इस बच्चे ने वांछित वस्तु से मुँह मोड़ने के बजाय उसे एक पालतू जानवर बना लिया, जो खाने के लिए बहुत क़ीमती है, या कम से कम बिना सोचे-समझे, तुरंत खाने लायक़ नहीं है।

अत्यधिक शराब सेवन की समस्या को लेकर मेरी मरीज़ जैस्मिन मेरे पास आईं। वे रोज़ाना दस से अधिक बियर पी रही थीं। उपचार के लिए मैंने उन्हें सुझाव दिया कि वे अपने घर से सभी क़िस्म की शराब को बाहर फेंक दें। मैं चाहती थी कि जैस्मिन आत्म-बंधन का तरीक़ा अपनाएँ। यूँ तो उन्होंने मेरी लगभग बात मानी लेकिन एक ट्विस्ट के साथ।

उन्होंने अपने घर से हर क़िस्म की शराब को हटा दिया लेकिन अपने फ्रिज में एक बियर बचा लिया। जैस्मिन उस बियर को "टॉटेमिक बियर" कहती थीं। उन्होंने बताया कि यह बियर मेरे ना पीने की इच्छा को दर्शाता है। यह मेरी मनन-शक्ति और ख़ुद की स्वायत्तता को दर्शाता है। उन्होंने ख़ुद से कहा कि उन्हें दुनिया में उपलब्ध शराब की विशाल मात्रा में से एक बियर ना पीने के अधिक कठिन कार्य के बजाय केवल उस एक बियर को ना पीने पर ध्यान केंद्रित करने की आवश्यकता है।

हाथ की इस रूपक चतुराई ने, प्रलोभन की वस्तु को संयम के प्रतीक में बदल दिया, जिससे जैस्मिन को शराब से परहेज़ करने में मदद मिली।

रिकवरी के दूसरे प्रयत्न में जैकब को छह महीने बीत गए थे। उस समय वे मेरे कार्यालय के वेटिंग रूम में आए। मैं उन्हें कई महीनों बाद मिल रही थी।

जैसे ही मेरी नज़रें जैकब पर गईं, मैं समझ गई कि उनकी रिकवरी बिलकुल ठीक जा रही है। और ऐसा मुझे इसलिए लगा, क्योंकि उनके कपड़े उनके शरीर पर बेहद सुंदर तरीक़े से फ़िट हो रहे थे, जैसे वे जैकब को एक झप्पी दे रहे हों। लेकिन सिर्फ़ कपड़े देखकर ही मुझे ऐसा अंदाज़ नहीं लगा। उनकी त्वचा भी जँच रही थी। ऐसा तब होता है, जब कोई व्यक्ति ख़ुद के साथ और पूरी दुनिया के साथ जुड़ा हुआ महसूस करता है, एकमय महसूस करता है।

लेकिन आप इस तरह के परख़ने को किसी भी मनोचिकित्सीय पुस्तक में नहीं पाएँगे। यह मैंने अपने दशकों के मरीज़ों को देखने और समझने के अनुभव से जाना है। जब लोग ठीक हो रहे होते हैं तो उनके बारे में सबकुछ एक साथ होता है और हर चीज़ सही क्लिक करती है। जैकब के भीतर उस दिन मुझे वही सहीपन दिखाई दिया।

जैसे ही जैकब मेरे ऑफ़िस में पहुँचे उन्होंने कहा, “मेरी पत्नी मेरी ज़िंदगी में वापस आ गई है। हालाँकि हम अभी भी अलग-अलग ही रह रहे हैं लेकिन मैं सीएटल जाता हूँ और हम वहाँ दो बिलकुल ख़ूबसूरत दिन साथ गुज़ारते हैं। इस क्रिसमस को हम साथ में मनाने की योजना बना रहे हैं।”

“मुझे बेहद ख़ुशी हो रही है, जैकब।”

“मैं अब अपनी सनक से आज़ाद हूँ। मैं किसी एक अजीब ढंग से अब बर्ताव करने के लिए बाध्य नहीं हूँ। मैं अब क्या करना चाहता हूँ, कब करना चाहता हूँ, इन बातों को लेकर अपने निर्णय आसानी से ले सकता हूँ। मेरे रिलैप्स के बाद मैंने छह महीने बिता लिए हैं। और अगर मैं वे चीज़ें करता रहा जो मैं कर रहा हूँ तो मुझे यक़ीन है कि मैं ठीक रहूँगा। असल में ठीक से बेहतर की अवस्था में रहूँगा।”

जैकब मेरी तरफ़ देखकर हल्का-सा मुस्कराए। जवाब में मैं भी मुस्काई।

यौन इच्छा को जगाने वाली किसी भी संभावना से बचने के लिए जैकब ने जिस असाधारण हद तक क़दम उठाए, वह हमारी आधुनिक संवेदनाओं के लिए बिलकुल मध्ययुगीन प्रतीत होता है, जो शायद बालों की कमीज़ से सिर्फ़ एक क़दम दूर है।

लेकिन अपने जीवन को जीने के इस तरीक़े से ज़रा-सा भी बँधा हुआ महसूस करने की बजाय जैकब एक आज़ादी महसूस रहे थे। बाध्यकारी अति उपभोग की पकड़ से मुक्त होकर, वह फिर से अन्य लोगों और दुनिया के साथ ख़ुशी, जिज्ञासा और सहजता के साथ बातचीत करने में सक्षम हो गए थे। उन्हें ख़ुद को लेकर गरिमामय महसूस हो रहा था।

अपनी किताब *द मेटाफ़िज़िक्स ऑफ़ मॉरल्स* में जैसा इम्मानुएल कांट लिखते हैं, "जब हमें अहसास होता है कि हम इस आंतरिक विधान के लिए सक्षम हैं, तो (प्राकृतिक) मनुष्य अपने आप में बसे हुए उस नैतिक मनुष्य के प्रति श्रद्धा करने के लिए मजबूर महसूस करता है।"

असल में आत्म-बंधन मनुष्य की मुक्ति का साधन है।

6

एक टूटा हुआ संतुलन स्केल ?

क्रिस ने मेरे ऑफ़िस में बैठे हुए, अपने बैकपैक को सँभालते हुए, बालों को हाथों से पीछे करते हुए जो उसकी आँखों के आगे आ गए थे, अपने घुटनों को हिलाते हुए, (आने वाले वर्षों में मुझे यह पता चलने वाला था कि क्रिस हर वक़्त कुछ न कुछ करते हुए हिलता-डुलता रहता है) कहा, “मैं यह आशा करता हूँ कि आप बुप्रेनोर्फ़िन की ख़ुराक को जारी रखेंगी। यह मेरे लिए बेहद कारगर साबित हुई है। असल में यह इस दवा के बारे में एक अंडरस्टेटमेंट है। मुझे नहीं लगता कि इसके बिना मैं आज ज़िंदा भी होता और मैं चाहता हूँ कि कोई मेरे लिए इसको प्रिस्क्राइब कर दे।”

बुप्रेनोर्फ़िनएक अर्धसिंथेटिक ओपिऑयड है, जो अफ़ीम पोस्त से आसवित थेबाइन से प्राप्त होता है। किसी भी अन्य ओपिऑयड की तरह ही बुप्रेनोर्फ़िन भी μ-ओपिऑयड रिसेप्टर्स से जुड़ कर दर्द और ओपिऑयड की लालसा से उपभोगकर्ता को तुरंत राहत प्रदान करता है। आसान भाषा में कहा जाए तो बुप्रेनोर्फ़िन असल में पीड़ा-आनंद संतुलन स्केल को आधारभूत स्तर पर लाता है, जिससे क्रिस जैसे लोगों को किसी अन्य ड्रग की लालसा से मुक्त कर देता है और वे अपनी ज़िंदगियों को मन मुताबिक़ जी सकते हैं। इस दावे के पुख़्ता सबूत मौजूद हैं कि बुप्रेनोर्फ़िन अवैध ओपिऑयड उपभोग को कम करता है, ओवरडोज़ के ख़तरे को टालता है, और जीवन की गुणवत्ता को सुधारने में मदद करता है।

लेकिन इन सबके साथ भी इस तथ्य को अनदेखा नहीं किया जा सकता कि बुप्रेनोर्फ़िन भी एक ओपिऑयड है, जिसका दुरुपयोग किया जा सकता है, उसके फ़ायदों को बदला जा सकता है, और फिर रास्तों पर बेचा जा सकता है। वे लोग जो किसी भी शक्तिशाली ओपिऑयड का उपभोग नहीं कर रहे हैं, उन्हें बुप्रेनोर्फ़िन एक ऐसी अवस्था में ले जा सकता है जहाँ वे उत्साहित मनोदशा को महसूस कर सकते हैं। असल में मेरे कुछ मरीज़ों ने मुझसे बताया है कि बुप्रेनोर्फ़िन को छोड़ने की कोशिश में जो विथड्रावल लक्षण दिखते हैं वे हेरोइन या ऑक्सीकॉन्टिन या किसी भी अन्य ओपिऑयड की तुलना में काफ़ी बुरे होते हैं।

मैंने क्रिस से कहा, "क्यों ना तुम अपनी कहानी मुझे बताओ और फिर मैं बताऊँगी कि मैं क्या सोचती हूँ?"

वर्ष 2003 में क्रिस स्टैनफ़ोर्ड पहुँचा। उसके सौतेले पिता उसे एक पुरानी माँगी हुई चेवी सबअर्बन में अर्कांसस से लेकर आए थे। वह एसयूवी छात्रावास के दरवाज़े के सामने बीएमडब्ल्यू और लेक्सस जैसी गाड़ियों से भरी हुई भीड़ में एक अलग ही चमक से उपस्थित थी। उस एसयूवी में क्रिस के सभी ज़रूरत का सामान मौजूद था।

क्रिस ने समय बर्बाद नहीं किया। एक सूक्ष्म परिशुद्धता के साथ उसने अपने छात्रावास के कमरे को सजाया। उसने अपने सीडी कलेक्शन को अल्फ़ाबेटिकल ऑर्डर में सजाने से शुरुआत की। क्रिस ने पाठ्यक्रम की सूची का अध्ययन करके - रचनात्मक लेखन, ग्रीक दर्शन, और जर्मन संस्कृति में मिथक और आधुनिकता - को अपना विषय चुना। उसका सपना था कि वह एक संगीतकार, फ़िल्म निर्देशक, और लेखक बने। बाक़ी विश्वविद्यालय के छात्रों की तरह उसकी भी योजनाएँ बेहद बड़ी थीं। यह उसके शानदार स्टैनफ़ोर्ड जीवन की शुरुआत थी।

जैसे ही एक बार कक्षाएँ शुरू हुईं, क्रिस ने सभी उम्मीद किए गए तरीक़ों से अच्छा किया। उसने ख़ूब मन लगाकर पढ़ाई की। उसके नंबर

बेहतरीन आए। लेकिन दूसरे स्तर पर उसके लिए बने रहना मुश्किल साबित हो रहा था - वह अकेले अपनी कक्षाओं में शामिल होता, अकेले ही पुस्तकालय या अपने कमरे में पढ़ाई करता, अपने छात्रावास के कॉमन कमरे में अकेले ही पियानो बजाता। विश्वविद्यालयों के कैंपस में पसंदीदा बजवर्ड *कम्युनिटी* उसके पास नहीं थी।

हममें से ज़्यादातर लोग जब अपने विश्वविद्यालय के शुरुआती जीवन के बारे में सोचेंगे तो पाएँगे कि हमें वहाँ अपने लोग ढूँढ़ने में कितनी मुश्किलें हुई थीं। क्रिस को और भी ज़्यादा परेशानी हुई। और आज भी यह कह पाना कि क्रिस के साथ ऐसा क्यों हुआ, मुश्किल है। वह अच्छा दिखने वाला युवा मर्द है। वैचारिक है। मिलनसार प्रवृत्ति का है और हमेशा दूसरों को ख़ुश रखने की कोशिश में रहता है। शायद उसे उसकी तरह के लोग इसलिए नहीं मिले क्योंकि वह अर्कांसस से एक ग़रीब पृष्ठभूमि का छात्र था।

कैंपस में उसके एकाकीपन का अस्तित्व कॉलेज के द्वितीय वर्ष में भी जारी रहा जब वह एक लड़की से मिला। उस लड़की से वह अपने पार्ट-टाइम कैंपस जॉब में मिला। उसके तराशे हुए नैन-नक्श, मुलायम भूरे बाल और मजबूत, मांसल गठन ने हमेशा लोगों का ध्यान आकर्षित किया था। वह और उस लड़की, जो की साथ ही स्नातक के प्रोग्राम में थी, के बीच चुंबन हुआ और क्रिस तुरंत प्यार में फिसल गया। जब लड़की ने उसे बताया कि उसका एक पहले से प्रेमी है, तो क्रिस ने फ़ैसला किया कि इससे उसे कोई फ़र्क़ नहीं पड़ता। वह उस लड़की के साथ रहना चाहता था और बार-बार उसकी तलाश करता था। जब मना करने पर भी क्रिस ने हार नहीं मानी, तो उस लड़की ने उस पर उसका पीछा करने का आरोप लगाया और दोनों के बॉस को इसकी सूचना दी। परिणामस्वरूप, उसकी नौकरी चली गई और स्कूल प्रशासन ने उसे फटकार लगाई। नौकरी या प्रेमिका के बिना, उसने फ़ैसला किया कि उसके पास इस परिस्थिति का केवल एक ही समाधान है : कि वह ख़ुद को मार डाले।

क्रिस ने अपनी माँ को अपनी इस दुनिया से हमेशा के लिए विदा होने के पहले एक ईमेल लिखा : “माँ, मैंने साफ़ अंडरवियर पहना है।”

उसने एक चाकू उधार लिया, अपना सीडी प्लेयर लिया, और एक पसंद की सीडी चुन कर रॉबल फ़ील्ड की तरफ़ गया। यह शाम का समय था। क्रिस ने फ़ैसला किया था कि वह दवाइयों की एक बॉटल को निगल जाएगा, अपनी कलाई की नस काट लेगा और उसने यह सब इस तरह निर्धारित किया था की उसकी मृत्यु डूबते हुए सूरज के साथ हो।

क्रिस के लिए संगीत का ख़ास महत्त्व था। उसने इस दुनिया से विदा लेने के पहले अपने अंतिम गाने को बेहद ध्यान के साथ चुना; इंटरपोल द्वारा "पीडीए", एक न्यू यॉर्क इंडी पोस्ट-पंक रिवाइवल बैंड। "पीडीए" लयबद्ध और तेज़ संगीत है। उसमें संगीत इतना तेज़ है कि बमुश्किल ही उस गाने के लिरिक्स को समझा जा सकता है। उस गाने का आख़िरी स्टैंज़ा कुछ इस तरह है : "आज रात सो जाओ, आज रात सो जाओ, आज रात सो जाओ, आज रात सो जाओ। कुछ कहना है, कुछ करना है, कुछ नहीं कहना है, कुछ नहीं करना है।" क्रिस ने गाना ख़त्म होने तक इंतज़ार किया और फिर चाकू की तेज़ धार से अपने दोनों कलाइयों की नसें काट लीं।

एक खुले मैदान में, ख़ुद की कलाइयों को काट कर आत्महत्या करने का तरीक़ा प्रभावी तरीक़ा बिलकुल नहीं है। आधे घंटे बाद, उसकी कलाई पर ख़ून जम गया था, और वह अंधेरे में बैठा लोगों को आते-जाते देख रहा था। वह अपने छात्रावास के कमरे में वापस गया, निगली गई गोलियों को मुँह में हाथ डालकर उल्टी कर 911 पर कॉल किया। पैरामेडिक्स आए और उसे स्टैनफ़ोर्ड अस्पताल ले गए , जहाँ उसे मनोवैज्ञानिक वार्ड में भर्ती कराया गया।

क्रिस से अस्पताल में मिलने सबसे पहले उसके सौतेले पिता पहुँचे। उसकी माँ ने भी आने की योजना बनाई थी, लेकिन प्लेन बोर्ड नहीं कर सकीं। उन्हें हवाई यात्रा का डर बरसों पुराना था। उसके बायोलॉजिकल पिता, जिनसे क्रिस साल भर में एकाध बार ही मिलता था, वे भी आए। जब उसके पिता ने क्रिस्टोफ़र की कलाइयों पर लाल, उभरा हुआ चीरा देखा तो वह बहुत परेशान दिखे।

क्रिस उस मनोवैज्ञानिक वार्ड में कुल मिलाकर दो हफ़्तों के लिए रुका था। उस समय के दौरान वह ज़्यादातर आराम महसूस कर रहा था। उसे इस निहित, नियंत्रित और पूर्वानुमानित वातावरण में रहने में एक आनंद की अनुभूति हो रही थी।

उस यूनिट में क्रिस से मिलने स्टैनफ़ोर्ड विश्वविद्यालय का एक रिप्रेजेन्टेटिव आया और उसने यह सूचना दी कि उसे ऐसे विषम हालात में स्टैनफ़ोर्ड से मेडिकल लीव लेनी होगी, तब तक के लिए जब तक वह पूरी तरह से स्वस्थ नहीं हो जाता और उसके मानसिक स्वास्थ्य का निर्णय विश्वविद्यालय ही करेगा।

क्रिस अपने माता और सौतेले पिता के साथ रहने अर्कांसस वापस चला गया। उसको एक होटल में वेटर की नौकरी मिल गई। और वहाँ क्रिस ने ड्रग्स को अपने जीवन में पाया।

वर्ष 2007 के वसंत में क्रिस स्टैनफ़ोर्ड वापस आया। वसंत की तिमाही में वह अपना एडमिशन ले पाता इससे पहले उससे कहा गया कि उसे छात्रों के मानसिक स्वास्थ्य के हेड और निवासी डीन से मिलना होगा तथा अपने मानसिक स्वास्थ्य के विकास के बारे में बताना होगा एवं अपने दोबारा एडमिशन लिए जाने के लिए तर्क प्रस्तुत करने होंगे, जिससे वे लोग सहमत हो सकें।

उस मीटिंग के एक दिन पहले, क्रिस अपनी एक महिला मित्र के पास रुका जिसे वह स्टैनफ़ोर्ड में मिला था। क्रिस उसे बख़ूबी तो नहीं जानता था, लेकिन उसे ख़बर थी कि वह लड़की भी किसी परिस्थिति से गुज़र रही है। इसलिए क्रिस को यह पूछने में अधिक सहजता महसूस हुई कि क्या वह एक या दो रात के लिए उसके स्थान पर रुक सकता है, जब तक कि वह विश्वविद्यालय से निपट ना ले।

अपने साक्षात्कार से एक रात पहले क्रिस पूरी रात जगा रहा, कोक लेता रहा और सिग्मंड फ्रायड की किताब *सिविलाइज़ेशन ऐंड इट्स डिस्कॉन्टेंट्स* पढ़ता रहा। सुबह-सुबह उसने यह निर्णय लिया कि वह

कॉलेज के एडमिनिस्ट्रेटर्स से मिलने के लिए ठीक हालत में नहीं है। वह ठीक उसी दिन अपने घर वापस आ गया।

क्रिस ने अगला वर्ष अर्कांसस विश्वविद्यालय के लिए 100+ डिग्री मौसम में गंदगी हटाने, गीली घास फैलाने और लॉन की घास काटने में बिताया। क्रिस को इस काम के शारीरिक पहलू आनंदित करता था। उसे इस काम के कारण, अपने शरीर की गति से अपने विचारों से उतने समय के लिए दूरी बन जाती। उसका अर्बोरिस्ट के पद पर प्रमोशन हो गया। इस पद पर क्रिस को ज़्यादातर पेड़ों के तनों और शाखाओं को लकड़ी के टुकड़े करने वाली मशीन में डालना शामिल था।

जब वह काम नहीं कर रहा होता था तो वह संगीत कंपोज़ कर रहा होता था। एक गाने के बाद दूसरा गाना। और यह सब करते हुए वह गाँजा पीता था, और गाँजा अब उसके लिए अपरिहार्य हो गया था।

अगले वसंत में क्रिस स्टैनफ़ोर्ड वापस आ गया। इस बार उसे किसी भी इन-पर्सन मीटिंग की ज़रूरत नहीं पड़ी। जैक रीचर के तौर-तरीक़े में वह अपने छात्रावास पहुँचा, उसके पास उसकी पॉकेट में एक टूथब्रश था और हाथ में एक लैपटॉप। वह अपने गद्दे पर बिना चद्दर के अपने पूरे कपड़े पहन कर सोया।

वह ख़ुद को संरचित बनाना चाहता था, उसने पहचाना कि सफल होने के लिए उसे कुछ ऐसा करना होगा। अपनी इस बदली हुई मानसिकता के साथ उसने अपने विषय बदल लिए। उसने अब रसायन विज्ञान पढ़ने का मन बनाया।

उसने गाँजा ना पीने का प्रण लिया। पर उसका यह शपथ बस तीन दिन तक चली और फिर से वह रोज़ाना अपने कमरे में छुपकर गाँजा पीने लगा वह भी इस तरीक़े से समय निकालने की कोशिश करता था, जब उसका रूममेट, जिसे वह केवल "कोई भारतीय लड़का" के रूप में याद करता था, आसपास नहीं होता था।

जब उसके मिडटर्म्स की बारी आई तो क्रिस ने यह जुगाड़ बिठाया कि क्योंकि उसने ज़्यादातर अपना समय पढ़ाई के दौरान नशे में बिताया

था तो उसे अपने मिडटर्म्स में भी गाँजा पी कर जाना चाहिए। अवस्था आधारित पढ़ाई के बारे में उसने कुछ कुछ अपने साइकोलॉजी की कक्षा में पढ़ा था। उसे दूसरे प्रश्न तक पहुँचने से पहले ही अहसास हो गया कि उसे सामग्री की जानकारी नहीं है और वह परीक्षा पूरी करने में असमर्थ है। वह खड़ा हुआ और बाहर चला गया, रास्ते में अपना परीक्षा पत्र कूड़े में फेंक दिया।

वह अगले दिन विमान से घर वापस जा रहा था।

तीसरी बार स्टैनफ़ोर्ड छोड़ने पर क्रिस के मन में जो भाव उभरे वे अलग थे। इस बार उसका मन निराशा से भरा हुआ था। जब इस बार वह घर वापस आया तो उसके पास उसके जीवन में कोई उद्देश्य नहीं बचा था। अब वह संगीत भी नहीं कंपोज़ कर रहा था। अब वह गाँजा पीने के साथ-साथ बड़ी मात्रा में शराब भी पीने लगा। और फिर उसने ओपिऑयड का इस्तेमाल पहली बार किया। और 2009 में अर्कांसस में ओपिऑयड पाना और उसका सेवन करना बहुत आम बात थी। उस वक़्त बड़े-बड़े ओपिऑयड उत्पादक और डिस्ट्रीब्यूटर अर्कांसस स्टेट में ओपिऑयड दवाएँ बनाने के लिए मिलियन के मिलियन डॉलर भेज रहे थे। ठीक उसी साल में डॉक्टर्स ने अर्कांसस स्टेट में प्रति 100 मरीज़ों पर 116 ओपिऑयड प्रिस्क्राइब किए गए।

जब वह ओपिऑयड का सेवन करने लगा तब उसे अचानक यह अहसास हुआ कि जिन भी चीज़ों की उसे तलाश थी वे अब उसके पहुँच में आसानी से थी। और हाँ, वह ओपिऑयड लेने के बाद उत्साहित महसूस करता था, लेकिन यह उसके जीवन के लिए कोई कुंजी नहीं थी। और असल कुंजी यह होगी कि वह जीवन से जुड़ा हुआ महसूस करता था।

वह अब अपने रिश्तेदारों और अपनी जान-पहचान के लोगों को फ़ोन करता, बात करता, अपनी भावनाएँ साझा करता, और उनसे अपने जीवन की महत्त्वपूर्ण बातें उन्हें बताता। लेकिन उसे यह जुड़ाव तभी तक महसूस होता जब तक उसके ऊपर ओपिऑयड का प्रभाव रहता, और जैसे ही डोपिंग का असर उतरता उसके मन में जो जुड़ाव उभरे हुए होते

थे वे ग़ायब हो जाते। तब उसे यह पता चला कि ओपिऑयड से उत्पन्न जो जुड़ाव या अंतरंगता होती है, वह लंबे समय तक नहीं टिकती।

अंतरालों में ओपिऑयड प्रयोग के कारण क्रिस ने स्टैनफ़ोर्ड से अपनी शिक्षा पूरी करने के लिए एक और कोशिश की। जब वह वसंत 2009 में स्टैनफ़ोर्ड के स्नातक डिग्री में फिर से एडमिशन लिया, यह उसका चौथा प्रयास था। और इस बार वह अपने कक्षा के साथियों से कालानुक्रमिक और भौगोलिक दृष्टि दोनों से ही बहुत अलग और बहुत दूर था। द्वितीय वर्ष के सामान्य विद्यार्थियों से वह उम्र में पाँच वर्ष बड़ा था।

उसे स्नातक विद्यार्थियों के साथ ही छात्रावास में रखा गया था। वहाँ वह पार्टिकल फ़िजिक्स के एक स्नातक विद्यार्थी के साथ दो बैडरूम अपार्टमेंट साझा करता था। उन दोनों के बीच कुछ भी एक सा नहीं था और वे बहुत कोशिश करते थे कि एक दूसरे के रास्ते में ना आएँ।

क्रिस ने एक नई आदत अपने अंदर विकसित की जिसमें वह पढ़ाई और ड्रग के उपभोग के बीच समय बाँटता था। उसने ड्रग्स को हमेशा के लिए छोड़ सकने और छोड़ देने के विचार को त्याग दिया था। उसने ख़ुद के बारे में यह धारणा बना ली थी कि वह पक्के रूप से एक "ड्रग एडिक्ट" है।

वह अपने कमरे में हर रात अकेले गाँजा पिया करता था। हर शुक्रवार की रात को वह अकेले सैन फ़्रांसिस्को हेरोइन लेने जाया करता था। उसे सैन फ़्रांसिस्को की सड़कों पर हेरोइन के एक कश की क़ीमत लगभग पंद्रह डॉलर अदा करनी पड़ती थी और उसका नशा लगभग दस से पंद्रह सेकंड तक बना रहता। लेकिन हेरोइन के कश के बाद की उत्तर दीप्ति घंटों तक बनी रहती। उस अवस्था से नार्मल की अवस्था में वापस आने की प्रक्रिया को आसान बनाने के लिए क्रिस फिर और अधिक गाँजा पीता। पहली तिमाही के बीच में ही उसने हेरोइन ख़रीदने के लिए अपना लैपटॉप बेच दिया। फिर उसने अपना कोट बेच दिया। क्रिस अब याद करता है कि जब वह सड़क के शहरों में घूमा करता था तो उसे सिहरन होती थी।

अपनी भाषा की कक्षा में एक बार वह दो ब्रिटिश छात्रों से दोस्ती करने की कोशिश किया। उसने उनसे कहा कि वह एक फ़िल्म बनाना चाहता है, जिसमें वे दोनों लड़के अभिनय करेंगे। क्रिस ने फ़ोटोग्राफ़ी में एक नई दिलचस्पी पैदा की थी और अक्सर वह कैंपस में इधर-उधर फ़ोटो खींचने की ख़ातिर भटकता रहता। पहले पहल तो वे दोनों ब्रिटिश छात्र क्रिस के सिनेमा बनाने के ख़याल से रोमांचित हुए थे, लेकिन जब उसने उन्हें अपनी फ़िल्म का आईडिया बताया - जिसमें क्रिस चाहता था कि वे दोनों लड़के खाना खाते हुए अमेरिकन एक्सेंट में बात करें - इस बात पर उन दोनों छात्रों ने पहले तो अपनी परेशानियाँ ज़हिर की और फिर क्रिस से दूर-दूर रहने लगे।

“मेरा अनुमान है कि मैं हमेशा से ही इस तरह अजीब रहा हूँ। विचित्र विचार मेरे मन में आते हैं। इसलिए मैं लोगों को कभी बताना नहीं चाहता कि मैं क्या सोच रहा हूँ, मेरे मन में क्या चल रहा है।”

और इन सबके बावजूद क्रिस अपनी कक्षाओं में एक विषय को छोड़कर बाक़ी सभी विषयों में ए ग्रेड पाया। असामान्य व्यवहार का पारस्परिक आधार के विषय में उसे बस बी ग्रेड मिला। फिर क्रिस, क्रिसमस की छुट्टियों में घर वापस गया और फिर वहाँ से स्टैनफ़ोर्ड वापस नहीं आया।

2010 के वसंत में आधे मन से क्रिस ने स्टैनफ़ोर्ड से स्नातक पूरी करने की एक और कोशिश की। इस बार उसने मेनलो पार्क के पास, ऑफ़ कैंपस एक कमरा किराये पर लिया और फिर से अपना विषय बदल कर मानव जीव विज्ञान कर लिया। कुछ दिनों में, उसने अपनी मकान मालकिन से दर्द की गोलियाँ चुरा लीं और एंबियन के लिए एक प्रिस्क्रिप्शन ले लिया। फिर उसने एंबियन को कुचल दिया और अपनी नसों में इंजेक्ट कर लिया। किसी तरह बेहद मुश्किल से क्रिस ने पाँच महीने गुज़ारे। और अंत में हार मानकर वह स्टैनफ़ोर्ड से कभी वापस ना लौटने की उम्मीद के साथ घर चला गया।

अर्कांसस में वापस लौटने के बाद क्रिस के दिन का ज़्यादातर समय नशे में बीतता था। वह सुबह-सुबह नशा कर लेता था और जब नशा धीरे-

धीरे घंटों बाद उतरता तब क्रिस अपने माता-पिता के घर में अपने कमरे में पड़ा-पड़ा समय को गुज़रते हुए देखता। यह लूप उसके लिए कभी ना ख़त्म होने वाला दिखाई देता था और इससे बचने का कोई रास्ता भी नहीं सूझता था।

2011 के बसंत में क्रिस को नशे की हालत में आइसक्रीम चोरी करते हुए पुलिस ने पकड़ लिया। उसे या तो जेल चुनना था या फिर नशा मुक्ति केंद्र। क्रिस ने नशा मुक्ति केंद्र में जाने का फ़ैसला किया। 1 अप्रैल, 2011 को नशा मुक्ति केंद्र में क्रिस को उपचार के लिए एक दवा दी जाने लगी, जिसका नाम था- बुप्रेनोर्फ़िन या फिर उसके व्यावसायिक नाम से उसे सबओक्सान कहते हैं। क्रिस इसी दवा को अपने ज़िंदगी का संरक्षक मानता है। उसके हिसाब से बुप्रेनोर्फ़िन ने ही उसकी ज़िंदगी बचाई है।

बुप्रेनोर्फ़िन के लगातार दो सालों के उपयोग के बाद क्रिस में एक स्थिरता आ गई थी। और इसी स्थिरता के कारण क्रिस ने एक आख़िरी बार स्टैनफ़ोर्ड वापस आने का फ़ैसला किया। वर्ष 2013 में क्रिस ने एक बिस्तर एक बूढ़े चाइनीज़ आदमी के ट्रेलर में किराये पर ले लिया। उसके लिए उस वक़्त कुछ भी और अफ़्फोर्ड कर पाना नामुमकिन था। कैंपस पर अपने पहले महीने में ही वह मेरे पास आया।

और मैं क्रिस को बुप्रेनोर्फ़िन प्रिस्क्राइब करने के लिए मान गई।

तीन साल बाद उसने अपना स्नातक आनर के साथ पूरा किया और फिर वह पीएचडी में भी दाख़िला ले लिया। उसके "अजीब" विचार, शायद रसायन विज्ञान की लैबोरेट्रीज के लिए ही बुने गए थे।

वर्ष 2017 में उसने अपनी गर्लफ्रैंड से शादी रचाई। क्रिस की गर्लफ्रैंड को उसके अतीत के बारे में अच्छे से पता था और वह समझती थी कि वह बुप्रेनोर्फ़िन का सेवन क्यों करता है। क्रिस की गर्लफ्रैंड को कभी-कभी उसके "रोबोटिक तौर-तरीक़े से भावनाओं की कमी" का दुःख होता था, मुख्यतः क्रिस में नामौजूद गुस्से के कारण जब उसे लगता

था कि कुछ जगहों पर नाराज़ होना, गुस्सा करना ही एकमात्र विकल्प होना चाहिए।

लेकिन आमतौर पर क्रिस की ज़िंदगी अच्छी चल रही थी। क्रिस अब लालसा, क्रोध और अन्य असहनीय भावनाओं से अभिभूत नहीं था। वह अब अपने दिन अपनी लेबोरेटरी में बिताता और काम के बाद अपनी पत्नी से मिलने के लिए घर की ओर भागता। वे जल्द ही अपनी पहली संतान एक्सपेक्ट कर रहे थे।

वर्ष 2019 में एक दिन, मैंने हमारे मासिक सत्रों में से एक के दौरान क्रिस से कहा, "तुम बेहद अच्छा कर रहे हो और इतने लंबे समय से लगातार करते आ रहे हो। क्या तुमने कभी बुप्रेनोर्फ़िन से छुटकारा पाने की कोशिश करने के बारे में नहीं सोचा?"

क्रिस का जवाब बिलकुल निश्चित था। "मैं कभी भी बुप्रेनोर्फ़िन से छुटकारा नहीं पाना चाहता। यह मेरे लिए एक लाइट के स्विच की तरह था। इसने मुझे सिर्फ़ हेरोइन लेने से नहीं रोका। इसने मेरे शरीर को वह चीज़ दी जिसकी मुझे ज़रूरत थी और जो कभी भी कहीं और नहीं मिल सकी।"

संतुलन स्केल को साम्य अवस्था में रखने के लिए अपनाए जाने वाले नुस्खे और उपचार?

मैंने अक्सर उस बारे में सोचा है, जो क्रिस ने उस दिन मुझसे कहा था कि बुप्रेनोर्फ़िन ने उसे कुछ ऐसा दिया है, जो वह कहीं और ढूँढ़ नहीं सका था।

क्या लगातार ड्रग के उपभोग के कारण उसके मस्तिष्क में आनंद-पीड़ा संतुलन स्केल इस क़दर टूट गया है कि अब उसे पूरी ज़िंदगी बस 'नॉर्मल' महसूस करने के लिए ओपिऑयड पर निर्भर होना पड़ेगा? शायद कुछ लोगों के मस्तिष्क में आधारभूत स्थिति में आनंद-पीड़ा संतुलन स्केल को ले आने की क्षमता एक लंबे समय तक ड्रग से परहेज करने के बाद भी वापस नहीं आ पाती होगी। शायद ग्रेमलिन्स के उतरने के बाद भी, उनका संतुलन स्थायी रूप से दर्द के पक्ष में बना रहता है।

या फिर क्रिस कुछ ऐसी बात की ओर इशारा कर रहा था कि ओपिऑयड ने उसके उस रासायनिक असंतुलन को ठीक करने में मदद की जिसके साथ क्रिस पैदा हुआ था?

जब मैं 1990 के दशक में मेडिकल स्कूल और रेजीडेंसी से गुज़री तो वहाँ मुझे सिखाया गया कि अवसाद, चिंता, ध्यान की कमी, संज्ञानात्मक विकृतियाँ, नींद की समस्या आदि से पीड़ित लोगों का दिमाग़ उस तरह से काम नहीं करता जैसा उन्हें करना चाहिए। जैसे मधुमेह वाले लोगों में अग्न्याशय होता है, जो पर्याप्त इंसुलिन का स्राव नहीं करता है। सैद्धांतिक रूप से फिर मेरा काम सिर्फ़ इतना है कि मैं उस लापता रसायन को लोगों में रिप्लेस कर दूँ ताकि लोग "सामान्य रूप से" कार्य कर सकें। इस संदेश को फ़ार्मास्युटिकल उद्योग द्वारा व्यापक रूप से प्रसारित और आक्रामक रूप से प्रचारित किया गया और इसे डॉक्टरों और रोगी उपभोक्ताओं में समान रूप से ग्रहणशील श्रोता मिले।

या फिर क्रिस इन सबके अलावा भी कुछ अलग ही बोल रहा था? शायद वह यह कहना चाह रहा था कि बुप्रेनोर्फ़िन उसके मस्तिष्क में किसी कमी की भरपाई नहीं करता बल्कि उसकी दुनिया में जो चीज़ें अधूरी हैं उनकी भरपाई करता है। शायद दुनिया ने क्रिस को बेहद निराश और दुखी कर दिया था और उसके सामने बुप्रेनोर्फ़िन ही इस दुनिया से जुड़ने का एकमात्र तरीक़ा होगा।

क्रिस के मस्तिष्क में कोई समस्या थी या तो फिर दुनिया के साथ कोई समस्या थी, या तो वह ऐसी किसी परेशानी के साथ पैदा ही हुआ था या फिर उसके लंबे समय तक लगातार ड्रग के उपभोग का यह परिणाम था, लेकिन यहाँ मैं कुछ ऐसी चीज़ें बताऊँगी, जिसके कारण मैं मेडिकेशन का उपयोग कर के आनंद-पीड़ा संतुलन स्केल को आनंद की तरफ़ झुकाने में जिस वजह से परेशानियाँ मुझे नज़र आती हैं।

पहला, कोई भी ड्रग या दवा जो संतुलन स्केल को आनंद की तरफ़ झुकाती है उसमें नशीली होने या उसका लत लगने की संभावनाएँ बढ़ जाती हैं।

डेविड, एक कॉलेज छात्र, प्रिस्क्रिप्शन उत्तेजक दवाओं का आदी हो गया था। वह इस बात का जीता-जागता सबूत है कि निदान की गई चिकित्सीय स्थिति के लिए डॉक्टर के परामर्श से उत्तेजक दवाएँ लेने से निर्भरता और लत की समस्याओं से प्रतिरक्षा नहीं मिलती है। प्रिस्क्रिप्शन उत्तेजक स्ट्रीट मेथामफ़ेटामाइन (बर्फ़, गति, क्रैंक, क्रिस्टीना, नो डोज़, स्कूबी स्नैक) के आणविक समकक्ष हैं। वे मस्तिष्क के पुरस्कार मार्ग में डोपामाइन की वृद्धि का कारण बनते हैं और "दुरुपयोग की उच्च संभावना रखते हैं।" यह ऐडरॉल के विषय में खाद्य एवं औषधि प्रशासन की चेतावनी का सीधा उद्धरण है।

दूसरा, क्या मालूम प्रिस्क्राइब की गईं ड्रग्स उस तरह से काम ना करें जैसा उन्हें करना चाहिए या फिर जैसा काम करने का अनुमान हमें उनसे हो, या इससे भी बुरी स्थिति की कल्पना करें तो, क्या पता वे साइकियाट्रिक लक्षणों को लंबे समय में और बदतर कर दें? हालाँकि बुप्रेनोर्फ़िन क्रिस के लिए अच्छे से काम कर रही थी, साइकोट्रॉपिक दवाइयों के बारे में सामान्य ढंग से पुख़्ता साक्ष्य नहीं मौजूद हैं, मुख्यतः जब उनका प्रयोग लगातार और लंबे समय तक किया जाए।

चार उच्च संसाधन वाले देशों (ऑस्ट्रेलिया, कैनेडा, इंग्लैंड और अमेरिका) में एंटीडिप्रेसेंट (प्रोज़ैक), एंक्सियोलाइटिक्स (ज़ैनैक्स), और हिप्नोटिक्स (एंबियन) जैसी मनोरोग दवाओं के लिए फ़ंडिंग में पर्याप्त वृद्धि

के बावजूद, इन देशों में 1990 से 2015 के बीच मूड और चिंता के लक्षणों की व्यापकता में कमी नहीं आई है। ये निष्कर्ष तब भी समान रहते हैं, जब ग़रीबी और आघात जैसी मानसिक बीमारी के जोख़िम कारकों में वृद्धि को नियंत्रित किया जाता है, और यहाँ तक कि सिज़ोफ्रेनिया जैसी गंभीर मानसिक बीमारी का अध्ययन करते समय भी यही परिणाम हूबहू देखने को मिलते हैं।

चिंता और अनिद्रा से पीड़ित मरीज़ जो एक महीने से अधिक समय तक रोजाना बेंजोडायजेपाइन (ज़ैनैक्स और क्लोनोपिन) और अन्य शामक-कृत्रिम निद्रावस्था की दवाएँ लेते हैं, उन्हें और भी बुरी चिंता और अनिद्रा का अनुभव हो सकता है।

जो मरीज़ दर्द से पीड़ित हैं और उसके निवारण के लिए ओपिऑयड का उपभोग एक महीने तक रोज़ाना करते हैं, वे सिर्फ़ ओपिऑयड की लत के लिए ही बढ़े जोख़िम पर नहीं होते, बल्कि उनको यह भी ख़तरा होता है कि उनका दर्द और बढ़ता जाएगा। जैसा कि मैं इस बारे में पहले भी बता चुकी हूँ कि यह ओपिऑयड जनित हाइपरअल्जेसिया की प्रक्रिया के तहत होता है। इसका अर्थ यह हुआ कि बार-बार ली जाने वाली डोज़ के कारण ओपिऑयड दर्द को बढ़ा देते हैं।

ध्यान आभाव विकार के लिए दी जाने वाली एडरॉल और रिटालिन जैसी दवाएँ अल्पकालिक स्मृति और ध्यान को तो बढ़ावा देती हैं। लेकिन दीर्घकालिक जटिल अनुभूति, बेहतर छात्रवृत्ति या उच्च ग्रेड में वृद्धि में इनका कोई योगदान होता है इसके लिए बहुत कम या कोई सबूत नहीं है।

जैसा कि सार्वज़निक स्वास्थ्य मनोवैज्ञानिक ग्रेचेन लेफ़ेवर वॉटसन और उनके सह-लेखकों ने द *एडीएचडी ड्रग एब्यूज़ क्राइसिस ऑन अमेरिकन कॉलेज कैंपस* में लिखा है, "आकर्षक नए सबूत बताते हैं कि एडीएचडी दवा उपचार शैक्षणिक और सामाजिक-भावनात्मक कामकाज में गिरावट से जुड़ा है।"

हाल के आंकड़ों से पता चलता है कि अवसादरोधी दवाएँ, जिन्हें पहले "आदत बनाने वाली" दवाओं के श्रेणी में नहीं माना जाता था,

वे भी सहनशीलता और निर्भरता को जन्म दे सकती हैं, और संभवतः लंबे समय में अवसाद को और भी बदतर बना सकती हैं। इस घटना को *टार्डिव डिस्फ़ोरिया* कहा जाता है।

लत की समस्या और इस सवाल से परे कि ये दवाएँ मदद करती हैं या नहीं, मैं एक अत्यंत गहरे सवाल से परेशान हूँ : क्या होगा यदि साइकोट्रोपिक दवाएँ लेने से हम अपनी मानवता के कुछ आवश्यक पहलू को खो रहे हैं?

1993 में, मनोचिकित्सक डॉ. पीटर क्रेमर ने अपनी अभूतपूर्व पुस्तक *लिसनिंग टु प्रोज़ैक* प्रकाशित की थी। इस किताब में उन्होंने यह तर्क दिया था कि अवसादरोधी दवाएँ लोगों को "अच्छा से बेहतर" बनाती हैं। लेकिन यह भी संभव है कि शायद क्रेमर ने इसे सही नहीं समझा हो? हो सकता है कि यह दवाएँ हमें अच्छे से बेहतर बनाने की बजाय *अच्छे से इतर* बनाती हों?

पिछले कुछ वर्षों में मेरे पास कई मरीज़ ऐसे आए हैं जिन्होंने मुझे बताया है कि उनकी मनोरोग दवाएँ दर्दनाक भावनाओं से अल्पकालिक राहत तो प्रदान करती हैं, लेकिन भावनाओं की पूरी श्रृंखला, विशेष रूप से दुःख और विस्मय जैसी शक्तिशाली भावनाओं का अनुभव करने की उनकी क्षमता को सीमित कर देती हैं।

मेरी एक मरीज़ जो अवसादरोधी दवाओं के सेवन पर बेहतर फ़ंक्शन कर रही थी उसने मुझे बताया कि वह अब ओलिंपिक विज्ञापनों पर नहीं रोया करती है। जब उसने इसके बारे में बात की तो वह हँस पड़ी। अवसाद और चिंता से राहत के लिए उसने ख़ुशी-ख़ुशी अपने व्यक्तित्व के भावनात्मक पक्ष को त्याग दिया था। लेकिन जब वह अपनी माँ के अंतिम संस्कार पर रो भी नहीं सकी, तो उसका संतुलन बिगड़ गया। उसने अवसादरोधी दवाएँ लेना बंद कर दिया और कुछ ही समय बाद और अधिक अवसाद और चिंता सहित व्यापक भावनात्मक आयामों का अनुभव किया। पर इस बार उसने यह तय किया कि इस निचले स्तर पर भी होना उसे मनुष्यता का अहसास कराने में समर्थ है और इसलिए बेहतर है।

मेरी एक और मरीज़ जिसने ऑक्सिकॉन्टिन की उच्च ख़ुराक कम कर दी थी, जिसे वह अपने पुराने दर्द के लिए एक दशक से अधिक समय से ले रही थी। वह महीनों बाद अपने पति के साथ मुझसे मिलने वापस आई। यह मेरी उसके पति से पहली मुलाक़ात थी। उसके पति ने इतने वर्षों में उसे बहुत से डॉक्टरों को दिखा लिया था, उनसे परामर्श ले चुका था, और थक भी गया था। उन्होंने कहा, "मेरी पत्नी जब ऑक्सी पर थी, तब उसने संगीत सुनना बंद कर दिया। अब उस ऑक्सी चीज़ से हटकर वह फिर से संगीत का आनंद लेने लगी है। मुझे ऐसा महसूस होता है, जैसे कि जिस व्यक्ति से मैंने विवाह किया था वह मुझे इतने सालों बाद वापस मिल गया है।"

साइकोट्रोपिक दवा के साथ मेरे अपने अनुभव भी हैं।

मैं बचपन से ही बहुत बेचैन और चिड़चिड़ी थी। मेरी माँ के लिए मैं एक कठिन संतान थी, जिसका पालन-पोषण करना उनके लिए बेहद मुश्किल था। वह काफ़ी कोशिशों के बाद भी मेरे मूड को नियंत्रित करने में बहुत संघर्ष करती थीं। और इस कारण वे ख़ुद को शायद एक अच्छे अभिभावक के रूप में नहीं देखती थीं। वे ख़ुद के पालन-पोषण की प्रक्रिया पर शायद बुरा भी महसूस करती थीं। यह सच हो या ना हो, लेकिन अतीत के बारे में कम से कम मेरी यही व्याख्या है। मेरी माँ हालाँकि यह स्वीकार करती हैं कि उन्हें मेरा भाई ज़्यादा पसंद था - एक विनम्र और आज्ञाकारी संतान। मुझे भी दरअसल मेरा भाई बेहद पसंद था और जब भी मेरी माँ परेशान होकर हताशा में अपने हाथ खड़े कर लेती थीं तो मेरे भाई ने ही प्रभावी रूप से मुझे सँभाला और मेरा पालन पोषण किया।

जब मैं अपने उम्र के बीसवें दशक में थी, तब मुझे "एटिपिकल डिप्रेशन" से जूझता हुआ डायग्नोस किया गया और मेरी पुरानी निम्न श्रेणी के चिड़चिड़ेपन के लिए और चिंता के लिए डॉक्टर ने प्रोज़ैक लेने का सुझाव दिया। प्रोज़ैक लेने के बाद मुझे तुरंत बेहतर महसूस हुआ। और इस तरह मेरे भीतर से बड़े सवाल पूछने की इच्छा धीरे-धीरे ख़त्म हो गई : *हमारी ज़िंदगियों का क्या उद्देश्य है? क्या हम मनुष्यों के पास मुक्त*

इच्छाएँ हैं? हम इतनी पीड़ा से क्यों गुज़रते हैं? क्या सच में कोई ईश्वर है? इन सवालों को पूछने की बजाय मैंने किसी तरह इनके साथ बसर करना सीख लिया।

और मेरी जिंदगी में पहली बार मैं और मेरी माँ सहमति में एक साथ रहने लगे। उन्हें मेरे साथ रहने में अच्छा लगने लगा था और उस वक़्त मुझे लोगों को ख़ुश रखना अच्छा लगता था। एक तरह से मेरा यह रूप मेरी माँ को पसंद आ रहा था।

जब कुछ वर्षों बाद, प्रेग्नेंट होने के प्रयास में मैंने प्रोज़ैक लेना बंद कर दिया तब मैं फिर से अपनी पुरानी आदतों में वापस आ गई : चिड़चिड़ी हो गई, लगातार सवाल करती रहती, और बेचैन रहने लगी। ठीक उसी समय मेरी माँ और मुझमें भारी मतभेद उत्पन्न हो गए। जब मैं और मेरी माँ एक साथ कमरे में होते तो हमारे आस-पास का वातावरण ही टूटता हुआ, बिखरा हुआ सा दिखने लगता।

आज दशकों बाद मेरे और माँ के बीच के संबंध थोड़े बेहतर हुए हैं। हम एक साथ अच्छे से तभी रहते हैं, जब हम एक दूसरे से ज़्यादा मिले-जुले नहीं। और इस बात से मुझे अथाह दुःख होता है, क्योंकि मैं अपनी माँ से बेहद मोहब्बत करती हूँ और मुझे पता है कि मेरी माँ भी मुझे बहुत चाहती है। लेकिन प्रोज़ैक छोड़ने के निर्णय का मुझे कोई अफ़सोस नहीं है।

बिना प्रोज़ैक लिए जो मेरा व्यक्तित्व है, वह मेरी माँ के पसंद मुताबिक़ तो नहीं है, लेकिन इस *नए* व्यक्तित्व ने मुझे वह चीज़ें करने की इज़ाज़त दी है, जो मैं शायद कभी नहीं कर पाती।

आज मैं अपनी चिंतित, थोड़ी उदास, अवसादग्रस्त, संशयवादी होने के व्यक्तित्व को स्वीकारती हूँ। मैं एक ऐसी मनुष्य हूँ, जिसे जीवन में सदैव कोई न कोई संघर्ष, चुनौती, किसी चीज़ के लिए काम करने या किसी चीज़ के ख़िलाफ़ लड़ने के लिए होना चाहिए। मैं इस दुनिया के खाकों में फिट होने के लिए ख़ुद को नहीं बदलूँगी। और क्या हममें से किसी भी इंसान को बदलना भी चाहिए?

दुनिया के अनुकूल ढलने के लिए ख़ुद को तैयार करते हुए और दवाइयाँ लेते हुए, हम किस तरह की दुनिया के लिए समझौता कर रहे हैं? दर्द और मानसिक बीमारी के इलाज की आड़ में, क्या हम इस आबादी के बड़े हिस्से को असहनीय परिस्थितियों के प्रति जैव रासायनिक रूप से उदासीन बनाते जा रहे हैं? इससे भी बुरी बात यह है कि क्या मनोदैहिक दवाएँ सामाजिक नियंत्रण का साधन बन गई हैं, ख़ासकर ग़रीबों, बेरोज़गारों और वंचितों के लिए?

ग़रीब लोगों, विशेषकर ग़रीब बच्चों को मनोरोग संबंधी दवाएँ ज़्यादा बार और बड़ी मात्रा में प्रिस्क्राइब की जाती हैं।

सीडीसी के नेशनल सेंटर फ़ॉर हेल्थ स्टैटिस्टिक्स के राष्ट्रीय स्वास्थ्य साक्षात्कार सर्वेक्षण के 2011 के आँकड़ों के अनुसार, छह से सत्रह वर्ष की आयु के बीच के 7.5 प्रतिशत अमेरिकी बच्चों ने "भावनात्मक और व्यवहार संबंधी कठिनाइयों" के लिए निर्धारित दवा ली। ग़रीबी में नहीं रहने वाले लोगों की तुलना में ग़रीब बच्चों में मनोरोग दवाएँ लेने की संभावना अधिक थी (9.2 प्रतिशत बनाम 6.6 प्रतिशत)। लड़कियों की तुलना में लड़कों को ये दवाएँ दी जाएँ इसकी संभावना अधिक थी। गैर-हिस्पैनिक श्वेत लोगों को ये दवाएँ प्रिस्क्राइब की जाएँ इसकी संभावना विभिन्न रंग के व्यक्तियों की तुलना में अधिक थी।

देश के बाक़ी हिस्सों में जॉर्जिया मेडिकेड डाटा के एक्स्ट्रापोलेशन के आधार पर, दस हज़ार से अधिक बच्चों को रिटालिन जैसी साइकोस्टिमुलेंट दवाएँ मिल रही हैं।

जैसा कि मनोचिकित्सक एड लेविन ने अमेरिकी युवाओं, विशेष रूप से ग़रीबों के बीच अत्यधिक निदान और अत्यधिक दवा देने की समस्या के बारे में लिखा है : "जबकि क्रोध करने की प्रवृत्ति में, जैसा कि सभी व्यवहारों में होता है, कुछ जीवविज्ञान शामिल होना चाहिए, यह प्रतिकूल और अमानवीय उपचार के प्रति मरीज़ों की प्रतिक्रिया को अधिक महत्त्वपूर्ण रूप से प्रतिबिंबित कर सकता है।"

यह घटना संयुक्त राज्य अमेरिका तक ही सीमित नहीं है।

स्वीडन में राष्ट्र भर में किए गए अध्ययन में "पड़ोसी आभाव" सूचकांक के आधार पर (शिक्षा, आय, बेरोज़गारी और कल्याण सहायता का सूचकांक) यह पता लगाने की कोशिश की गई कि विभिन्न साइकियाट्रिक ड्रग्स को प्रिस्क्राइब करने की दर क्या है। मनोरोग चिकित्सा के प्रत्येक वर्ग के लिए, उन्होंने पाया कि जैसे-जैसे पड़ोस की सामाजिक-आर्थिक स्थिति गिरती गई, मनोरोग दवाओं के प्रिस्क्रिप्शन में वृद्धि हुई। उनके इस अध्ययन का निष्कर्ष यह निकला : "पड़ोसी का अभाव और मनोरोग दवाओं का प्रिस्क्रिप्शन असल में सीधे-सीधे एक दूसरे से जुड़े हुए हैं।"

ग़रीबों को ओपिऑयड भी अनुपातहीन ढंग से प्रिस्क्राइब किए जाते हैं।

अमेरिकी स्वास्थ्य और मानव सेवा डिपार्टमेंट के अनुसार, "ग़रीबी, बेरोज़गारी दर, और रोज़गार जनसंख्या अनुपात, ओपिऑयड प्रिस्क्रिप्शन और मादक पदार्थों के उपभोग के साथ अत्यधिक सह-संबद्ध हैं। औसतन, ख़राब आर्थिक संभावनाओं वाले देशों में ओपिऑयड प्रिस्क्रिप्शन, ओपिऑयड से संबंधित अस्पताल में भर्ती होने और नशीली दवाओं के ओवरडोज़ से होने वाली मौतों की दर अधिक होने की संभावना अधिक होती है।"

जो अमरीकी मेडिकेड का उपयोग करते हैं, उन्हें ओपिऑयड दर्द मुक्ति दवाएँ नॉन-मेडिकेड मरीज़ों की तुलना में दोगुनी मात्रा में प्रिस्क्राइब की जाती हैं। मेडिकेड एक ग़रीबों और सबसे अधिक संवेदनशील समुदायों के लिए संघीय रूप से संचालित स्वास्थ्य इंश्योरेन्स प्लान है। नॉन-मेडिकेड मरीज़ों की तुलना में मेडिकेड पर निर्भर मरीज़ ओपिऑयड उपभोग से तीन से छह गुना की अधिक दर से मरते हैं।

यहाँ तक कि बुप्रेनोरफ़िन रख-रखाव उपचार (बीएमटी) जैसी दवाएँ, जो कि मैं क्रिस को ओपिऑयड की लत के इलाज के लिए लिख रही थी, उसे भी एक तरह से "क्लिनिकल परित्याग" करार दिया जा सकता है यदि स्वास्थ्य के मनोसामाजिक निर्धारकों को इसी तरह संबोधित

नहीं किया जाए। जैसा कि अलेक्ज़ेंड्रिया हैचर और उनके सहयोगियों ने *सब्सटेंस यूज ऐंड मिसयूज* नामक पत्रिका में लिखा है : "जाति और वर्ग के विशेषाधिकारों को दरकिनार कर के मरीज़ों के बुनियादी ज़रूरतों पर ध्यान दिए बिना, बीएमटी, अकेले दवा के रूप में, मुक्तिदायक होने के बजाय, संस्थागत उपेक्षा और संरचनात्मक हिंसा के रूप में बदल सकता है। और यह इस स्तर पर हो सकता है कि यह उनके ठीक होने के लिए पर्याप्त और ज़रूरी माना जाने लगे।"

जॉस व्हेडन द्वारा निर्देशित विज्ञान कथा फ़िल्म *सेरेनिटी* (2005) एक ऐसे भविष्य की दुनिया की कल्पना करती है, जिसमें राष्ट्रीय नेता एक भव्य प्रयोग करते हैं : वे शांति और सद्भाव की सभ्यता बनाने और उसे हासिल करने की आशा में पूरे ग्रह की आबादी को लालच, उदासी, चिंता, क्रोध, निराशा के भावनाओं को हटाने के लिए उनका टीकाकरण करा देते हैं।

माल, एक कपटी पायलट, जो कि फ़िल्म का नायक और *सेरेनिटी* स्पेसशिप का कप्तान होता है, वह अपने पूरे दल के साथ ग्रह के बारे में और जानकारी इकठ्ठा करने के लिए यात्रा करता है। शांगरी-ला खोजने की बजाय उसे और उनके दल को लाशें मिलती हैं। और उन लाशों की मृत्यु का कोई भी स्पष्ट कारण उनके सामने मौजूद नहीं होता है। एक पूरा का पूरा ग्रह मृत पड़ा हुआ है। कोई आराम करते हुए, तो कोई अपने बिस्तरों पर लेटे लेटे, तो किसी की मृत्यु सोफ़े पर पीठ टिकाए हुए हुई है, तो कोई अपने काम के डेस्क पर झुके हुए मर गया है।

माल और उसका दल अंततः इन सभी लोगों के मौत की गुत्थी सुलझाने में सफल होते हैं। वे यह तर्क बिठाते हैं कि आनुवंशिक उत्परिवर्तन ने उन्हें किसी भी चीज़ की भूख से वंचित कर दिया था।

वास्तविक जीवन में किए गए प्रयोग, जिसमें डोपामाइन की कमी वाले चूहे भोजन के लिए कुछ सेंटीमीटर इधर-उधर भटकने या भोजन

की तलाश करने के बजाय भूख से मर जाते हैं, ठीक उसी तरह इस ग्रह के मनुष्य इच्छा की कमी के कारण मर गए।

मैं आपसे अनुरोध करती हूँ कि आप मेरे इन उदाहरणों के कारण मुझे ग़लत ना समझें। ये दवाएँ बिलकुल जीवनरक्षक उपकरण हो सकती हैं और मैं इन्हें नैदानिक अभ्यास में लाए जाने के लिए आभारी हूँ। लेकिन हर प्रकार के मानवीय पीड़ा को दवाओं के मदद से दूर करने की एक क़ीमत होती है। और जैसा कि हम आगे भी देखेंगे की मानवीय पीड़ाओं से उबरने का एक और वैकल्पिक मार्ग मौजूद है, जो दवाओं से अधिक सशक्त तथा लंबे समय तक कारगर साबित होने वाला है - वह है पीड़ा को सहज ढंग से स्वीकार करना और फिर जीवन में आगे बढ़ना।

खंड - 3

पीड़ा की तलाश

7

दर्द की ओर दबाव

माइकल ठीक मेरे सामने बैठा हुआ था। जीन्स और टी-शर्ट पहने हुए वह काफ़ी शिथिल दिख रहा था। किसी बच्चे की तरह ख़ूबसूरत और प्यारा, और बिना किसी प्रयास के आकर्षक, उसकी प्राकृतिक मोहकता ही उसका उपहार और बोझ दोनों थी।

उसने मुझसे कहा, "मैं अपनी ओर ध्यान आकर्षित करने की चाह रखने वाला एक वेश्या हूँ। मेरे किसी भी मित्र से आप पूछोगी तो आपको वे यही बताएँगे।"

माइकल की ज़िंदगी एक समय सिलिकॉन वैली के परी कथाओं जैसी थी। कॉलेज से स्नातक पूरा करने के बाद उसने रियल एस्टेट के व्यवसाय में मिलियन्स की कमाई की थी। पैंतीस की उम्र तक वह अच्छा-ख़ासा अमीर हो गया, किसी को भी उससे ईर्ष्या होने लगे उस हद तक आकर्षक, और अपनी प्रेमिका के साथ एक ख़ुशहाल शादीशुदा ज़िंदगी जी था।

लेकिन इन सब के साथ उसकी एक दूसरी ज़िंदगी भी थी, जो शायद जल्द ही उसके सभी किए-कराए, आज तक की हासिल की गई चीज़ों के लिए की गई सारी मेहनत पर पानी फेरने वाली थी।

"मैं हमेशा से एक अति-उत्साही व्यक्ति रहा हूँ, जिसे हर वो चीज़ चाहिए थी, जो एक बूस्टर का काम करती हो। कोकीन इन चीज़ों में एक

आसान पसंद है, लेकिन मेरे लिए बूस्टर का काम शराब भी ठीक-ठाक कर देती थी। शराब मुझे हमेशा से, जब से मैंने इसे पहली बार चखा था, एक उत्साही अवस्था में ला देती और मेरे भीतर बहुत सारी ऊर्जा का संचार करती। मैंने ख़ुद से कहा था कि मैं उस तरह का व्यक्ति बनूँगा, जो कोकीन का उपयोग सिर्फ़ आनंद की प्राप्ति के लिए करता है और कभी इसकी वजह से किसी को भी परेशानी में नहीं फँसाउँगा। उस समय मैं इस बात को पूरे मनोयोग से सच मानता था।" माइकल थोड़ी देर के लिए ठहरा और एक मुस्कान उसके होंठों पर तैर गई। "लेकिन मुझे पता होना चाहिए था।"

"जब मेरी पत्नी ने मुझसे कहा कि मैं अपनी लत से लड़कर, उसका त्याग कर, और उससे उबर कर ही अपनी शादी को बचा सकता हूँ। मैंने ज़रा-सा भी संकोच नहीं किया। मुझे वह बेहद पसंद थी। मुझे इस शादी को बचाना था। और फिर मेरे पास अपनी लत से उबरने का एकमात्र विकल्प बचा था।"

माइकल के लिए अपने लत को छोड़ देना मुश्किल नहीं था। उसके लिए बड़ी मुश्किल यह रही कि वह अब अगर नशा ना करे तो उसकी जगह पर क्या करे? जैसे ही उसने ड्रग उपभोग छोड़ा, उसके भीतर वह सारे बुरे भाव एक बाढ़ की तरह उसकी तरफ़ उमड़ पड़े, जिन्हें वह अपने ड्रग उपभोग की आड़ में अब तक छुपाने में सक्षम रहा था। जब वह दुःख, नाराज़गी और शर्मसार नहीं महसूस कर रहा होता था तो वह कुछ भी नहीं महसूस कर रहा होता था। यह अवस्था संभवतः ज़्यादा ख़राब और परेशान करने वाली थी। और फिर माइकल को सौभाग्यवश वह चीज़ मिली, जिसने उसके भीतर नई उम्मीद जगाई।

माइकल ने मुझे बताया, "जब वह पहली बार हुआ तो वह मात्र एक दुर्घटना था। अपनी नशे की लत को छोड़ने के बाद के शुरुआती दिनों में, मैंने ख़ुद को कहीं और व्यस्त रखने के लिए सुबह-सुबह उठ कर टैनिस के लेसंस लेने जाता। लेकिन टैनिस खेलने के एक घंटे बाद तक और नहा लेने के बाद भी मैं पसीने से भीगा रहता। मैंने जब यह बात अपने टैनिस

कोच को बताई तो उन्होंने सुझाया कि मुझे कोल्ड शॉवर लेना चाहिए। कोल्ड शॉवर मेरे लिए पीड़ादायक होते थे, लेकिन शुरुआती कुछ क्षणों के लिए ही, जब तक मेरे शरीर को उस ठंडे पानी की आदत ना पड़ जाए। और जब मैं उस स्नान के बाद बाहर आता तो आश्चर्यजनक रूप से मुझे बहुत ही बेहतर महसूस होता। मुझे ऐसा लगता जैसे मैंने बड़ी ही अच्छी गरम कॉफ़ी अभी-अभी पी हो।"

"अगले कुछ हफ़्तों में, मैंने यह नोटिस किया कि कोल्ड शॉवर के बाद मेरा मन बहुत बेहतर महसूस करता है। फिर मैंने कोल्ड-वाटर थेरेपी के बारे में ऑनलाइन शोध किया और वहाँ मुझे लोगों के एक समुदाय के बारे में पता चला जो बर्फ़ में स्नान करते थे। शुरू-शुरू में तो मुझे यह पागलपन प्रतीत हुआ, लेकिन मैं कुछ भी जो मुझे बेहतर महसूस कराए उसके लिए तैयार था। उनकी बातों को जाँचते-परख़ते हुए, मैं कोल्ड शॉवर की जगह अब मैं अपने बाथ टब को ठंडे पानी से भर लेता और उसमें पूरी तरह डूब जाता। और इससे मुझे और बेहतर महसूस होने लगा इसलिए मैंने ठंड की डिग्री को और बढ़ाने के लिए, और भी बेहतर महसूस करने के लिए, बाथ टब में पानी के साथ साथ बर्फ़ डालना भी शुरू कर दिया। ऐसा कर के मैं अपने शरीर के तापमान को पचास डिग्री के आसपास ले जाता।"

"मैं एक ऐसी दिनचर्या में शामिल हो गया, जहाँ मैं हर सुबह पाँच से दस मिनट के लिए ख़ुद को बर्फ़ के पानी में डुबोता था और फिर सोने से ठीक पहले। मैंने अगले तीन वर्षों तक हर दिन ऐसा किया। यह मेरे अपनी लत से उबरने, चीज़ों को महसूस करने, और ठीक होने की कुंजी थी।"

मैंने माइकल से पूछा, "ख़ुद को बर्फ़ के पानी में डुबोने के बाद कैसा महसूस होता था?" असल में ठंडे पानी से मुझे घृणा है और मैं कुछ सेकंड्स के लिए भी उतना ठंडा तापमान बर्दाश्त नहीं कर सकती।

"शुरुआत के पाँच दस सेकंड तो जैसे मेरा शरीर चीख़ कर मुझसे कहता था : *रुक जाओ! तुम ख़ुद को मारने वाले हो* - इस तरह की पीड़ा का अहसास मुझे होता था।"

"मैं कल्पना कर सकती हूँ उस कष्ट का।"

"लेकिन फिर मैं ख़ुद को यह कहकर समझाता था कि यह बस कुछ देर के लिए है और अगर मैं यह समय बिता गया तो मुझे पता था कि यह कितना फ़ायदेमंद होता है। शुरुआती झटके के बाद मेरी त्वचा एकदम सुन्न पड़ जाती थी। उस बर्फ़ वाले पानी से भरे टब से निकलने के ठीक बाद मुझे एक हाई महसूस होता। बिलकुल वैसा ही जैसे किसी ड्रग - एक्सटेसी या आनंददायक विकोडिन - का सेवन करने के बाद जिस तरह आप महसूस करते हो। अतुलनीय! मैं इस बर्फ़ वाले पानी में ख़ुद को डुबोने के बाद घंटों तक बहुत बेहतर महसूस कर रहा होता था।"

मानव इतिहास के ज़्यादातर हिस्से में लोग ठंडे पानी से ही नहाया करते थे। केवल प्राकृतिक गर्म झरने के पास रहने वाले लोग ही नियमित रूप से गर्म पानी के स्नान का आनंद ले सकते थे। इसमें कोई आश्चर्य नहीं कि उस समय लोग अधिक गंदे रहते थे।

पुरातन ग्रीक लोगों ने सामुदायिक स्नानघरों में गर्म पानी की व्यवस्था करने के लिए तकनीक विकसित कर ली थी, लेकिन वे भी तमाम तरह की बीमारियों के उपचार के लिए ठंडे पानी से नहाने की वक़ालत किया करते थे। 1820 के दशक में, एक जर्मन किसान जिनका नाम विन्सेंज़ प्रिस्निट्ज़ था, उन्होंने सभी शारीरिक और मनोचिकित्सिक विकृतियों का इलाज करने के लिए ठंडे या बर्फ़ के पानी से रोज़ाना स्नान करने की पैरवी की थी।

विन्सेंज़ इस हद तक अपनी इस बात में विश्वास रखते थे कि उन्होंने अपने घर को बर्फ़ के पानी से उपचार के लिए एक सैनिटेरियम में बदल दिया।

आधुनिक नलकारी और पानी गर्म करने की खोज होने के बाद, गरम पानी से नहाना और हॉट शॉवर ही सामान्य आदर्श बन चुके हैं। लेकिन हाल ही में बर्फ़ीले पानी में ख़ुद को डुबोना धीरे-धीरे बेहद लोकप्रिय हो रहा है।

जो एथलीट सहनशक्ति वाले खेल में भाग लेते हैं, वे बताते हैं कि बर्फ़ीले पानी में ख़ुद को डुबोने से मांसपेशियों की रिकवरी तेज़ हो जाती है। "स्कॉटिश शॉवर" या फिर "जेम्स बांड शॉवर" जो कि इयन फ़्लेमिंग की उपन्यास श्रंखला 007 का मुख्य किरदार जेम्स बांड लेता है, वह भी हाल ही में प्रचलित हुआ है, जिसमें गरम पानी से नहाने के बाद लगभग एक मिनट तक ठंडे पानी में नहाना शामिल है।

बर्फ़ीले पानी में ख़ुद को डुबोने की पैरवी करने वाले गुरु, जैसे डचमैन विम हॉफ़ अपने आप में एक सेलिब्रिटी का दर्जा पा चुके हैं। वे इसलिए प्रसिद्ध हैं, क्योंकि वे लगभग जमा देने वाले तापमान पर बर्फ़ीले पानी में घंटों तक रहते हैं।

चार्ल्स विश्वविद्यालय, प्राग के वैज्ञानिकों ने *यूरोपियन जॉर्नल ऑफ़ एप्लाइड फ़िज़ियोलॉजी* में लिखा है, कि उन्होंने एक प्रयोग किया, जिसमें दस मर्दों ने ख़ुद को 14 डिग्री सेल्सियस यानी 57 डिग्री फ़ारेनहाइट ठंडे पानी में पूरी तरह डूबे रहने के लिए (सिर्फ़ सिर बाहर) स्वयं को प्रस्तुत किया।

उन स्वयंसेवकों के ख़ून के सैम्पल्स को जाँचने पर पता चला कि उस बर्फ़ीले पानी में देर तक डुबोए रखने से प्लाज़्मा डोपामाइन सांद्रता 250 प्रतिशत बढ़ी हुई थी और प्लाज़्मा नॉरपेनेफ्रिन सांद्रता में 530 प्रतिशत की वृद्धि हुई।

उस बर्फ़ीले पानी में नहाने के दौरान डोपामाइन धीरे-धीरे और लगातार बढ़ता रहा, तथा नहाने के एक घंटे बाद तक बढ़ा हुआ ही था। पहले तीस मिनट में नॉरपेनेफ्रिन तेज़ी से बढ़ा, बाद के तीस मिनट में स्थिर हो गया, और उसके बाद एक घंटे में लगभग एक तिहाई गिर गया। लेकिन स्नान के बाद दूसरे घंटे तक भी यह आधार रेखा से काफ़ी ऊपर उठा हुआ रहा। डोपामाइन और नॉरपेनेफ्रिन का स्तर दर्दनाक उत्तेजना से कहीं अधिक बना रहा, जो माइकल के कथन को स्पष्ट करता है, "बाहर निकलने के तुरंत बाद, मैं घंटों तक बहुत अच्छा महसूस करता हूँ।"

बर्फ़ीले पानी में ख़ुद को डुबोने पर जानवरों और मनुष्यों के मस्तिष्कों पर होने वाले प्रभावों को जाँचने के लिए किए गए अन्य अध्ययन भी यह बताते हैं कि मोनोअमीन न्यूरोट्रांसमिटर्स यानी (डोपामीन, नॉरपेनेफ्रिन, सेरोटोनिन) में समान तरीक़े की वृद्धि आती है। ये वही न्यूरोट्रांसमीटर हैं, जो आनंद, प्रेरणा, मनोदशा, भूख, नींद और सतर्कता को नियंत्रित करते हैं।

न्यूरोट्रांसमिटर्स से अलग, जानवरों में अत्यधिक ठंड के कारण न्यूरोनल विकास को भी दर्ज किया गया है, जो कि बेहद उल्लेखनीय है, क्योंकि न्यूरॉन्स केवल कुछ मुट्ठी भर परिस्थितियों के जवाब में अपनी सूक्ष्म संरचना को बदलने के लिए जाने जाते हैं।

क्रिस्टीना जी. वॉन डेर ओहे और उनके सहयोगियों ने शीतनिद्रा में सो रही ज़मीनी गिलहरियों के मस्तिष्क का अध्ययन किया। हाइबरनेशन के दौरान, कोर और मस्तिष्क दोनों का तापमान 0.5-3 डिग्री सेल्सियस के भीतर गिर जाता है। ठंडे तापमान पर, शीतनिद्रा में रहने वाली ज़मीनी गिलहरियों के न्यूरॉन्स कुछ शाखाओं (डेंड्राइट्स) और उससे भी कम पत्तियों (माइक्रो डेंड्राइट्स) वाले धुरीदार पेड़ों की तरह दिखते हैं।

हालाँकि, जैसे-जैसे शीतनिद्रा में चल रही ज़मीनी गिलहरी गर्म होती है, न्यूरॉन्स उल्लेखनीय पुनर्विकास दिखाते हैं, जैसे वसंत की ऊँचाई पर पर्णपाती जंगल। यह पुनर्विकास तेज़ी से होता है, जो केवल भ्रूण के विकास में देखी जाने वाली न्यूरोनल प्लास्टिसिटी की प्रतिद्वंद्वी है।

इस अध्ययन के शोधकर्ताओं ने अपने जाँच-परिणाम के बारे में लिखा कि “हाइबरनेटर मस्तिष्क में हमने जो संरचनात्मक परिवर्तन प्रदर्शित किए हैं, वे प्रकृति में पाए जाने वाले सबसे नाटकीय परिवर्तनों में से एक हैं। जबकि डेंड्राइटिक बढ़ाव विकासशील रीसस बंदर भ्रूण के हिप्पोकैम्पस में प्रति दिन 114 माइक्रोमीटर तक पहुँच सकता है, वयस्क हाइबरनेटर्स केवल दो घंटों में समान परिवर्तन प्रदर्शित करते हैं।”

माइकल ने दुर्घटना से बर्फ़ीले पानी में ख़ुद को डुबोने के जिन फ़ायदों की खोज की थी, वह एक बेहतरीन उदहारण है कि कैसे जब हम मस्तिष्क के आनंद-पीड़ा संतुलन स्केल में पीड़ा के पक्ष पर दबाव देंगे तो हमें उसका ठीक उल्टा-आनंद मिलेगा। आनंद पक्ष पर दबाव डालने के विपरीत, दर्द से मिलने वाला डोपामाइन अप्रत्यक्ष और संभावित रूप से अधिक स्थायी होता है। आइए समझते हैं कि यह कैसे काम करता है?

दर्द शरीर के स्वयं के विनियमन होमियोस्टैटिक तंत्र को ट्रिगर करके आनंद की ओर ले जाता है। इस मामले में, प्रारंभिक दर्द उत्तेजना के बाद ग्रेमलिन्स संतुलन के आनंद पक्ष पर कूदते हैं।

जो आनंद हम महसूस करते हैं वह हमारे शरीर का दर्द के प्रति प्राकृतिक और प्रतिवर्ती शारीरिक प्रतिक्रिया होता है। मार्टिन लूथर द्वारा उपवास और आत्म-ध्वजारोपण के माध्यम से शरीर को वैराग्य अवस्था में ले जाने की भावना ने शायद उन्हें थोड़ा सा हाई महसूस करा दिया होगा, भले ही यह धार्मिक कारणों से ही क्यों ना हो।

आनंद दर्द

रुक-रुक कर लगातार दर्द के संपर्क में आने से, हमारा प्राकृतिक सुखदायी सेट पॉइंट आनंद के पक्ष में झुक जाता है, जिससे हम दर्द के प्रति कम संवेदनशील हो जाते हैं और समय के साथ धीरे-धीरे आनंद

आनंद दर्द

1960 के दशक के उत्तरार्ध में, वैज्ञानिकों ने कुत्तों पर प्रयोगों की एक श्रंखला आयोजित की, प्रयोगों की स्पष्ट क्रूरता के कारण, आज इसकी अनुमति नहीं दी जाएगी। बहरहाल, यह प्रयोग फिर भी हमें मस्तिष्क के होमियोस्टैसिस (या संतुलन को समतल करने की प्रक्रिया) पर महत्त्वपूर्ण जानकारी प्रदान करते हैं।

कुत्ते के पिछले पंजे को विद्युत प्रवाह से जोड़ने के बाद, शोधकर्ताओं ने देखा : "पहले कुछ झटकों के दौरान कुत्ता डरा हुआ लग रहा था। वह चिल्लाता और छटपटाता था, उसकी पुतलियाँ फैल जाती थीं, उसकी आँखें उभरी हुई थीं, उसके बाल खड़े थे, उसके कान पीछे की ओर थे, उसकी पूँछ उसके पैरों के बीच में मुड़ी हुई थी। तीव्र शौच और पेशाब के साथ-साथ तीव्र स्वायत्त तंत्रिका तंत्र गतिविधि के कई अन्य लक्षण भी देखे गए।"

पहले झटके के बाद, जब कुत्ते को बंधन से मुक्त किया गया, "वह कमरे में धीरे-धीरे घूम रहा था, चोरी-छिपे, झिझक रहा था और अमित्रों जैसा व्यवहार कर रहा था।" पहले झटके के दौरान कुत्ते की हृदय गति आराम की आधार रेखा से 150 बीट प्रति मिनट तक बढ़ गई। जब झटका ख़त्म हुआ, तो कुत्ते की हृदय गति पूरे एक मिनट के लिए बेसलाइन से 30 बीट तक धीमी हो गई।

बाद के बिजली के झटकों के बाद, "उसका व्यवहार धीरे-धीरे बदल गया।" झटकों के दौरान, आतंक के निशान ग़ायब हो गए। इसके

बजाय, कुत्ता पीड़ाग्रस्त, परेशान या चिंतित दिखाई दिया, लेकिन भयभीत नहीं हुआ। उदाहरण के लिए, वह चिल्लाने के बजाय कराहने लगा, और बाद में पेशाब, शौच या संघर्ष का कोई निशान नहीं दिखाई दिया। फिर, जब सत्र के अंत में अचानक छोड़ दिया गया, तो कुत्ता इधर-उधर दौड़ने लगा, लोगों पर कूद पड़ा, अपनी पूँछ हिलाने लगा, जिसे हम उस समय 'ख़ुशी का दौरा' कहते थे।'

बाद के झटकों के साथ, कुत्ते की हृदय गति आराम की आधार रेखा से थोड़ी ही ऊपर बढ़ी, और फिर केवल कुछ सेकंड के लिए। झटका समाप्त होने के बाद, हृदय गति काफ़ी धीमी हो गई और आराम की आधार रेखा से 60 बीट प्रति मिनट कम हो गई, जो पहली बार की तुलना में दोगुनी थी। हृदय गति को आराम की आधार रेखा पर लौटने में पूरे पाँच मिनट लग गए।

एक दर्दनाक उत्तेजना के बार-बार संपर्क में आने से, कुत्ते की मनोदशा और हृदय गति उसी के अनुसार अनुकूलित हो जाती है। प्रारंभिक प्रतिक्रिया (दर्द) छोटी और कमज़ोर होती गई। इसके बाद की प्रतिक्रिया (ख़ुशी) लंबी और मजबूत हो गई। दर्द अतिसतर्कता में बदल गया और "ख़ुशी के दौरे" में बदल गया। एक ऊँची हृदय गति, जो लड़ाई-या-उड़ान प्रतिक्रिया के अनुरूप होती है, न्यूनतम हृदय गति वृद्धि में बदल जाती है, जिसके बाद लंबे समय तक मंद नाड़ी होती है, गहरी विश्राम की स्थिति में धीमी हृदय गति देखी जाती है।

इस यातना के शिकार जानवरों के प्रति दया महसूस किए बिना इस प्रयोग को पढ़ना संभव नहीं है। फिर भी तथाकथित "ख़ुशी का आवेश" एक आकर्षक संभावना का सुझाव देता है : संतुलन के दर्द वाले हिस्से को दबाकर, क्या हम ख़ुशी का अधिक स्थायी स्रोत प्राप्त कर सकते हैं?

यह विचार नया बिलकुल नहीं है। प्राचीन दार्शनिकों ने इसी तरह की घटना को बहुत पहले दर्ज किया है। सुकरात (जैसा कि प्लेटो ने "मौत से ना डरने के सुकरात के कारण" में दर्ज किया है) ने दो हज़ार साल से भी पहले दर्द और ख़ुशी के बीच संबंधों पर विचार किया था :

> कितनी अजीब लगेगी यह चीज़ जिसे लोग आनंद कहते हैं! और यह कितनी अजीब बात है कि इसका उस चीज़ से संबंध है, जिसे इसके विपरीत माना जाता है, दर्द! एक आदमी में दोनों कभी एक साथ नहीं पाए जाएँगे, और फिर भी यदि आप एक की तलाश करते हैं और उसे प्राप्त करते हैं, तो आप लगभग हमेशा दूसरे को भी पाने के लिए बाध्य होते हैं, जैसे कि वे दोनों एक ही सिर से बँधे हों। जहाँ भी एक मिलता है, दूसरा उसके पीछे-पीछे चला आता है। तो, मेरे मामले में, चूँकि बेड़ियों के कारण मेरे पैर में दर्द था, इसलिए ऐसा लगता है कि इसका पालन करने में आनंद आया है।

वर्ष 1969 में अमेरिकन कार्डियोलॉजिस्ट हेलेन टॉसिग ने *अमेरिकन साइंटिस्ट* नामक पत्रिका में अपना एक आर्टिकल छपवाया था। उस आर्टिकल में हेलेन ने उन लोगों के अनुभवों के बारे में विस्तृत जानकारी दी थी, जिन लोगों पर बिजली गिर चुकी थी और वे उस हादसे के बारे में बताने को जीवित थे। "मेरे पड़ोसी के पुत्र पर बिजली गिरी थी, जब वह गोल्फ़ कोर्स से वापस आ रहा था। जैसे ही उस पर बिजली गिरी वह ज़मीन पर गिर गया। उसके शॉर्ट्स के टुकड़े-टुकड़े हो गए और उसकी जाँघें जल गईं। जब उसके साथी ने उसे उठाया तो वह चिल्लाया, 'मैं मर चुका हूँ, मैं मर चुका हूँ।' उसके पैर सुन्न और नीले पड़ गए थे और वह हिल नहीं पा रहा था। जब वह नज़दीकी अस्पताल पहुँचा तो वह बहुत ख़ुश था। उनकी नाड़ी बहुत धीमी थी। यह विवरण कुत्ते की "ख़ुशी की लहर" की याद दिलाता है, जिसमें उसकी धीमी नाड़ी भी शामिल है।

हम सभी ने दर्द के किसी न किसी रूप का अनुभव किया है, जो आनंद का मार्ग प्रशस्त करता है। शायद सुकरात की तरह, आपने कुछ समय तक बीमार रहने के बाद मूड में सुधार देखा होगा, या व्यायाम के बाद धावक का उत्साह महसूस किया होगा, या किसी डरावनी फ़िल्म में अवर्णनीय आनंद लिया होगा। जिस तरह दर्द वह क़ीमत है, जो हम ख़ुशी के लिए चुकाते हैं, उसी तरह ख़ुशी भी दर्द के लिए हमारा इनाम है।

हार्मेसिस का विज्ञान

हॉर्मेसिस विज्ञान की एक शाखा है, जो ठंड, गर्मी, गुरुत्वाकर्षण परिवर्तन, विकिरण, भोजन प्रतिबंध और व्यायाम जैसे हानिकारक या दर्दनाक उत्तेजनाओं की छोटी से मध्यम ख़ुराक देने के लाभकारी प्रभावों का अध्ययन करती है। *होर्मेसिस* प्राचीन ग्रीक शब्द *होर्मेन* से आया है : जिसका अर्थ है, गति देना, प्रेरित करना, आग्रह करना।

एडवर्ड जे. कैलाब्रेसे, एक अमेरिकी विष विज्ञानी और हार्मेसिस के क्षेत्र में अग्रणी विद्वान हैं। उन्होंने इस घटना को, "पर्यावरणीय या स्व-लगाई गई चुनौतियों के प्रति जैविक प्रणालियों की अनुकूली प्रतिक्रिया, जिसके माध्यम से सिस्टम अपनी कार्यक्षमता या अधिक गंभीर चुनौतियों के प्रति सहनशीलता में सुधार करता है," इस तरह परिभाषित किया है।

जिन कीड़ों को उनके पसंदीदा तापमान 20 डिग्री सेल्सियस से अधिक के तापमान (35 डिग्री सेल्सियस पर लगभग दो घंटों के लिए रखा गया था), वे उन कीड़ों से 25 प्रतिशत अधिक समय तक जीवित रह सकते थे, जो ऊँचे तापमान पर थोड़ी भी देर के लिए संपर्क में नहीं आए थे। उच्च तापमान के संपर्क में आए कीड़ों के पास अन्य कीड़ों के मुक़ाबले 25 प्रतिशत अधिक तापमान को सहने की क्षमता भी विकसित हो चुकी थी। लेकिन अधिक देर तक उच्च तापमान के वातावरण में रहने पर उन कीड़ों की क्षमता और तापमान के अच्छे प्रभाव ग़ायब हो गए थे। जिन कीड़ों को दो घंटों की बजाय चार घंटों तक उच्च तापमान वातावरण में रखा गया, उनमें ऊँचे तापमान को सहने की सहनशीलता कम हो गई थी और उनके जीवनकाल में लगभग एक चौथाई की गिरावट भी दर्ज की गई।

जिन फल मक्खियों को दो से चार सप्ताह तक सेंट्रीफ़्यूज में घुमाया गया, वे ना केवल बिना घुमाई गई मक्खियों से अधिक जीवित रहीं, बल्कि अपने बुढ़ापे में भी वे अधिक चुस्त थीं और ऐसी प्रक्रिया से रहित मक्खियों की तुलना में अधिक ऊँची और लंबी चढ़ाई करने में ज़्यादा

सक्षम थीं। लेकिन जो मक्खियाँ ऊपर दी गई अवधि से अधिक के लिए सेंट्रीफ़्यूज में थीं, वे जीवित नहीं बच सकीं।

1945 के जापान पर हुए परमाणु हमले के केंद्र के बाहर रहने वाले लोग, जिन्हें कम ख़ुराक के विकिरण वातावरण में रहना पड़ा, उनके भीतर गैर-विकिरणित व्यक्तियों की तुलना में थोड़ा लंबा जीवनकाल और कैंसर की दर में कमी देखी गई है। लेकिन उस परमाणु विस्फोट के केंद्र के आस-पास रहने वाले लगभग 200,000 लोगों की तुरंत मृत्यु हो गई थी।

लेखकों इन इस घटना का इस प्रकार सैद्धांतिकरण किया, "डीएनए क्षति की मरम्मत के लिए लो डोज़ के सिमुलेटेड वातावरण के संपर्क में रहने पर, स्टिम्युलेटेड एपोप्टोसिस [कोशिका मृत्यु] के माध्यम से असामान्य कोशिकाओं का हटना, और स्टिम्युलेटेड एंटी कैंसर प्रतिरक्षा के माध्यम से कैंसर कोशिकाओं का मरना," विकिरण हार्मेसिस के लाभकारी प्रभावों के केंद्र में हैं।

ध्यान दें कि ये निष्कर्ष विवादास्पद हैं, और प्रतिष्ठित *लांसेट* में प्रकाशित एक अनुवर्ती पेपर ने इन्हें खंडित किया है।

आंतरायिक उपवास और कैलोरी प्रतिबंध से कृंतकों और बंदरों का जीवनकाल बढ़ गया और उम्र से संबंधित बीमारियों के प्रति प्रतिरोध बढ़ गया, साथ ही रक्तचाप कम हो गया और हृदय गति परिवर्तनशीलता में वृद्धि हुई।

वज़न कम करने और सेहत में सुधार के तरीक़े के रूप में आंतरायिक उपवास कुछ हद तक लोकप्रिय हो गया है। उपवास के अल्गोरिथम में एक दिन छोड़ कर दूसरे दिन उपवास रखना, हर सप्ताह में किसी एक दिन उपवास रखना, नौवें घंटे तक उपवास बनाए रखना, एक दिन में बस एक बार भोजन कर के बाक़ी समय के लिए उपवास करना, 16:8 उपवास यानी प्रत्येक दिन 16 घंटे का उपवास रखना और बचे हुए 8 घंटे के समय में सभी कुछ खाना, और ऐसे ही कई अन्य उपवास के तरीक़े शामिल हैं।

अमेरिकी सेलिब्रिटी टॉक शो होस्ट जिमी किमेल आंतरायिक उपवास का पालन करते हैं। वे कहते हैं, "मैं कुछ सालों से जो कर रहा हूँ, वह है

सप्ताह में दो दिन भूखा रहना। सोमवार और गुरुवार को, मैं प्रतिदिन पाँच सौ से कम कैलोरी खाता हूँ, फिर अन्य पाँच दिनों में, मैं सुअर की तरह खाता हूँ।" उनका मानना है कि इस विधि से आप अपने ही शरीर को "आश्चर्यचकित कर देते हैं, और उसे अनुमान लगाने पर मजबूर कर देते हैं।" कुछ समय पहले तक इस तरह के आचरण को "खाने की आदत में गड़बड़ी" कहा जाता था। जैसे कि बहुत कम कैलोरी का सेवन करना स्पष्ट कारणों से शरीर के लिए हानिकारक होता है। लेकिन आज, कुछ हलकों में उपवास को सामान्य और स्वस्थ भी माना जाता है।

फिर व्यायाम करने के फ़ायदे और नुक़सान के बारे में क्या?

व्यायाम कोशिकाओं के लिए तुरंत विषैला साबित होता है, जिससे तापमान में वृद्धि, हानिकारक ऑक्सीडेंट और ऑक्सीजन और ग्लूकोज़ की कमी हो जाती है। फिर भी इस बात के पुख़्ता सबूत हैं कि व्यायाम स्वास्थ्य को बढ़ावा देने वाला है। और व्यायाम की अनुपस्थिति में, मुख्यतः बैठे-बैठे खाते रहने की पुरानी आदत - बहुत ज़्यादा बिना किसी गतिशीलता के खाते जाना - जब दोनों एक साथ मिलते हैं तब बेहद घातक परिस्थिति उत्पन्न करते हैं।

व्यायाम सकारात्मक मूड विनियमन में शामिल कई न्यूरोट्रांसमीटरों को बढ़ाता है : डोपामीन, सेरोटोनिन, नॉरपेनेफ्रिन, एपिनेफ्रिन एंडोकैनाबिनोइड्स, और अंतर्जात ओपिऑयड पेप्टाइड्स (एंडोर्फ़िन)। व्यायाम नए न्यूरॉन्स के जन्म और ग्लियाल कोशिकाओं को सहारा देने में योगदान देता है। व्यायाम से नशीली दवाओं के सेवन और उनकी लत लगने की संभावना भी कम हो जाती है।

जब चूहों को कोकीन की मुफ़्त पहुँच प्राप्त करने के छह सप्ताह पहले तक रनिंग व्हील्स पर दौड़ाया गया, तो यह देखा गया कि उन दूसरे चूहों के मुक़ाबले, जिन्हें रनिंग व्हील्स पर प्रशिक्षण नहीं दिया गया था, इन चूहों ने बाद में और कम मात्रा में कोकीन की मात्रा में सेवन किया।

और इसी निष्कर्ष तक हेरोइन, मेथमफेटामाइन और अल्कोहल के साथ अध्ययन को दोहराने पर भी पाया गया है। जब व्यायाम स्वैच्छिक नहीं होता है, बल्कि जानवर पर थोपा जाता है, तब भी इसके परिणामस्वरूप स्वैच्छिक ड्रग की ख़पत कम हो जाती है।

मनुष्यों में, जूनियर हाई, हाई स्कूल और प्रारंभिक वयस्कता में शारीरिक गतिविधि का उच्च स्तर नशीली दवाओं के उपयोग के निम्न स्तर को बढ़ावा देता है। यह भी देखा गया है कि व्यायाम पहले से ही नशे के आदी लोगों को इसे छोड़ने या कम करने में मदद करता है।

मोटर सर्किट में डोपामाइन का महत्त्व प्रत्येक पशु संघ में पाया गया है, जिसमें भी इसकी जाँच की गई है। नेमाटोड सी. एलिगेंस, एक कीड़ा और सबसे सरल प्रयोगशाला जानवरों में से एक, पर्यावरणीय स्टिमुलस के जवाब में डोपामाइन जारी करता है, जो भोजन की स्थानीय प्रचुरता का संकेत देता है। शारीरिक गतिविधि में डोपामाइन की प्राचीन भूमिका का संबंध प्रेरित करने में डोपामाइन की भूमिका से है। अपनी इच्छा की वस्तु को पाने के लिए हमें उसे हर हाल में, हर क़ीमत पर पाने की कोशिश करनी होगी।

निःसंदेह आज आसान पहुँच वाली डोपामाइन के लिए हमें सोफ़े से उतरने की आवश्यकता भी नहीं है। सर्वेक्षण रिपोर्टों के अनुसार, आम अमेरिकी आज अपने जागने के कुल समय का आधा समय बैठे हुए बिताता है। यह पचास साल पहले की तुलना में 50 प्रतिशत अधिक है। दुनिया भर के अन्य समृद्ध देशों का डाटा भी समान रूप से तुलनीय है। जब आप इस बात पर विचार करते हैं कि हम भोजन की सीमित आपूर्ति के लिए, प्रतिस्पर्धा करने के लिए, प्रतिदिन दसियों किलोमीटर की दूरी तय करने के लिए विकसित हुए हैं, तो हमारी आधुनिक गतिहीन जीवन शैली के प्रतिकूल प्रभाव विनाशकारी हैं।

मुझे कभी-कभी आश्चर्य होता है कि क्या आदी बनने की हमारी आधुनिक प्रवृत्ति कुछ हद तक उस तरह से प्रेरित है, जिस तरह से ड्रग हमें याद दिलाती हैं कि हमारे पास अभी भी शरीर है। सबसे लोकप्रिय

वीडियो गेम में ऐसे अवतार होते हैं, जो दौड़ते हैं, कूदते हैं, चढ़ते हैं, गोली चलाते हैं और उड़ते हैं।

स्मार्टफ़ोन में हमें पृष्ठों को स्क्रॉल करने और स्क्रीन पर टैप करने की आवश्यकता होती है, जो दोहरावदार गति की प्राचीन आदतों का चतुराई से उपयोग करता है, जो संभवतः सदियों से गेंहूँ पीसने और जामुन चुनने के माध्यम से प्राप्त की गई है। सेक्स के प्रति हमारी समकालीन व्यस्तता शायद इसलिए भी है, क्योंकि यह आख़िरी शारीरिक गतिविधि है, जो अभी भी व्यापक रूप से प्रचलित है।

सेहतमंद रहने और सदा अच्छे मूड में रहने की कुंजी यह है कि हम अपने सोफ़ों से उतरें और अपने वास्तविक शरीर को गति में लाएँ, ना कि अपने आभासी शरीर को। जैसा कि मैं अक्सर अपने मरीज़ों से कहती हूँ कि केवल तीस मिनट यदि वे अपने आस-पड़ोस में टहलना शुरू कर देंगे तो उनके जीवन, शरीर, मन में बड़ा फ़र्क़ आएगा। और मैं ऐसा इसलिए कहती हूँ कि इस पक्ष में मौजूद सबूत निर्विवाद हैं : मेरे द्वारा बताई गई किसी भी गोली की तुलना में व्यायाम का मूड, चिंता, अनुभूति, ऊर्जा और नींद पर अधिक गहरा और निरंतर सकारात्मक प्रभाव पड़ता है।

लेकिन दर्द का पीछा करना आनंद का पीछा करने से ज़्यादा कठिन है। यह दर्द से बचने और आनंद की तलाश करने की हमारी सहज प्रतिक्रिया के विरुद्ध है। यह हमारे संज्ञानात्मक भार को बढ़ाता है : हमें *याद* रखना होगा कि हम दर्द के बाद ख़ुशी महसूस करेंगे, और हम इस तरह की चीज़ों के बारे में उल्लेखनीय रूप से भूल जाते हैं। मैं जानती हूँ कि मुझे हर सुबह दर्द के सबक़ फिर से सीखने पड़ते हैं, क्योंकि मैं ख़ुद को बिस्तर से उठा कर व्यायाम करने के लिए मजबूर करती हूँ। आनंद के बजाय दर्द का पीछा करना भी प्रति सांस्कृतिक है, जो आधुनिक जीवन के कई पहलुओं में व्याप्त सभी अच्छे-अच्छे संदेशों के विपरीत है।

बुद्ध ने दुख और सुख के बीच मध्य मार्ग खोजना सिखाया, लेकिन "सुविधा के अत्याचार" ने इस मध्यम मार्ग को भी मिलावटी और बनावटी बना दिया है।

इसलिए हमें दर्द की तलाश करनी चाहिए और उसे अपने जीवन में सादर आमंत्रित भी करना चाहिए।

दर्द का इलाज करने के लिए दर्द

दर्द का इलाज करने के लिए दर्द का जानबूझकर उपयोग कम से कम हिप्पोक्रेट्स के समय से होता आ रहा है, जिन्होंने 400 ईसा पूर्व में अपने सूत्रों में लिखा था : "यदि दो दर्द एक साथ हो रहे हैं और यदि वे दोनों दर्द शरीर के एक ही हिस्से में नहीं हैं, तो मजबूत दर्द दूसरे दर्द को कमज़ोर कर देता है।" चिकित्सा का इतिहास दर्दनाक रोग स्थितियों के इलाज के लिए दर्दनाक या हानिकारक उत्तेजनाओं का उपयोग करने के उदाहरणों से भरा पड़ा है।

कभी-कभी इस चिकित्सीय उपचार के तौर-तरीक़ों को "वीर उपचार" भी कहा जाता है। कपिंग, फफोले, दाग़ना, मोक्सीबस्टन - ऐसे दर्दनाक उपचार सन 1900 से पहले व्यापक रूप से प्रचलित थे। बीसवीं सदी में इन वीर उपचारों की लोकप्रियता कम होने लगी, क्योंकि चिकित्सा पेशे ने ड्रग थेरेपी की खोज की।

फ़ार्माकोथेरेपी के आगमन के बाद से दर्द का इलाज करने के लिए दर्द की उत्तेजनाओं का उपयोग करना एक प्रकार की चालाकी के रूप में देखा जाने लगा। लेकिन चूँकि हाल के दशकों में फ़ार्माकोथेरेपी की सीमाएँ और नुक़सान सबसे आगे बढ़ गए हैं, इसलिए दर्द का उपयोग कर उपचार करने की विधि के सहित गैर-फ़ार्माकोलॉजिकल उपचारों में रुचि का पुनरुत्थान हुआ है।

वर्ष 2011 में, एक प्रमुख चिकित्सा पत्रिका में एक लेख में, जर्मनी के क्रिश्चियन स्प्रेंजर और उनके सहयोगियों ने दर्द के बारे में हिप्पोक्रेट्स

के प्राचीन विचारों को दोहराते हुए उन्हें अनुभवजन्य प्रयोगों के आधार पर समर्थन प्रदान किया। उन्होंने बीस स्वस्थ युवाओं के हाथों और पैरों पर गर्मी और अन्य दर्दनाक उत्तेजनाओं के प्रभावों का अध्ययन करने के लिए न्यूरोइमेजिंग (वास्तविक समय में मस्तिष्क की तसवीरें) तकनीक का उपयोग किया।

उन्होंने पाया कि प्रारंभिक दर्दनाक उत्तेजना के कारण होने वाले दर्द का व्यक्तिपरक अनुभव दूसरी दर्दनाक उत्तेजना के आवेदन के साथ कम हो गया था। इसके अलावा, नालोक्सोन, एक ओपिऑयड रिसेप्टर अवरोधक, ने इस घटना को रोक दिया। यह घटना इस बात का दृढ़ता से सुझाव देती है कि दर्द के प्रयोग पर और उसके प्रभाव के कारण शरीर के स्वयं के अंतर्जात (स्वयं निर्मित) ओपिऑयड को ट्रिगर करता है।

बीजिंग में चाइना एकेडमी ऑफ ट्रेडिशनल चाइनीज मेडिसिन के प्रोफ़ेसर लियू जियांग ने वर्ष 2001 में *चाइनीज़ साइंस बुलेटिन* में एक पेपर प्रकाशित किया था। और उस पेपर में एक्यूपंक्चर की सदियों पुरानी प्रथा पर उन्होंने दोबारा गौर किया था तथा आधुनिक विज्ञान का उपयोग करके एक्यूपंक्चर के सद प्रभाव को समझने और समझाने की कोशिश की थी कि यह कैसे काम करता है और इलाज के लिए एक प्रभावकारी तरीक़ा है। उन्होंने तर्क दिया कि एक्यूपंक्चर की प्रभावकारिता दर्द के माध्यम से मध्यस्थ होती है, जिसमें प्राथमिक तंत्र के रूप में सुई का प्रवेश होता है : "सुई, जो ऊतक को घायल कर सकती है, जो कि दर्द पैदा करने वाला एक उत्तेजक है, और वह थोड़े से दर्द की मदद से बड़े दर्द को रोकती है!"

ओपिऑयड रिसेप्टर ब्लॉकर नाल्ट्रेक्सोन को वर्तमान में पुराने दर्द के इलाज के लिए एक चिकित्सा उपचार के रूप में खोजा जा रहा है। विचार यह है कि ओपिऑयड के प्रभाव को अवरुद्ध करके, जिसमें हम जो ओपिऑयड बनाते हैं (एंडोर्फ़िन) भी शामिल है, हम अपने शरीर को एक ऐसी अनुकूली प्रतिक्रिया के रूप में अधिक ओपिऑयड बनाने के लिए प्रेरित कर सकते हैं।

फ़ाइब्रोमायल्गिया से पीड़ित अट्ठाइस महिलाओं ने बारह सप्ताह तक प्रतिदिन कम ख़ुराक वाली नाल्ट्रेक्सोन (4.5 मिली ग्राम) की एक गोली और चार सप्ताह तक एक चीनी की गोली (प्लेसबो) ली। फ़ाइब्रोमायल्गिया एक अज्ञात एटियलजि की एक पुरानी दर्द की स्थिति है, जिसके बारे में माना जाता है कि यह संभवतः किसी भी व्यक्ति की दर्द सहन करने की जन्मजात सीमा के सबसे निचले स्तर से संबंधित है।

अध्ययन डबल-ब्लाइंड था, जिसका अर्थ है कि ना तो अध्ययन में भाग लेने वाली महिलाएँ और ना ही स्वास्थ्य की देखभाल करने वाली टीम को ही पता था कि वे कौन सी गोली ले रही थीं। प्रत्येक महिला को उसके दर्द, थकान और अन्य लक्षणों को दैनिक आधार पर रिकॉर्ड करने के लिए एक हैंडहेल्ड कंप्यूटर दिया गया था, और कैप्सूल लेना बंद करने के बाद भी वे चार सप्ताह तक अपने लक्षणों को रिकॉर्ड करती रहीं।

इस अध्ययन के शोधकर्त्ताओं ने यह रिपोर्ट किया कि, "इस अध्ययन के प्रतिभागियों ने अपने दर्द की इकाइयों में तब सबसे अधिक गिरावट महसूस की, जब वे लो डोज़ नाल्ट्रेक्सोन यानी एलडीएन ले रही थीं। प्लेसिबो की तुलना में दर्द की गणना में कमी उन्हें नाल्ट्रेक्सोन के सेवन से आई। उन्होंने एलडीएन लेने के दौरान जीवन के प्रति सामान्य संतुष्टि में सुधार और मनोदशा में सुधार की भी सूचना दी।"

मानसिक बीमारी के इलाज के लिए मस्तिष्क पर बिजली लगाने का अभ्यास 1900 के दशक की शुरुआत से किया जा रहा है। अप्रैल 1938 में, उगो सेरलेटी और लुसिनो बिनी ने एक चालीस वर्षीय रोगी पर पहला इलेक्ट्रोकन्वल्सिव शॉक थेरेपी (ईसीटी) उपचार किया, जिसका वर्णन उन्होंने इस प्रकार किया :

"उन्होंने ख़ुद को विशेष रूप से अजीब नवविज्ञान से बनी एक समझ से बाहर की अस्पष्टता में व्यक्त किया और, बिना टिकट के ट्रेन से मिलान

से आने के बाद से, उनकी पहचान के बारे में कुछ भी निश्चित नहीं किया जा सका है।"

जब सेरलेटी और बिनी ने पहली बार उसके मस्तिष्क में बिजली का उपयोग किया, तो उन्होंने देखा कि "रोगी अपने बिस्तर पर अचानक कूद गया और उसकी सभी मांसपेशियों में एक हल्का सा तनाव हुआ; फिर वह बिना होश खोये तुरंत बिस्तर पर गिर पड़ा। रोगी ने फिर अपनी आवाज़ के शीर्ष पर गाना शुरू कर दिया, और फिर अचानक से चुप हो गया। कुत्तों के साथ हमारे अनुभव से यह स्पष्ट था कि वोल्टेज बहुत कम रखा गया था।"

सेरलेटी और बिनी ने एक दूसरे से इस बात पर तर्क किया कि क्या उन्हें उच्च वोल्टेज पर एक और झटका लगाना चाहिए। जब वे बात कर रहे थे, तो मरीज़ चिल्लाया, "नॉन उना सेकंडा!" मोर्टिफ़ेरा!" ("फिर से नहीं! यह मुझे मार डालेगा!")। उनके विरोध के बावजूद, उन्होंने उसे दूसरा झटका दिया - वर्ष 1938 में ट्रेन टिकट या "पहचानने योग्य पहचान" के बिना मिलान पहुँचने पर कैसा सलूक होता था उसके लिए यह एक चेतावनी भरी कहानी है।

एक बार जब "रोगी" दूसरे झटके से उबर गया, तो सेरलेटी और बिनी ने देखा कि वह "अपनी मर्ज़ी से बैठ गया, एक अस्पष्ट मुस्कान के साथ शांति से उसके चारों ओर देखा, जैसे पूछ रहा हो कि उससे क्या उम्मीद की जाती है। मैंने उससे पूछा, 'तुम्हें क्या हो रहा है?' उसने बिना किसी अस्पष्टता के उत्तर दिया : 'मुझे नहीं पता, शायद मैं सो गया हूँ।'"

प्रारंभिक रोगी को दो महीनों में तेरह और ईसीटी उपचार प्राप्त हुए और रिपोर्ट के अनुसार, पूरी तरह ठीक होने के बाद उसे छुट्टी दे दी गई।

ईसीटी का अभ्यास आज भी अच्छे प्रभाव के साथ किया जाता है, हालाँकि आज के समय में यह कहीं अधिक मानवीय है। मांसपेशियों को आराम देने वाले और पैरालिटिक्स दर्दनाक संकुचन को रोकते हैं। एनेस्थेटिक्स मरीज़ों को पूरी प्रक्रिया के दौरान सोते रहने और ज़्यादातर बेहोश रहने की अनुमति देता है। इसलिए आज यह नहीं कहा जा सकता कि दर्द स्वयं ही मध्यस्थ कारक है।

बहरहाल, ईसीटी मस्तिष्क को एक हॉर्मेटिक झटका प्रदान करता है, जो बदले में होमियोस्टैसिस को पुन: स्थापित करने के लिए एक व्यापक प्रतिपूरक प्रतिक्रिया को प्रेरित करता है : "ईसीटी मस्तिष्क के स्थूल और सूक्ष्म वातावरण में विभिन्न न्यूरो-फ़िजियोलॉजिकल और साथ ही न्यूरो केमिकल परिवर्तन लाता है। जीन की अभिव्यक्ति, कार्यात्मक कनेक्टिविटी, न्यूरोकेमिकल्स, रक्त-मस्तिष्क-बाधा की पारगम्यता, प्रतिरक्षा प्रणाली में परिवर्तन से जुड़े विविध परिवर्तनों को ईसीटी के चिकित्सीय प्रभावों के लिए ज़िम्मेदार माना गया है।"

आपको कंप्यूटर का शर्मीला शौकीन डेविड याद होगा, जो प्रिस्क्रिप्शन उत्तेजक दवाओं की लत के कारण अस्पताल पहुच गया था।

अस्पताल से डिस्चार्ज होने के बाद, डेविड ने हमारी टीम के एक प्रतिभाशाली युवा चिकित्सक के साथ साप्ताहिक एक्सपोज़र थेरेपी शुरू की। एक्सपोज़र थेरेपी का मूल सिद्धांत लोगों को बढ़ती हुई वृद्धि में उजागर करना है, उदाहरण के लिए, भीड़ में रहना, पुलों के पार गाड़ी चलाना, हवाई जहाज में उड़ान भरना - जिससे वे भागने की कोशिश कर रहे असहज भावना का कारण बनते हैं। और ऐसा करने से, यह उस गतिविधि को सहन करने की उनकी क्षमता को बढ़ाता है। समय आने पर वे इसका आनंद भी ले सकते हैं।

जैसा कि दार्शनिक फ्रेडरिक नीत्शे ने प्रसिद्ध रूप से कहा था, एक भावना सदियों से पहले और बाद के कई लोगों द्वारा प्रतिध्वनित हुई है, "जो मुझे नहीं मारता वह मुझे और मजबूत बनाता है।"

जैसा कि ज्ञात है कि डेविड का सबसे बड़ा डर किसी भी अजनबी से बात करना है इसलिए मैंने उसे एक टास्क दिया। उसका पहला टास्क था ख़ुद को अपने सहकर्मियों से किसी भी तरह, हर हाल में बात करना।

डेविड ने मुझे कई महीनों बाद यह बताया, "मेरा पहला थेरेपी होमवर्क जो आपने दिया था, वह था कि मैं ऑफ़िस के दौरान किचन में

जाऊँ, या फिर ब्रेक रूम में, या फिर कैफ़ेटेरिया में और अजनबियों से बात करने की कोशिश करूँ। और उसके लिए मैंने अपने पास एक स्क्रिप्ट तैयार कर रखी थी : हाय, मेरा नाम डेविड है। मैं सॉफ़्टवेयर डेवलपमेंट में काम करता हूँ, आप किस विभाग में हैं? मैंने साथ ही एक शेड्युल भी बना रखा था : लंच के पहले, लंच के दौरान, और लंच के बाद। और फिर उसके बाद मैं किसी भी अजनबी से बात करने से पहले और बात करने के बाद के अपने तनाव को मापने के लिए एक से एक सौ तक का स्केल भी बना रखा था, जहाँ सौ का अर्थ था कि मेरी कल्पना में जो सबसे अधिक तनाव संभव है, मुझे वह महसूस हुआ।"

एक ऐसी दुनिया जहाँ हम लगातार और रोज़ाना ख़ुद के द्वारा किए गए कार्यों को गिनते जा रहे हैं - चाहें वह क़दम हों, साँसें हों या फिर दिल की धड़कनें - असल में हर चीज़, हर अनुभव के साथ हम एक संख्या जोड़ देते हैं और इस तरीक़े से हम अपने अनुभवों का विवरण देते हैं या उसे महसूस करते हैं। मेरे लिए चीज़ों को गिनना स्वाभाविक नहीं है। लेकिन मैंने अनुकूलन करना सीख लिया है, क्योंकि आत्म-जागरूकता की यह पद्धति विशेष रूप से विज्ञान-दिमाग़ वाले लोग या कंप्यूटर और इंजीनियरिंग प्रकार के लोगों को अच्छी लगती है। और हमारे यहाँ सिलिकॉन वैली में उनमें से बहुत सारे हैं।

फिर मैंने डेविड से पूछा, "तुम उन अजनबियों से मिलने-जुलने और बात करने से पहले क्या महसूस करते थे? मेरा मतलब है तुम्हारे तनाव स्केल पर वह संख्या क्या होती थी?"

"अजनबियों से बात करने से पहले तो मैं एक सौ की संख्या पर होता था। मैं एकदम डरा हुआ सहमा हुआ रहता था। मेरा चेहरा बुरी तरह लाल पड़ जाता और मेरा पसीना निकलने लगता।"

"तुम्हें किस बात का डर था? तुम्हें क्या लगता था कि बात करने से क्या हो जाएगा?"

"मुझे डर था कि दूसरे लोग मुझे देखेंगे और फिर मेरी हँसी उड़ाएँगे, मुझ पर हँसेगे। या फिर मैं जैसे ही उनसे बात करने जाऊँगा वे मेरी ख़ातिर

एच आर टीम को या सिक्योरिटी बुला लेंगे। क्योंकि मैं बेहद पागल की तरह दिख रहा होता था।"

"और फिर जब तुमने बात की तो क्या ऐसा कुछ हुआ?"

"मैंने जिस भी चीज़ की कल्पना की थी कि मैं जैसे ही बात करने जाऊँगा तो यह होगा, उनमें से कुछ भी नहीं हुआ। किसी ने एच आर को नहीं बुलाया या किसी ने सिक्योरिटी को नहीं बुलाया। मैं ठीक उस वक़्त में ही रहा, जितनी देर भी मेरा उसमें रहना संभव हुआ और अपनी एंजाइटी को ख़ुद से उतर जाने दिया। साथ ही में, मैंने उनके समय का भी मान रखा और ज़्यादा वक़्त नहीं लिया। संभवतः चार मिनट तक मैं किसी से मिलता और बात करता।"

"और फिर इस तरह अजनबियों से बात कर के तुम्हें कैसा महसूस हुआ?"

"इन वार्तालापों के बाद मैं अपनी एंग्जायटी के स्केल पर लगभग चालीस पहुँच गया। यानी अब बेहद कम चिंतित होता किसी भी अजनबी से बात करने में। इसलिए मैंने इसे एक शेड्यूल के अनुसार कई सप्ताहों तक दिन में तीन बार किया, और समय के साथ-साथ यह आसान और फिर बहुत आसान होता गया। फिर मैंने काम से बाहर के लोगों के साथ बात करने के लिए ख़ुद को चुनौती दी।"

"मुझे और बताओ।"

"स्टारबक्स में मैंने जान बूझकर के बरिस्ता से बात की। अतीत में मैंने ऐसा कभी भी पहले नहीं किया होता। किसी भी व्यक्ति से बातचीत ना करनी पड़े इसलिए मैं हमेशा अपना आर्डर ऐप से करता था। लेकिन इस बार मैं सीधा काउंटर तक गया और अपने पसंद की कॉफ़ी आर्डर की। किसी भी अजनबी से बात करने में मेरा सबसे बड़ा डर था कि मैं कहीं कुछ बेवक़ूफ़ी भरा ना कह दूँ या फिर ना कर दूँ। मैं तब तक बेहद नार्मल था, जब तक मैंने थोड़ी सी कॉफ़ी काउंटर पर नहीं फैला दी। और उसके बाद मैं बेहद शर्मिंदा हो गया। जब मैंने अपने चिकित्सक को इसके बारे में बताया, तो उसने मुझसे कहा कि

इस बार जानबूझकर ऐसा दोबारा करो- मेरी कॉफ़ी गिरा दो। अगली बार जब मैं स्टारबक्स गया तब मैंने अपनी कॉफ़ी जानबूझकर गिरा दी। मैंने थोड़ी सी एंग्जायटी महसूस की लेकिन फिर सब ठीक हो गया।"

"तुम किस बात पर हँस रहे हो?"

"मैं लगभग विश्वास नहीं कर सकता कि मेरा जीवन अब कितना अलग है। मैं कम सतर्क रहता हूँ। लोगों से बातचीत करने से बचने के लिए मुझे पहले से इतनी योजना बनाने की अब ज़रूरत नहीं होती है। मैं अब भीड़ भरी ट्रेन में चढ़ सकता हूं और काम के लिए देर नहीं करता, क्योंकि मैं पहले अगली ट्रेन का इंतज़ार करता था और भीड़ बनी रहती तो उसके बाद वाली ट्रेन का। मैं वास्तव में उन लोगों से मिलना पसंद करता हूं जिनसे मैं दोबारा कभी नहीं मिलूँगा।"

एलेक्स होन्नोल्ड, जो अब रस्सियों के बिना योसेमाइट के एल कैपिटन की चोटी पर चढ़ने के लिए विश्व प्रसिद्ध हैं, उनके मस्तिष्क इमेजिंग के दौरान अमिग्डाला की सक्रियता सामान्य से कम पाई गई। हम में से अधिकांश के लिए, अमिग्डाला मस्तिष्क का वह क्षेत्र है, जो डरावनी तसवीरें देखने पर एफ़एमआरआई मशीन में चमक उठता है।

होन्नोल्ड के मस्तिष्क का अध्ययन करने वाले शोधकर्त्ताओं ने अनुमान लगाया कि वह दूसरों की तुलना में कम जन्मजात भय के साथ पैदा हुआ था। उन्होंने अनुमान लगाया कि इससे उसे अलौकिक चढ़ाई की उपलब्धि हासिल करने की क्षमता मिली।

लेकिन होन्नोल्ड स्वयं उनकी व्याख्या से असहमत थे : "मैंने अपनी चढ़ाई करने के स्किल पर अकेले में बहुत अभ्यास किया है। मैंने ना जाने कितनी जगह लगातार चढ़ाइयाँ की हैं। और इस कारण रॉक-क्लाइम्बिंग के क्षेत्र में जो चीज़ें या जगहें दूसरों को नामुमकिन सी लगती हैं, वे मेरे लिए सामान्य चढ़ाई की तरह होता है। इसलिए जिस तरह की चढ़ाइयों पर

मैं जा रहा हूँ वे आपको भयावह या जानलेवा लग सकती हैं, लेकिन वह मेरे लिए किसी भी दूसरी चढ़ाई जैसा ही है।"

होन्नोल्ड के मस्तिष्क में मस्तिष्क इमेजिंग द्वारा दर्ज किए गए अंतरों की सबसे साधारण और एकमात्र संभावित स्पष्टीकरण यह होगा कि उसके भीतर न्यूरो एडाप्टेशन के माध्यम से डर के प्रति सहिष्णुता का विकास हुआ है। मेरा अनुमान है कि भय संवेदनशीलता के मामले में होन्नोल्ड के मस्तिष्क की शुरुआती संवेदनशीलता औसत मस्तिष्क से अलग नहीं थी।

अब जो अलग है वह यह है कि उसने वर्षों की चढ़ाई के दौरान अपने मस्तिष्क को भयभीत उत्तेजनाओं पर प्रतिक्रिया ना करने के लिए प्रशिक्षित किया है। औसत व्यक्ति की तुलना में होन्नोल्ड के मस्तिष्क को डराने में बहुत अधिक समय लगता है, क्योंकि उसने धीरे-धीरे ख़ुद को मौत को मात देने वाले कारनामे कर दिखाए हैं।

ध्यान देने योग्य बात यह है कि जब होन्नोल्ड अपने "निडर मस्तिष्क" की तसवीरें लेने के लिए एफ़एमआरआई मशीन के अंदर गया तो उसे लगभग घबराहट का दौरा पड़ा, जो हमें यह भी बताता है कि डर सहनशीलता सभी अनुभवों में समान हो यह ज़रूरी नहीं है।

एलेक्स होन्नोल्ड और मेरा मरीज़ डेविड एक ही डर के पहाड़ के अलग-अलग हिस्सों पर चढ़ रहे हैं। जिस तरह होन्नोल्ड का मस्तिष्क बिना रस्सियों के चट्टान पर चढ़ने के लिए अनुकूलित हो गया, उसी तरह डेविड ने मानसिक क्षमताएँ विकसित कीं, जिससे वह चिंता को सहन करने में सक्षम हो गया, और ख़ुद के बारे में और दुनिया में रहने की अपनी क्षमता के बारे में आत्मविश्वास और सक्षमता की भावना प्राप्त की।

दर्द का इलाज करने के लिए दर्द का प्रयोग। एंग्जायटी का इलाज करने के लिए एंग्जायटी। यह दृष्टिकोण प्रति-सहज ज्ञान युक्त है, और पिछले 150 वर्षों में हमें बीमारी, संकट और असुविधा का प्रबंधन करने के तरीक़े के बारे में जो सिखाया गया है, उसके बिलकुल विपरीत है।

पीड़ा की लत

माइकल ने कहा कि, "समय के साथ मुझे यह जानकारी हुई कि जितनी अधिक पीड़ा मैं बर्फ़ीले पानी में उतरने के शुरुआत में महसूस करता था उसके बाद मुझे उतना ही अधिक अच्छा महसूस होता। और इसी लिए मैंने बर्फ़ीले पानी के शुरूआती शॉक को बढ़ाने की नई जुगतें लगाना शुरू कर दिया।"

"मैंने एक मीट फ्रीजर ख़रीदा - एक ढक्कन और अंतर्निर्मित कूलिंग कॉइल वाला एक कुंड - और हर रात इसे पानी से भर दिया करता था। सुबह तक, सतह पर बर्फ़ की एक पतली परत हुआ करती थी, और तापमान तीस के दशक से कम में हुआ करता था। अंदर जाने से पहले मुझे बर्फ़ तोड़नी पड़ती थी।"

फिर मैंने पढ़ा कि शरीर कुछ मिनटों के बाद पानी को गर्म कर देता है, जब तक कि पानी भँवर की तरह ना चल रहा हो। इसलिए मैंने बर्फ़ स्नान में जाने के लिए एक मोटर ख़रीदी। इस तरह, जब मैं उसमें होता था तो मैं लगभग जमा देने वाले तापमान को बनाए रख सकता था।

मैंने अपने बिस्तर के लिए एक जल विद्युत चालित गद्दा पैड भी ख़रीदा, जिसे मैं सबसे कम तापमान, लगभग 55 डिग्री फ़ारेनहाइट (13 डिग्री सेल्सियस) पर रखता हूँ।" माइकल ने अचानक बात करना बंद कर दिया और एक तरफ़ा मुस्कान के साथ मेरी ओर देखा। "बहुत ख़ूब। मुझे अभी अभी यह अहसास हुआ कि जब मैं इस बारे में बात कर रहा हूँ, तो यह एक लत की तरह लगता है।"

अप्रैल, 2019 में, मेन विश्वविद्यालय के प्रोफ़ेसर एलन रोसेनवेसर ने मुझे एक अध्याय की एक प्रति की तलाश में ईमेल किया, जिसे मैंने हाल ही में लत के इलाज में व्यायाम की भूमिका पर एक सहयोगी के साथ प्रकाशित

किया था। वह और मैं कभी नहीं मिले थे। प्रकाशक से अनुमति मिलने के बाद मैंने उन्हें अध्याय भेजा।

लगभग एक सप्ताह बाद उन्होंने फिर से लिखा, इस बार निम्नलिखित के साथ :

> यह पेपर साझा करने के लिए शुक्रिया। इस पेपर में मुझे एक समस्या दिखी कि आपने इसमें एक समस्या पर चर्चा नहीं की, वह सवाल यह है कि क्या चूहों में व्हील-रनिंग स्वैच्छिक व्यायाम या पैथोलॉजिकल व्यायाम (व्यायाम की लत) के लिए एक मॉडल है। पहियों में रखे गए कुछ जानवर दौड़ने के अत्यधिक स्तर को प्रदर्शित करते हैं, और एक अध्ययन से पता चला है कि जंगली कृंतक दौड़ने वाले उन पहियों का भी उपयोग करेंगे जिन्हें पर्यावरण में बाहर छोड़ दिया गया है।

मैं उनकी इस बात पर आकर्षित हुई और तुरंत उन्हें एक जवाब वापस लिखा। और उसके बाद हमारे बीच वार्ताओं कि एक श्रंखला स्थापित हुई जिसमें डॉक्टर रोसेन्वासेर ने जिन्होंने पिछले चालीस साल सर्केडियन लय का अध्ययन करने में बिताए हैं, जिन्हें "घड़ियों का क्षेत्र" भी कहा जाता है, उन्होंने मुझे दौड़ने वाले पहियों के बारे में शिक्षा दी।

रोसेन्वासेर ने मुझे बताया, "जब लोगों ने पहली बार यह काम करना शुरू किया तब यह मान लिया गया था, ग़लत ही सही, कि चलने वाले पहिये जानवरों की सहज गतिविधि पर नज़र रखने का एक तरीक़ा थे : आराम बनाम गति। आगे चलकर कहीं न कहीं, लोग इस तथ्य के प्रति संवेदनशील हो गए कि चलने वाले पहिये निष्क्रिय नहीं हैं। वे अपने आप में दिलचस्प हैं। इस विचार के किकस्टार्टरों में से एक वयस्क हिप्पोकैम्पस न्यूरोजेनेसिस था।"

यह कुछ दशक पहले की खोज को संदर्भित करता है कि पिछले सभी शोधों और उनके नतीजों के विपरीत, मनुष्य मध्य और अधेड़ उम्र में भी मस्तिष्क में नए न्यूरॉन्स उत्पन्न कर सकता है। रोसेनवेसर ने आगे

कहा, "एक बार जब लोगों ने स्वीकार कर लिया कि नए न्यूरॉन्स पैदा होते हैं और तंत्रिका सर्किट्री में एकीकृत होते हैं, तो न्यूरोजेनेसिस को उत्तेजित करने का सबसे आसान तरीक़ा एक चलता हुआ पहिया था। यह समृद्ध वातावरण [उदाहरण के लिए जटिल भूलभुलैया] से भी अधिक शक्तिशाली था।" इससे रनिंग व्हील अनुसंधान के एक पूरे युग की शुरुआत हुई। "यह पता चला है," रोसेनवेसर ने कहा, "कि चलने वाले पहिये समान एंडो-ओपियोइड, डोपामीन, एंडो-कैनाबिनोइड मार्गों द्वारा नियंत्रित होते हैं, जो बाध्यकारी ड्रग्स के उपयोग को प्रेरित करते हैं। यह जानना महत्त्वपूर्ण है कि दौड़ने वाले पहिये आवश्यक रूप से स्वस्थ जीवन शैली का एक मॉडल नहीं हैं।

संक्षेप में, दौड़ते पहिये एक नशीली ड्रग की तरह हैं।

जब चूहों को पानी, भोजन, ख़ुदाई सामग्री, घोंसले सहित 230 मीटर की सुरंगों के एक जटिल चक्रव्यूह में रखा जाता है - दूसरे शब्दों में, एक बड़ा क्षेत्र जिसमें करने के लिए बहुत सारी अच्छी चीज़ें होती हैं - साथ ही इसके अंदर एक चलता हुआ पहिया भी होता है , तो चूहे अपना अधिकांश समय चलते पहिये पर बिताते हैं और उस भूलभुलैया के बड़े हिस्से को अज्ञात छोड़ देंगे। एक बार जब कृतंक चलने वाले पहिये का उपयोग करना शुरू कर देते हैं, तो उनके लिए रुकना कठिन हो जाता है। कृंतक एक सपाट ट्रेडमिल या भूल भुलैया की तुलना में चलते पहिये पर अधिक दूर तक दौड़ते हैं, और वे प्राकृतिक वातावरण में सामान्य गति के दौरान चलने की तुलना में बहुत अधिक दूर तक दौड़ते हैं।

जब पिंजरे में बंद कृतंकों को दौड़ने वाले पहिये मुहैया कराए जाते हैं तब वे तब तक उस पर दौड़ते रहते हैं, जब तक कि वे ख़ुद उस दौड़ने वाले पहिये के आकर के ना हो जाएँ - यानी तब तक जब तक उनकी पूँछें हमेशा के लिए ऊपर की तरफ़ ना मुड़ जाएँ और उनके सिर पीछे की तरफ़ ना हो जाएँ। जितना छोटा पहिया होगा उतना ही अधिक उनकी पूँछों में घुमाव आएगा। और कुछ स्थितियों में तो वे कृतंक तब तक दौड़ते रहते हैं, जब तक उनकी मृत्यु ना हो जाए।

चलने वाले पहिये का स्थान, नवीनता और जटिलता इसके उपयोग को प्रभावित करती है।

जैसे कि जंगली चूहे चौकोर पहियों को वृत्ताकार पहियों की तुलना में अधिक पसंद करते हैं। और वे उन पहियों को पसंद करते हैं जिनमें बाधाएँ लगी हों उनकी तुलना में जहाँ बाधाएँ मौजूद नहीं हैं। जंगली चूहे दौड़ने वाले पहियों पर अपने बेहतरीन समन्वय कौशल और कलाबाजी का प्रदर्शन करते हैं। बिलकुल वैसे ही जैसे किशोर पार्क में अपने स्केट बोर्ड के साथ करते हैं। “वे ख़ुद को आगे और पीछे दोनों दिशाओं में बार-बार पहिये के शीर्ष तक ले जाते हैं, पहिये के बाहर ऊपरी सतह पर चलते हैं, या अपनी पूँछ पर संतुलित रहते हुए पहिये के बाहर ‘ऊपर’ चलते हैं।”

सी. एम शेरविन ने वर्ष 1997 के अपने दौड़ने वाले पहियों के रिव्यू में दौड़ने वाले पहियों की आंतरिक बाध्यकारी प्रवृत्तियों पर गौर करते हैं :

> पहियों के चलने की त्रि-आयामी गुणवत्ता जानवरों के लिए बाध्यकारी साबित हो सकती है। पहिये पर दौड़ने के दौरान एक जानवर अपनी गति की गति और दिशा में तेज़ी से बदलाव का अनुभव करेगा, जो आंशिक रूप से बाहरी ताक़तों के कारण होता है : पहिये की गति और उसकी जड़ता। यह अनुभव और सुदृढ़ हो सकता है, (कुछ!) मनुष्यों के अनुरूप, जो मेले के मैदान में आनंददायक सवारी का आनंद ले रहे होते हैं, विशेष रूप से ऊर्ध्वाधर विमान में गति के लिए। जानवरों की गति में ऐसे परिवर्तन “प्राकृतिक” परिस्थितियों में अनुभव करने की संभावना नहीं है।

नीदरलैंड में लीडेन यूनिवर्सिटी मेडिकल सेंटर के जोहाना मीजेर और यूरी रॉबर्स ने एक शहरी क्षेत्र में जहाँ जंगली चूहे रहते हैं, एक चालू पहिया लगाया और दूसरा एक ऐसे टीले में लगाया जहाँ जनता की पहुँच नहीं

थी। उन्होंने दो वर्षों में पिंजरों में आने वाले प्रत्येक जानवर को रिकॉर्ड करने के लिए प्रत्येक साइट पर एक वीडियो कैमरा भी लगाया।

इसका परिणाम जानवरों द्वारा चलते पहियों का उपयोग करने के सैकड़ों उदाहरण थे। "अवलोकनों से पता चला है कि जंगली चूहे साल भर पहियों पर दौड़ते हैं, और वसंत के अंत में उनकी संख्या और समय लगातार बढ़ने लगती है और हरे शहरी क्षेत्र में गर्मियों में यह चरम पर होते हैं, जबकि टीलों में गर्मियों के मध्य से देर तक बढ़ते हैं, और शरद ऋतु के अंत में चरम पर पहुँचते हैं।"

पहिये का उपयोग जंगली चूहों तक ही सीमित नहीं था। वहाँ छछूंदर, चूहे, घोंघे, स्लग और मेंढक भी थे, जिनमें से अधिकांश ने पहिये के साथ जानबूझकर और उद्देश्यपूर्ण जुड़ाव का प्रदर्शन किया। लेखकों ने निष्कर्ष निकाला कि "पहियों पर दौड़ने को भोजन संबंधी पुरस्कार के बिना भी फ़ायदेमंद माना जा सकता है, जो भोजन की तलाश से असंबंधित प्रेरक प्रणालियों के महत्त्व का सुझाव देता है।"

एक्सट्रीम स्पोर्ट्स - स्काईडाइविंग, काइटसर्फ़िंग, हैंग ग्लाइडिंग, बोबस्लेडिंग, डाउनहिल स्कीइंग/स्नोबोर्डिंग, वॉटरफॉल कयाकिंग, बर्फ़ पर चढ़ना, माउंटेन बाइकिंग, कैन्यन स्विंगिंग, बंजी जंपिंग, बेस जंपिंग, विंगसूट फ़्लाइंग - आनंद-पीड़ा वाले संतुलन स्केल के आनंद वाले पलड़े पर तेज़ी से और ताक़त से चोट करते हैं। तीव्र दर्द/भय और एड्रेनालाईन का एक शॉट एक शक्तिशाली ड्रग बन कर उभरता है।

वैज्ञानिकों ने कई शोधों में यह प्रदर्शित किया है कि सिर्फ़ तनाव के कारण ही मनुष्य मस्तिष्क के पुरस्कार मार्ग में डोपामाइन की संख्या को बढ़ा सकता है जो कि कोकीन और मेथामफ़ेटामाइन जैसी नशीली दवाओं के साथ होने वाले मस्तिष्क में परिवर्तनों को देखा जा सकता है।

जिस प्रकार बार-बार संपर्क में आने पर हम आनंद उत्तेजनाओं के प्रति सहनशील हो जाते हैं, उसी प्रकार हम दर्दनाक उत्तेजनाओं के प्रति

भी सहनशील बन सकते हैं, अपने मस्तिष्क को दर्द के पक्ष में स्थापित कर सकते हैं।

नियंत्रण समूह (रोअर्स) की तुलना में स्काइडाइवर्स के एक अध्ययन में पाया गया कि बार-बार स्काइडाइवर्स को एनहेडोनिया का अनुभव होने की अधिक संभावना थी। यह उनके शेष जीवन में आनंद की कमी को बताता है।

लेखकों ने लिखा है कि "स्काइडाइविंग में व्यसनी व्यवहार के साथ समानताएँ हैं और 'प्राकृतिक उच्च अवस्था' के अनुभवों का बार-बार संपर्क एनहेडोनिया से संबंधित है।" मैं शायद ही 13000 फ़ीट की ऊँचाई पर हवाई जहाज से कूदने को "प्राकृतिक उच्च अवस्था" कहूँगी। लेकिन मैं लेखक के समग्र निष्कर्ष से सहमत हूँ : स्काइडाइविंग की लत लग सकती है और अगर बार-बार इसमें लगे रहने पर स्थायी डिस्फ़ोरिया हो सकता है।

प्रौद्योगिकी ने हमें मानवीय दर्द की सीमाओं को पार करने की अनुमति दी है।

12 जुलाई 2015 को, अल्ट्रामैराथोनर स्कॉट ज्युरेक ने एपलाचियन ट्रेल पर दौड़ने का स्पीड रिकॉर्ड तोड़ दिया। वह जॉर्जिया से मेन (2189 मील) तक 46 दिन, 8 घंटे और 7 मिनट में दौड़े। इस उपलब्धि को पूरा करने के लिए, उन्होंने निम्नलिखित तकनीक और उपकरणों पर भरोसा किया : हल्के, जलरोधक, गर्मी प्रतिरोधी कपड़े, "एयर-मेश" चलने वाले जूते, एक जीपीएस उपग्रह ट्रैकर, एक जीपीएस घड़ी, एक आईफ़ोन, हाइड्रेशन सिस्टम, इलेक्ट्रोलाइट टैबलेट, एल्यूमीनियम फ़ोल्डेबल ट्रेकिंग डंडे, "धुंध का अनुकरण करने के लिए औद्योगिक जल स्प्रेयर," "मेरे कोर को ठंडा करने के लिए एक बर्फ़ कूलर," प्रतिदिन 6000-7000 कैलोरी, और एक वायवीय संपीड़न पैर-मसाज मशीन, जो उनके समर्थन वैन के शीर्ष पर सौर पैनलों द्वारा संचालित होती है, जो उनकी पत्नी और चालक दल चला रहे थे।

नवंबर 2017 में, लुईस पुघ ने केवल अपना स्विमसूट पहनकर अंटार्कटिका के पास -3°C (26°F) पानी में एक किलोमीटर तैर लिया।

वहाँ पहुँचने के लिए पुघ के मूल दक्षिण अफ़्रीका से सुदूर ब्रिटिश द्वीप दक्षिण जॉर्जिया तक हवाई और समुद्री यात्रा की आवश्यकता थी। जैसे ही पुघ की तैराकी पूरी हो गई, उसके चालक दल ने उसे पास के एक जहाज में ले जाया, जहाँ उसे गर्म पानी में डुबोया गया और जहाँ वह अगले पचास मिनट तक रहा, ताकि उसके शरीर का तापमान सामान्य हो सके। इस हस्तक्षेप के बिना, वह निश्चित रूप से मर गया होता।

एलेक्स होन्नोल्ड का एल कैपिटन पर चढ़ना संभवतः तकनीक के हस्तक्षेप के कारण सबसे बड़ी मानवीय उपलब्धि है। बिना रस्सियों के, बिना किसी पहाड़ पर चढ़ने वाले गियर्स के, साहस और निपुणता के मृत्यु-विरोधी प्रदर्शन में गुरुत्वाकर्षण के विरुद्ध केवल एक व्यक्ति। लेकिन सभी बातों के बाद, होन्नोल्ड की उपलब्धि "फ़्रीराइडर [जिस मार्ग से उसने चढ़ाई की] पर सैकड़ों घंटे, रस्सियों से जुड़े रहने, प्रत्येक अनुभाग के लिए सटीक अभ्यास की गई कोरियोग्राफ़ी पर काम करने, हज़ारों जटिल हाथ और पैर अनुक्रमों को याद रखने के बिना संभव नहीं होता।"

होन्नोल्ड की चढ़ाई को एक पेशेवर फ़िल्म क्रू द्वारा फ़िल्माया गया और लाखों लोगों द्वारा देखी गई फ़िल्म में बदल दिया गया, जिससे सोशल मीडिया पर बड़े पैमाने पर फ़ॉलोअर्स और दुनिया भर में प्रसिद्धि मिली। धन और सेलिब्रिटी, हमारी डोपामाइन अर्थव्यवस्था का एक और अहम आयाम है जो इन चरम खेलों की लत लगाने की क्षमता में योगदान करते हैं।

"ओवरट्रेनिंग सिंड्रोम" सहनशक्ति वाले एथलीटों के बीच एक अच्छी तरह से वर्णित लेकिन ख़राब समझी जाने वाली स्थिति है। ये एथलीट इतना प्रशिक्षण लेते हैं कि वे एक ऐसे बिंदु पर पहुँच जाते हैं, जहाँ व्यायाम अब एंडोर्फ़िन का उत्पादन नहीं करता है, जो कभी प्रचुर मात्रा में होता था। इसके बजाय, व्यायाम से उनमें थकावट और बेचैनी महसूस होने लगती है। मानो उनका प्रतिफल शेष समाप्त हो गया हो और काम करना बंद कर दिया हो। यह वैसा ही है, जैसा हमने अपने मरीज़ क्रिस और ओपिऑयड के साथ देखा था।

मैं यहाँ यह सुझाव बिलकुल भी नहीं दे रही हूँ कि जो कोई भी सहनशक्ति के चरम और/या खेलों में शामिल है वह उसका आदी हो चुका/चुकी है। लेकिन मैं यहाँ यह प्रकाशित करने की कोशिश कर रही हूँ कि किसी भी पदार्थ या व्यवहार की लत का ख़तरा उस पदार्थ या व्यवहार की बढ़ती शक्ति, मात्रा, और अवधि के साथ बढ़ता है। जो लोग संतुलन के दर्द वाले हिस्से पर बहुत अधिक और बहुत लंबे समय तक झुकते हैं, वे लगातार डोपामाइन की कमी की स्थिति में भी रह सकते हैं।

बहुत अधिक दर्द, या बहुत तीव्र रूप में, दर्द का आदी होने का ख़तरा बढ़ सकता है, जैसा कि मैंने ख़ुद के नैदानिक अभ्यास में देखा है। मेरी एक मरीज़ इतना अधिक दौड़ी कि उसके पैरों के हड्डियों में फ्रैक्चर आ गया लेकिन फिर भी उसने अपना दौड़ना नहीं बंद किया। एक अन्य मरीज़ ने घबराहट महसूस करने और अपने मन की निरंतर चिंतन को शांत करने के लिए अपनी अंदरूनी अग्रबाहुओं और जाँघों को रेज़र ब्लेड से काट दिया। गंभीर घाव और संक्रमण के ख़तरे के बावजूद भी वह काटना बंद नहीं कर सकी।

जब मैंने उनके व्यवहारों को लत की तरह समझा और उनका इलाज ठीक उसी तरह किया जिस तरह मैं किसी ड्रग्स के आदी इंसान का इलाज करती, वे ठीक होते गए।

काम के आदी

"वर्कोहोलिक" समाज का एक प्रतिष्ठित सदस्य है। यह शायद सिलिकॉन वैली से अधिक सच कहीं नहीं है, जहाँ 100-घंटे कार्य सप्ताह और लोगों की 24 गुणा 7 उपलब्धता आदर्श माने जाते हैं।

वर्ष 2019 में, जब मैं काम के सिलसिले में हर महीने कोई न कोई यात्रा कर रही थी, मैंने काम और घरेलू जीवन को संतुलन में लाने के

प्रयास में अपनी यात्राओं को सीमित करने का फ़ैसला किया। सबसे पहले मैंने पारदर्शी तरीक़े से लोगों को इसका सही कारण बताया : मैं अपने परिवार के साथ अधिक समय गुज़ारना चाहती थी। लोग इस बात से चिढ़े हुए और नाराज़ दिखने लगे कि मैं उनके निमंत्रणों को अपने "हिप्पी-डिप्पी" कारण जैसे - 'परिवार के साथ समय बिताना' - के वजह से अस्वीकार कर दूँगी। आखिरकार मैं यह कहने लगी कि माफ़ कीजिए, मैंने पहले से कहीं और अपना समय देने का निर्णय कर लिया है, और इस बात पर लोग अपना प्रतिरोध नहीं दर्ज कराते थे। इससे तो यही लगता है कि आधुनिक जीवन में उन्हें मेरा कहीं अन्यत्र काम करना या व्यस्त होना स्वीकार्य था।

अदृश्य प्रोत्साहन अब सफ़ेदपोश कार्य के ताने-बाने में बुने गए हैं। बोनस और स्टॉक विकल्प की संभावना से लेकर पदोन्नति के वादे तक। यहाँ तक कि चिकित्सा जैसे क्षेत्रों में भी, स्वास्थ्य देखभाल प्रदाता अधिक रोगियों को देखते हैं, अधिक नुस्खे लिखते हैं, और अधिक प्रक्रियाएँ करते हैं, क्योंकि उन्हें ऐसा करने के लिए प्रोत्साहित किया जाता है। मुझे अपनी उत्पादकता पर एक मासिक रिपोर्ट मिलती है, जो इस बात से मापी जाती है कि मैंने अपने संस्थान की ओर से कितना बिल किया है।

इसके विपरीत, ब्लू-कॉलर नौकरियाँ तेज़ी से यंत्रीकृत होती जा रही हैं और काम के अर्थ से ही अलग हो गई हैं। दूर के लाभार्थियों के रोज़गार के तहत काम करने में सीमित स्वायत्तता, मामूली वित्तीय लाभ और सामान्य मिशन की थोड़ी समझ होती है। टुकड़े-टुकड़े असेंबली-लाइन कार्य उपलब्धि की भावना को खंडित करता है और अंतिम उत्पाद उपभोक्ता के साथ संपर्क को कम करता है। ये दोनों आंतरिक प्रेरणा के केंद्र में हैं। इसी का परिणाम "वर्क हार्ड/प्ले हार्ड' वाली मानसिकता है। ऐसी मानसिकता, जिसमें अत्यधिक उपभोग की बाध्यता कठिन परिश्रम के दिन के अंत में प्रतिफल बन जाती है।

इसमें कोई आश्चर्य की बात नहीं है कि कम वेतन वाली नौकरियों में हाई स्कूल से कम शिक्षा प्राप्त करने वाले पहले से कम काम कर

रहे हैं, जबकि उच्च शिक्षित वेतन पाने वाले अधिक काम कर रहे हैं।

2002 तक, सबसे अधिक वेतन पाने वाले 20 प्रतिशत लोगों के लंबे समय तक काम करने की संभावना सबसे कम वेतन पाने वाले 20 प्रतिशत लोगों की तुलना में दोगुनी थी, और यह प्रवृत्ति आज भी जारी है। अर्थशास्त्रियों का अनुमान है कि यह बदलाव आर्थिक खाद्य श्रंखला के शीर्ष पर मौजूद लोगों के लिए मिलने वाले संभावित उच्च पुरस्कार की वजह से है।

एक बार काम शुरू करने के बाद मुझे कभी-कभी ख़ुद को काम करने से रोकना मुश्किल लगता है। गहरी सांद्रता का "प्रवाह" अपने आप में एक ड्रग है, जो डोपामाइन जारी करता है और अपने स्वयं के एक उच्च अवस्था में ले जाता है। इस तरह के एकल-दिमाग़ वाले फ़ोकस को, हालाँकि आधुनिक समृद्ध देशों में भारी पुरस्कार दिया जाता है। हालाँकि यह एक जाल हो सकता है, जब यह हमें अपने बाक़ी जीवन में दोस्तों और परिवार के साथ घनिष्ठ संबंधों से दूर रखता है।

पीड़ा पर अधिमत

माइकल ने ऐसे कहा जैसे वह ख़ुद के ही द्वारा पूछे गए सवाल कि क्या वह बर्फ़ीले पानी में ख़ुद को डुबोने की आदत का आदी हो गया है का जवाब दे रहा हो, "यह हमेशा से मेरे ही नियंत्रण में रहा है। विगत दो तीन वर्षों से मैं हर रोज़, हर सुबह बर्फ़ीले पानी से दस मिनट तक स्नान किया करता था। लेकिन अब मैं इस प्रक्रिया को उस तरह नहीं करता जैसा मैं पहले किया करता था। मैं अब इसे सप्ताह में औसतन तीन बार करता हूँ।"

माइकल ने आगे कहा, "वास्तव में अच्छी बात यह है कि यह एक पारिवारिक गतिविधि बन गई है, और कुछ ऐसा जो हम दोस्तों के साथ करते हैं। नशा करना हमेशा से एक सामाजिक गतिविधि रही है। कॉलेज

में बहुत सारे लोग जमकर पार्टियाँ करते थे। हमेशा सभी लोग एक साथ बैठकर शराब पीते थे या कोकीन की लाइनें खींचा करते थे।"

"लेकिन मैं अब वह सब कुछ भी नहीं करता। उसके बजाय मेरे एकाध दोस्त हमारे घर ही आ जाते हैं। उन दोस्तों के भी बच्चे हैं और वे भी उनके साथ आते हैं। और फिर हम सब मिलकर एक तरह का कोल्ड वॉटर पार्टी करते हैं। मेरे पास तापमान के मध्य-चालीसवें रेंज में एक कस्टम ट्रूफ़सेट है, और हर कोई बारी-बारी से अंदर जाता है और फिर बारी-बारी से हॉट टब में जाता है। हमारे पास एक टाइमर है और हम बच्चों सहित एक-दूसरे का उत्साहवर्धन करते हैं। हमारे दोस्तों के बीच भी यह चलन ज़ोर पकड़ चुका है। हमारे मित्र समूह की सभी महिलाओं का यह समूह सप्ताह में एक बार खाड़ी में जाता है और उसमें गले तक ख़ुद को डुबो लेता है। वह पानी पचास डिग्री के तापमान की सीमा में है।"

"और फिर उसके बाद क्या करते हैं?"

माइकल ने हँसते हुए कहा, "मुझे नहीं पता। शायद उससे निकल कर वे पार्टी करने जाती होंगी।"

इस बात पर हम दोनों हँसने लगे।

"तुमने मुझसे कई बार कहा है कि इससे तुम जीवंत महसूस करते हो। इस बात से तुम्हारा क्या आशय है यह मुझे समझा सकते हो?"

"मुझे वास्तव में जीवित होने का एहसास पसंद नहीं है। ड्रग्स और शराब इसे पसंद करने का एक तरीक़ा था। अब मैं ऐसा और नहीं कर सकता। जब मैं लोगों को पार्टी करते हुए देखता हूँ, तब भी मुझे उन्हें मिल रहे पलायन से थोड़ी ईर्ष्या होती है। मैं देख सकता हूं कि उन्हें राहत मिलेगी। ठंडा पानी मुझे याद दिलाता है कि जीवित रहना अच्छा महसूस करा सकता है।"

यदि हम बहुत अधिक दर्द, या बहुत शक्तिशाली रूप में उपभोग करते हैं, तो हम बाध्यकारी, विनाशकारी अति उपभोग का जोख़िम उठाते हैं।

लेकिन अगर हम सही मात्रा में सेवन करते हैं, "थोड़े दर्द के साथ बड़े दर्द को रोकते हुए," हम हार्मेटिक उपचार का मार्ग खोजते हैं, और शायद कभी-कभार "ख़ुशी का अनुभव" भी करते हैं।

8

मौलिक ईमानदारी

प्रत्येक प्रमुख धर्म और नैतिक आचार संहिताओं ने ईमानदारी को अपनी शिक्षाओं में आवश्यक रूप से शामिल किया है। मेरे सभी मरीज़ जिन्होंने दीर्घकालिक स्वास्थ्य लाभ हासिल किया है, उन्होंने निरंतर मानसिक और शारीरिक स्वास्थ्य के लिए सच बोलने पर भरोसा किया है। मुझे भी यह विश्वास हो गया है कि आमूल-चूल ईमानदारी ना केवल बाध्यकारी अतिउपभोग को सीमित करने में सहायक है, बल्कि अच्छे जीवन जीने के मूल में भी है।

लेकिन यहाँ असल प्रश्न हमारे सामने यह है कि वास्तव में सच कहने या बोलने से हमारी ज़िंदगियों पर क्या प्रभाव पड़ता है और यह हमारी ज़िंदगियों को बेहतर कैसे बनाता है?

सबसे पहले तो हमें यहाँ यह स्थापित करना अत्यंत आवश्यक हो जाता है कि सच बोलना कष्टदायी है। हम बचपन से ही झूठ बोलने की आदत में हैं और झूठ बोलने के शिल्प में अभ्यस्त हैं। और झूठ बोलने का काम हम सब करते हैं, हम इस तथ्य को स्वीकारना चाहें या न चाहें इस बात से कोई फ़र्क़ नहीं पड़ता।

बच्चे असल में दो वर्ष की छोटी उम्र से ही झूठ बोलना शुरू कर देते हैं। कोई भी बच्चा जितना अधिक होशियार होगा उसकी झूठ बोलने की संभावना उतनी ही ज़्यादा होगी। और वह बच्चा अपने झूठ बोलने की कला में उतना ही बेहतर भी होगा। झूठ बोलने की आदत को अक्सर

तीन से चौदह वर्ष की उम्र में बच्चों में घटता हुआ देखा जाता है। इसका एक बड़ा कारण यह हो सकता है कि बच्चे यह समझने लगते हों कि झूठ बोलने से किस तरह बाक़ी लोगों को परेशानी होती है। वहीं दूसरी तरफ़, वयस्कों में बच्चों के मुक़ाबले असामाजिक झूठ बोलने रचने की अधिक क्षमता होती है, क्योंकि उन्हें अपने झूठ को याद रखने और झूठ कहने की योजना बनाने की मानसिक शक्ति विकसित हो चुकी होती है।

एक साधारण वयस्क रोज़ाना दशमलव पाँच नौ से लेकर एक दशमलव पाँच छह तक की संख्या में झूठ बोलता है। *लायर, लायर, पैन्ट्स ऑन फ़ायर।* असल में हम सभी के शॉर्ट्स से हल्का धुआँ तो निकलता ही रहता है।

और इंसान ही इकलौते जानवर नहीं हैं, जिनमें धोखा देने की क्षमता है। असल में तो एनिमल किंगडम यानी जानवरों का साम्राज्य ऐसे उदाहरणों से भरा पड़ा है, जिनमें धोखा देना एक हथियार और कवच के रूप में ज़रूरी दिखता है। उदाहरण के लिए, लोमेचुसा प्यूबिकॉलिस बीटल, चींटियों में से एक होने का बहाना करके उनकी कॉलोनीज में घुसने में सक्षम हो जाता है। यह कुछ ऐसा रासायनिक पदार्थ उत्सर्जित करके पूरा करता है, जिससे इसकी गंध चींटी जैसी हो जाती है। एक बार अंदर जाने पर, भृंग चींटी के अंडे और लार्वा को खाता है।

लेकिन झूठ बोलने की इंसानी क्षमता का कोई अन्य जानवर मुक़ाबला नहीं कर सकता।

विकासवादी जीवविज्ञानियों का अनुमान है कि मानव भाषा का विकास हमारी झूठ बोलने की प्रवृत्ति और बेहतर क्षमता की व्याख्या करता है। और यह कहानी कुछ इस प्रकार है। *होमो सेपियन्स* यानी हम इंसानों का विकास बड़े सामाजिक समूहों के निर्माण में परिणत हुआ। और यह बड़े सामजिक समूहों की संरचना बस इसलिए संभव हो पाई क्योंकि हमारे पास संचार के कुशल तौर-तरीक़े विकसित हो रहे थे। और इस विकास के क्रम के कारण हम एक दूसरे की सहायता पहले से अधिक बेहतर ढंग

से कर सकते थे। लेकिन जिन शब्दों का प्रयोग साझेदारी को बढ़ाने और एक बेहतर सामजिक समूह बनाने में होता था उन्हीं शब्दों का प्रयोग धोखा देने, किसी ग़लत राह पर भेज देने के लिए भी हो सकता था। और इस तरह जितनी ही उन्नत भाषा हुई उतनी ही अधिक कुशलता से उसमें झूठ की जगह बनी।

जब दुर्लभ संसाधनों के लिए प्रतिस्पर्धा की बात आती है तो झूठ का निश्चित रूप से कुछ अनुकूली लाभ होता है। लेकिन बहुतायत की दुनिया में झूठ बोलने से अलगाव, लालसा और रोग संबंधी अति उपभोग का ख़तरा रहता है। मुझे समझाने का मौक़ा दीजिए।

अप्रैल 2019 में मैंने मारिया से, जब हम एक दूसरे के सामने बैठे हुए थे, तब कहा कि "तुम अच्छी दिख रही हो।" उसके गहरे भूरे बाल पेशेवर और आकर्षक ढंग से बनाए गए थे। उसने एक साधारण कॉलर वाली शर्ट और स्लैक्स पहन रखी थी। वह मुस्कुरा रही थी और सदैव सतर्क बनी हुई थी, ठीक वैसे ही जैसे वह हमेशा रहती थी। विगत पाँच वर्षों से, जब से मैं उसका इलाज कर रही थी वह इसी तरह के हाव-भाव के साथ हमेशा होती।

मैं मारिया को जितने समय से जानती हूँ, वह उस दौरान लगातार शराब सेवन के विकार से परहेज रखे हुई थी। वह जब मेरे पास आई तभी वह रिकवरी फ़ेज में पहुँच चुकी थी। उसने अपनी रिकवरी अल्कोहलिक एनोनिमस में प्रतिभाग लेकर किया था और उसके इस प्रतिभाग को एए प्रायोजक ने संभव किया था। वह मेरे पास कभी कभार यह देखने के लिए आती थी कि क्या वह अपनी रिकवरी में ठीक चल रही है और अपनी दवाएँ रिफ़िल करवाने आती थी। और मारिया के बारे में तो मैं यक़ीन से कह सकती हूँ कि जितना उसने मुझसे सीखा होगा उसके मुक़ाबले में मैंने उससे बहुत ज़्यादा सीखा होगा। एक बात जो उसने मुझे सिखाई वह यह थी कि सच बोलना उसके ठीक होने के लिए मौलिक था।

अपने बड़े होने के दिनों में जबकि मारिया ने बिलकुल इसके विपरीत की शिक्षा ग्रहण की थी। मारिया की माँ बड़ी पियक्कड़ थीं और बेहोश हो जाने की हद तक पीकर वो मारिया को कार में बिठा कर गाड़ी चलाया करती थी। उसके पिता ने अपने परिवार को कई वर्षों से छोड़ दिया था और किसी ऐसी जगह चले गए थे जिसका नाम लेने की भी किसी को अनुमति नहीं थी। और मारिया उस जगह का नाम आज भी अपने पिता की निजता का सम्मान करते हुए नहीं बताती है। अब एक तरह से घर के छोटे भाइयों और बहनों के पालन पोषण की ज़िम्मेदारी मारिया पर ही आ गई थी। उसे बाहरी दुनिया के सामने इस तरह प्रदर्शित करना था कि उसके घर में सबकुछ ठीक है, और वे किसी परेशानी में नहीं हैं। जब मारिया के ख़ुद की शराब की लत शुरू हुई तब वह अपनी उम्र के बीसवें दशक में थी। और तब तक मारिया को वास्तविकता के विभिन्न संस्करणों के बीच फ़ेरबदल करना आ गया था।

अपने नए संयमित जीवन में ईमानदारी के महत्त्व को समझाने के लिए उसने मुझे यह कहानी सुनाई।

“मैं जब काम से वापस घर आई तब मुझे मारिओ के लिए आया हुआ एक एमेज़ॉन पैकेज मिला।”

मारिओ, मारिया का छोटा भाई है। मारिया और उसका पति डिएगो, मारिओ के साथ ही रहते थे। ताकि वे एक दूसरे की मदद कर पाएँ और सिलिकॉन वैली के उच्च-स्तरीय घरों के किराये में बचत कर पाएँ।

“और फिर मैंने सोचा कि मैं पैकेज खोलकर देखूँ कि क्या आया है। हालाँकि मुझे पता था कि वह मेरे लिए नहीं है। मेरे भीतर का एक हिस्सा जानता था कि मुझे इस तरह पैकेज खोलकर देखना नहीं चाहिए। क्योंकि इससे पहले जब भी मैंने मारिओ के पैकेजेस खोले हैं तो वह बेहद नाराज़ हो जाया करता था। लेकिन मैंने सोचा कि मैं फिर से वही बहाना बना लूँगी जो पिछली बार मैंने बनाया था - कि मुझे लगा की उसकी जगह पैकेज पर मेरा नाम लिखा हुआ है - क्योंकि हम दोनों के नाम इतने मिलते-जुलते हैं। मैंने ख़ुद से कहा कि मैं इतने लंबे और मेहनत भरे दिन के बाद

थोड़ा सा आनंद प्राप्त करने का हक़ रखती हूँ। मुझे अब याद नहीं है कि उस पैकेज के भीतर क्या था?"

"मैंने एक बार पैकेज को खोला, देख लिया कि अंदर क्या है, फिर उसे दोबारा सील करके बाक़ी मेल के साथ वहीं रख दिया। सच बताऊँ तो उसके बाद मैं उस पैकेज के बारे में बिलकुल भूल गई थी। मारिओ कुछ घंटों बाद घर वापस आया, उसने अपना पैकेज देखा, और तुरंत ही मुझे उस पैकेज को खोलने के लिए दोषी ठहराने लगा। मैंने झूठ बोला और कहा कि मैंने पैकेज नहीं खोला था। उसने मुझसे फिर से पूछा और फिर दोबारा मैंने झूठ बोला। वह लगातार कहता रहा, 'ऐसा लगता है कि किसी न किसी ने इसे खोला है।' और मैं अपनी बात पर अड़ी रही कि 'नहीं, मैंने नहीं खोला।' और फिर मारिओ बेहद नाराजगी में अपना पैकेज और मेल लेकर अपने कमरे में चला गया और कमरे का दरवाज़ा तेज़ी से बंद किया।"

"उस रात मुझे अच्छे से नींद नहीं आई। अगली सुबह मुझे पता था कि मुझे क्या करना है। मैं किचन में गई जहाँ डिएगो और मारिओ सुबह का नाश्ता कर रहे थे और कहा, 'मारिओ, मैंने ही तुम्हारा पैकेज खोला था। मुझे पता था कि वह पैकेज तुम्हारे लिए है फिर भी मैंने उसे जानबूझ कर खोला। और फिर मैंने उसे छुपाने की कोशिश भी की। फिर तुम्हारे पूछने पर मैंने झूठ बोला। मैं इसके लिए माफ़ी माँगती हूँ। कृपया मुझे माफ़ कर दो।"

फिर मैंने मारिया से पूछा, 'अच्छा बताओ, तुम्हारे लिए ईमानदारी का इतना अधिक महत्त्व क्यों है और उसने तुम्हारी रिकवरी में कैसे मदद की?'

"जब मैं पहले शराब पीने की आदी थी तब मैंने सच ज़रा सा भी नहीं क़बूल किया होता। उस वक़्त मैं हर चीज़ के बारे में झूठ बोला करती थी और अपने किए गए किसी भी चीज़ पर पछतावा नहीं करती थी या फिर उसकी ज़िम्मेदारी नहीं लेती थी। उस समय तो मैं इतना अधिक और बेमतलब के झूठ बोला करती थी। उनमें से आधी बातों का तो कोई अर्थ भी नहीं था।"

मारिया के पति डिएगो ने मुझे एक बार बताया था कि कैसे मारिया शराब पीने के लिए बाथरूम में छुप जाया करती थी। वह बाथरूम में जाकर शॉवर चालू कर देती ताकि डिएगो को बियर के बोतलों के खुलने की आवाज़ ना आए। और उस वक़्त मारिया को यह अंदाज़ नहीं होता था कि जब वह बोतल ओपनर को उसके निर्धारित जगह, बाथरूम के दरवाज़े के पीछे, से हटाती थी तो उसकी आवाज़ डिएगो आसानी से सुन सकता था। डिएगो ने इस बात का विस्तार से वर्णन किया कि कैसे मारिया एक बैठकी में बियर के छह पैक पी जाया करती थी। और फिर वह उन बियर के बोतलों में पानी भर देती और उसके ढक्कन को चिपका दिया करती। "क्या उसे सच में ऐसा लगता था कि मुझे गोंद की महक नहीं आएगी या फिर मुझे पानी और बियर के स्वाद में अंतर नहीं पता चलेगा?"

मारिया ने मुझसे कहा, "वह अपनी शराब पीने की आदत को छुपाने के लिए तो झूठ बोला ही करती थी लेकिन अन्य चीज़ों के बारों में भी वह अक्सर झूठ बोल दिया करती थी। और ऐसी चीज़ों या बातों के बारे में झूठ जो ज़रा-सा भी महत्त्व नहीं रखती थीं - जैसे, मैं कहाँ जा रही हूँ, मैं कब तक वापस आऊँगी, मैं देर क्यों हो गई घर आने में, या फिर मैंने नाश्ते में क्या खाया था।"

मारिया ने अपने भीतर झूठ बोलने की आदत उत्पन्न कर ली थी। जो आदत उसे अपनी माँ के पीने की लत को छुपाने के लिए, और पिता की गैरमौजूदगी को पूरा करने के लिए, और बाद में ख़ुद की पीने की लत को छुपाने के लिए विकसित हुई थी अंततः वह झूठ बोलने की आदत ने बस झूठ के लिए ही मारिया से झूठ बुलवाना जारी रखा।

और झूठ बोलने की आदत में धँसते और धँसते चले जाना बेहद आसान है। हम सब रोज़ाना के व्यवहार में झूठ बोलने की आदत में संलिप्त होते हैं और कई बार तो हमें अंदाज़ भी नहीं होता कि हम झूठ बोल रहे हैं। हमारा झूठ इतना छोटा और अदृश्य है कि हम ख़ुद को आश्वस्त कर लेते हैं कि हम सच बोल रहे हैं। या इससे कोई फ़र्क़ नहीं पड़ता, भले ही हम जानते हों कि हम झूठ बोल रहे हैं।

"जब मैंने मारिओ से उस दिन सबकुछ सच सच बता दिया था तो मुझे मालूम था कि वह मुझ पर नाराज़ होगा लेकिन मुझे इस बात का भी अहसास हो गया था कि मेरे अंदर कुछ बदल गया है और मेरी ज़िंदगी में कुछ बदलाव आ गया है। मुझे उसी समय मालूम हो गया था कि मैं जीवन को किसी और तरीक़े से जीना चाहती हूँ, एक बेहतर तरीक़े से जीना चाहती हूँ। मैं अपने हर उस झूठ से उकता गई थी जो मेरे मन मस्तिष्क में भरती जा रहीं थीं और मैं जिनके कारण हमेशा एक पश्चाताप और डर की अवस्था में रहती थी। मैं झूठ बोलने के कारण ख़ुद को दोषी मानती थी और मुझे यह डर लगा रहता था कि कहीं किसी को मेरे झूठ के बारे में ख़बर ना हो जाए। मुझे यह अहसास हो गया था कि जब तक मैं सच बोल रही होऊँगी, ईमानदार रहूँगी, मुझे इन किसी भी बात की चिंता नहीं करनी होगी। और इस तरह मैं आज़ाद महसूस करने लगी। जब मैंने अपने छोटे भाई को यह सच बता दिया कि मैंने उसका पैकेज खोलकर देखा था, वही हम दोनों के रिश्ते में नजदीकी आने की ज़मीन बनी। मैं उसे सच बताने के बाद फिर से ऊपर वाले कमरे में चली गई और मुझे बेहद अच्छा लग रहा था।"

मौलिक ईमानदारी - किसी भी छोटी या बड़ी चीज़ के बारे में सच-सच बोलना, मुख्यतः तब जब सच बोलने से हमारी कमज़ोरियाँ उजागर होंगी और हम शायद उसके परिणाम भी भुगतने पर जाएँ - तो वह सिर्फ़ किसी लत से उबरने में हमारे लिए आवश्यक साबित नहीं होत, बल्कि हम सबके लिए ज़रूरी है, जो भी इस प्रतिफल से तर-बतर वातावरण में एक संतुलित जीवन जीने की कोशिश में जुटे हुए हैं। और फिर यह कई और स्तरों पर भी कारगर साबित होता है।

पहले पहल तो मौलिक रूप से ईमानदारी धारण करने के कारण हमें अपनी गतिविधियों और हरक़तों के बारे में भान होता है। दूसरा, इससे नजदीकी मानवीय संबंध बनाने में मदद मिलती है। तीसरा, इससे एक

सच्ची ऑटोबायोग्राफ़ी की तरफ़ हमें यह मोड़ती है और उस वजह से हम अपने वर्तमान के स्व के लिए ही नहीं वरन भविष्य के स्व के लिए भी उत्तरदायी होना पड़ता है। और इसके अलावा सच कहना किसी संक्रमण जैसा भी है, जिससे यह संभवतः हमारे भविष्य में विकसित हो सकने वाले किसी लत की संभावना को रोकने में मदद कर सकता है।

जागरूकता

इस किताब की शुरुआत में मैंने ओडीसियस के ग्रीक मिथक को भौतिक आत्म-बंधन को समझाने के लिए बताया था। लेकिन उस मिथक का एक कम प्रसिद्ध उपसंहार भी है, जो यहाँ बताना काफ़ी महत्त्वपूर्ण हो जाता है।

आपको शायद याद होगा कि ओडीसियस ने अपने जत्थे को सायरन पंक्षियों से बचने के लिए ख़ुद को नाव-जहाज के मत्थे पर बाँधने का आदेश दिया था। लेकिन अगर आप इस बारे में ज़रा सोचेंगे तो शायद वह भी इतनी अधिक पीड़ा से बच कर अपने भी कानों में मधुमक्खियों का मोम डाल लेता जैसा कि उसने अपने जत्थे को आदेश दिया था। ओडीसियस सज़ा का लालची नहीं था। सायरन को केवल तभी मारा जा सकता था यदि जिसने भी उन्हें सुना हो वह बाद में कहानी बताने के लिए जीवित रह सके। इस तथ्य के बाद ओडीसियस ने अपनी मृत्यु-निकट यात्रा का वर्णन करके सायरन को परास्त कर दिया। हत्या असल में कथन के कारण हुई।

ओडीसियस का मिथक असल में हमारे भीतर एक महत्त्वपूर्ण व्यावहारिक बदलाव को प्रकाशित करता है : हम जब अपने अनुभवों को दोबारा सोचते हैं, उसे समझने की कोशिश करते हैं, तब हम अपने अनुभवों पर एक मालिकाना हक़ प्राप्त कर लेते हैं। चाहे मनोचिकित्सा के संदर्भ में, किसी एए प्रायोजक से बात करना, पुजारी के सामने क़बूल करना, किसी मित्र पर विश्वास करना, या किसी पत्रिका में लिखना, हमारा ईमानदार प्रकटीकरण हमारे व्यवहार को राहत देता है, कुछ मामलों में हमें इसे पहली बार देखने में मदद करता है। यह उन व्यवहारों के लिए विशेष रूप से सच है जिनमें सचेत जागरूकता के बाहर स्वचालितता का स्तर शामिल होता है।

जब मैं रोमांस नोवेल्स लगातार पढ़ रही थी तब मुझे ही अपनी इस आदत के बारे में जो शायद लत में बदलती जा रही थी उसका थोड़ा बहुत ही अंदाजज़ था। इसका अर्थ यह हुआ कि मैं अपने आचरण को लेकर एक ही समय में अवगत थी और उसी समय अपने व्यवहार के बारे में अनजान भी थी। लत की प्रक्रिया में यह एक जानी-पहचानी अवस्था है। यह ठीक उसी तरह है जैसे कोई जागने और स्वप्न के बीच की स्थिति में होता है। एक अर्ध चेतना की तरह। और इस अवस्था को हम *डिनायल* यानी अस्वीकरण कहते हैं।

यह अस्वीकरण संभवतः हमारे मस्तिष्क के पुरस्कार मार्ग और उच्च कॉर्टिकल क्षेत्रों के बीच उत्पन्न हुए वियोग की मध्यस्थता से संभव होता है। कॉर्टिकल क्षेत्र हमें अपने जीवन की घटनाओं को बताने, परिणामों की सराहना करने और भविष्य के लिए योजना बनाने की अनुमति देते हैं। व्यसन उपचार के कई रूपों में मस्तिष्क के इन हिस्सों के बीच के संबंधों को मजबूत करना और नवीनीकृत करना शामिल है।

न्यूरोसाइंटिस्ट क्रिश्चियन रफ़ और उनके सहयोगियों ने ईमानदारी के न्यूरोबायोलॉजिकल तंत्र का अध्ययन किया है। एक प्रयोग में, उन्होंने प्रतिभागियों (कुल 145) को एक खेल खेलने के लिए आमंत्रित किया जिसमें उन्होंने कंप्यूटर इंटरफ़ेस का उपयोग करके पैसे के लिए पासा घुमाया। प्रत्येक रोल से पहले, एक कंप्यूटर स्क्रीन संकेत देती थी कि किन परिणामों के परिणामस्वरूप 90 स्विस फ्रैंक (लगभग 100 अमेरिकी डॉलर) तक का मौद्रिक भुगतान होगा।

कैसीनो में जुआ खेलने के विपरीत, यहाँ प्रतिभागी अपनी जीत की संभावना बढ़ाने के लिए डाई रोल के परिणामों के बारे में झूठ बोल सकते हैं। शोधकर्ता पूरी तरह से ईमानदार रिपोर्टिंग द्वारा निहित 50 प्रतिशत बेंचमार्क के मुक़ाबले रिपोर्ट किए गए सफल डाई रोल के औसत प्रतिशत की तुलना करके धोखाधड़ी की डिग्री निर्धारित करने में सक्षम थे। आश्चर्य की बात नहीं, कि प्रतिभागियों ने बार-बार झूठ बोला। 50 प्रतिशत ईमानदारी बेंचमार्क की तुलना में, प्रतिभागियों ने बताया कि उनके 68 प्रतिशत डाई रोल का परिणाम वही था जो वे चाहते थे।

फिर शोधकर्ताओं ने ट्रांसक्रैनियल डायरेक्ट करंट स्टिमुलेशन (tDCS) नामक एक उपकरण का उपयोग करके प्रतिभागियों के प्रीफ्रंटल ब्रेन कॉर्टिस में न्यूरोनल उत्तेजना को बढ़ाने के लिए बिजली का उपयोग किया। प्रीफ्रंटलकोर्टेक्स हमारे मस्तिष्क का सबसे बाहरी भाग होता है। यह हमारे माथे के ठीक पीछे होता है और कई जटिल प्रक्रियाओं के साथ-साथ निर्णय लेने, भावना विनियमन और भविष्य की योजना बनाने में महत्त्वपूर्ण भूमिका निभाता है। कथा कहने की सुविधा भी हमें इसी अंग के मदद से मिलती है।

शोधकर्ताओं ने इस प्रयोग में पाया कि जब प्रीफ्रंटल कोर्टेक्स में तंत्रिका उत्तेजना बढ़ाई गई तब प्रतिभागियों में झूठ बोलने की प्रवृत्ति आधी हो गई। इसके अलावा, ईमानदारी में वृद्धि को "भौतिक स्वार्थ या नैतिक विश्वासों में परिवर्तन से नहीं समझाया जा सका और यह प्रतिभागियों की आवेगशीलता, जोख़िम लेने की इच्छा और मनोदशा से अलग थी।" उन्होंने निष्कर्ष निकाला कि प्रीफ्रंटल कॉर्टेक्स को उत्तेजित करके ईमानदारी को मजबूत किया जा सकता है। जो इस विचार के अनुरूप है कि "मानव मस्तिष्क ने जटिल सामाजिक व्यवहारों को नियंत्रित करने के लिए समर्पित तंत्र विकसित किया है।"

इस प्रयोग ने मुझे आश्चर्यचकित कर दिया और मैंने सोचा कि क्या ईमानदारी का अभ्यास प्रीफ्रंटल कॉर्टिकल सक्रियण को उत्तेजित कर सकता है। मैंने स्विट्जरलैंड में क्रिश्चियन रफ़ को यह पूछने के लिए ईमेल किया कि वह इस विचार के बारे में क्या सोचते हैं।

मैंने उनसे पूछा, "यदि प्रीफ्रंटल कॉर्टेक्स को उत्तेजित करने से लोग अधिक ईमानदार हो जाते हैं, तो क्या यह भी संभव है कि अधिक ईमानदार होने से प्रीफ्रंटल कॉर्टेक्स उत्तेजित हो जाता है? क्या सच बोलने का अभ्यास मस्तिष्क के उन हिस्सों में गतिविधि और उत्तेजना को मजबूत कर सकता है जिनका उपयोग हम भविष्य की योजना, भावना विनियमन और विलंबित संतुष्टि के लिए करते हैं?"

उन्होंने जवाब दिया, "आपका प्रश्न समझ में आता है। मेरे पास इसका कोई निश्चित उत्तर नहीं है, लेकिन मैं आपके अंतर्ज्ञान को साझा करता हूं कि एक समर्पित तंत्रिका प्रक्रिया (ईमानदारी में शामिल प्रीफ्रंटल प्रक्रिया की तरह) को बार-बार उपयोग से मजबूत किया जाना चाहिए। और कई तरह के शिक्षा ग्रहण के दौरान भी कुछ ऐसा ही होता है। जैसे, डॉनल्ड हेब्ब के पुराने मंत्र के अनुसार, "जो चीज़ें एक साथ काम करती हैं, अंत में वे एक साथ तार की तरह जुड़ जाती हैं।" (वाट फ़ायर्स टुगेदर, वायर्स टुगेदर।)

मुझे उनका उत्तर पसंद आया, क्योंकि इसमें निहित था कि मौलिक ईमानदारी का अभ्यास करने से समर्पित तंत्रिका सर्किट उसी तरह मजबूत हो सकते हैं जैसे दूसरी भाषा सीखना, पियानो बजाना, या सुडोकू में महारत हासिल करने से अन्य सर्किट मजबूत होते हैं।

ठीक हो रहे लोगों के अनुभव के अनुरूप, सत्य-कथन मस्तिष्क को बदल सकता है, जिससे हम अपने सुख-दुख संतुलन और बाध्यकारी अतिउपभोग को चलाने वाली मानसिक प्रक्रियाओं के बारे में अधिक जागरूक हो सकते हैं, और इस तरह हमारे व्यवहार में बदलाव आ सकता है।

रोमांस उपन्यासों के साथ मेरी समस्या के बारे में मेरी ख़ुद की जागरूकता 2011 में हुई। उस समय, मैं सैन मेटो मनोचिकित्सक निवासियों के एक समूह को सिखा रही थी कि नशे की लत के व्यवहार के बारे में रोगियों से कैसे बात की जाए। और इस घटना की विडंबना से मैं भली-भाँति परिचित हूँ।

मैं सैन मेटो मेडिकल सेंटर की पहली मंज़िल की कक्षा में थी, और नौ मनोरोग निवासियों को नशीली दवाओं और शराब के उपयोग के बारे में रोगियों के साथ अक्सर कठिन बातचीत करने के तरीक़े के बारे में बात कर रही थी। मैंने छात्रों को सीखने के अभ्यास में शामिल करने के लिए और उन्हें इस अभ्यास के लिए आमंत्रित करने के लिए व्याख्यान को बीच

में ही रोक दिया : "आप जिस आदत को बदलना चाहते हैं उस पर एक साथी के साथ चर्चा करें और उस बदलाव के लिए उठाए जाने वाले कुछ क़दमों पर चर्चा करें।"

इस अभ्यास में छात्र किस बारे में बात करते हैं, इसके सामान्य उदाहरणों में शामिल हैं, "मैं अधिक व्यायाम करना चाहता हूँ" या "मैं कम चीनी खाना चाहता हूँ।" दूसरे शब्दों में, सुरक्षित विषय। यदि उनमें कोई गंभीर लत है, तो आमतौर पर उनका उल्लेख नहीं किया जाता है।

फिर भी, किसी भी ऐसे व्यवहार के बारे में बात करके जिससे वे ख़ुश नहीं हैं और बदलना चाहते हैं, छात्रों को यह जानकारी मिलती है कि स्वास्थ्य देखभाल प्रदाताओं के रूप में मरीज़ों के साथ ये बातचीत करना कैसा हो सकता है। इस प्रक्रिया में उन्हें अपने बारे में कुछ जानने का मौक़ा भी हमेशा मिलता है।

मुझे अहसास हुआ कि विषम संख्या में छात्रों के साथ, मुझे एक छात्र के साथ साझेदारी करनी होगी। मेरी जोड़ी एक मृदुभाषी, विचारशील युवक से बनी जो पूरे व्याख्यान के दौरान बेहद ध्यान से सुन रहा था। मैंने रोगी की भूमिका निभाई ताकि वह अपने कौशल का अभ्यास कर सके। फिर हम अपनी भूमिकाएँ बदल लेते।

उसने मुझसे उस व्यवहार के बारे में पूछा जिसे मैं बदलना चाहती थी। उसके सौम्य व्यवहार ने प्रकटीकरण को आमंत्रित किया। मुझे आश्चर्य हुआ जब मैंने उसे अपने देर रात के उपन्यास पढ़ने का एक अनोखा संस्करण बताना शुरू किया। मैंने यह नहीं बताया कि मैं क्या पढ़ रही थी या समस्या की सीमा क्या थी।

मैंने कहा, "मैं रात में बहुत देर तक जागकर पढ़ती हूँ और इससे मेरी नींद में बाधा आ रही है। मैं इसे बदलना चाहूँगी।"

जैसे ही मैंने यह कहा, मुझे पता चल गया कि यह सच है, दोनों कि मैं बहुत देर तक पढ़ रही थी और मैं अपना यह व्यवहार बदलना चाहती थी। हालाँकि, उस क्षण तक, मैं वास्तव में इनमें से किसी भी चीज़ के बारे में नहीं जानती थी।

"आप अपने भीतर यह बदलाव क्यों लाना चाहती हैं?" उसने प्रेरक साक्षात्कार के तरीक़े का उपयोग कर के मुझसे एक मानक प्रश्न पूछा। यह नैदानिक मनोवैज्ञानिक विलियम आर. मिलर और स्टीफ़न रोलनिक द्वारा विकसित एक परामर्श दृष्टिकोण है। इसका उद्देश्य आंतरिक प्रेरणाओं का पता लगाना और दुविधा का समाधान करना है।

मैंने कहा, "असल में यह मेरी क्षमता के साथ हस्तक्षेप कर रहा है। मैं उतनी अधिक प्रभावशाली अब अपने काम पर या अपने बच्चों के साथ नहीं हो पा रही हूँ, जितना मैं होना चाहती हूँ।"

उसने सहमति में सर हिलाया और कहा, "यह आपकी लत को छोड़ने के लिए अच्छे कारण दीखते हैं।"

और वह बिलकुल सही भी था। असल में ये अच्छे कारण थे और मुझे अपनी रोमांस उपन्यासों को पढ़ने की इस आदत को बदलना चाहिए था। उन्हें ज़ोर से कहने पर, मुझे पहली बार अहसास हुआ कि मेरा व्यवहार मेरे जीवन और उन लोगों पर कितना नकारात्मक प्रभाव डाल रहा है जिनकी मैं परवाह करती हूँ।

फिर उसने मुझसे पूछा, "यदि आप अपने पढ़ने की आदत को छोड़ दें तो आप अपने जीवन में किस चीज़ का त्याग कर रही होंगी?"

"मैं पढ़ने से मिलने वाले आनंद को पीछे छोड़ रही होऊँगी। मुझे इस क्रिया से मिलने वाला पलायन भाव बेहद पसंद है।" मैंने यह उत्तर फटाक से दे दिया। "लेकिन वह भावना मेरे लिए उतनी महत्त्वपूर्ण नहीं है जितनी कि मेरा परिवार और मेरा काम।"

फिर से, इसे ज़ोर से कहने पर, मुझे अहसास हुआ कि यह सच है : मैं अपने परिवार और अपने काम को अपनी ख़ुशी से ऊपर महत्त्व देती हूँ, और अपने मूल्यों के अनुसार जीने के लिए, मुझे बाध्यकारी, पलायनवादी पढ़ना बंद करना होगा।

"और इस व्यवहार को बदलने के लिए आप कौन-सा क़दम उठाने के योग्य हैं?"

"मैं अपने इलेक्ट्रॉनिक रीडर को फेंक सकती हूँ और उससे छुटकारा पा सकती हूँ। मेरी देर रात तक पढ़ने की आदत को बढ़ावा यह सस्ते साहित्य तक की सुलभ पहुँच के कारण ही है।"

उसने मुस्कराते हुए कहा, "मुझे तो आपकी यह योजना बहुत सही लगती है।" और अब हमें अपनी भूमिकाएँ बदलनी थीं। मैं अब मरीज़ की तरह उससे बात नहीं करती।

अगले दिन मैं हमारी बातचीत के बारे में सोचती रही। मैंने अगले महीने से रोमांस उपन्यासों को नहीं पढ़ने का निर्णय लिया। और इस निर्णय के लिए जो सबसे पहला क़दम मैंने उठाया था वह यह था कि मैं अपने ईं-रीडर से छुटकारा पा ली। पहले दो हफ़्तों में मुझे कम-सीमा वाली विथड्रॉवल्स लक्षणों का अनुभव हुआ। जिसमें चिंता और अनिद्रा भी शामिल थीं। ख़ासकर तब जब मैं बिस्तर पर सोने के लिए तैयार होती। यही वह समय था जब मैं अपनी कहानियाँ पढ़ती थी। असल में मैंने ख़ुद से सो जाने की कला खो दी थी।

परहेज वाले महीने के अंत में, मैं बेहतर महसूस कर रही था और मैंने अपने आप को फिर से रोमांस पढ़ने की अनुमति दे दी, और इस बार मैंने अधिक संयमित ढंग से पढ़ने की योजना बनाई।

लेकिन इसके बजाय मैं इरोटिका पढ़ने लगी और दो रातों तक लगातार जगी रही। जिसके परिणामस्वरूप मुझे थकावट महसूस होने लगी। लेकिन अब मुझे पता चल चुका था कि पढ़ने का मेरा यह व्यवहार असल में एक बाध्यकारी, और स्व-विनाशकारी पैटर्न अपना चुका था, जिससे पढ़ने का पूरा मज़ा मुझसे छिन चुका था। मैंने इस व्यवहार को हमेशा के लिए रोकने का दृढ़ संकल्प महसूस किया। मेरा जागता हुआ सपना ख़त्म हो रहा था।

ईमानदारी से अंतरंग मानवीय संबंध पनपते हैं

सच बोलना लोगों को आकर्षित करता है, ख़ासकर जब हम अपनी कमज़ोरियों को उजागर करने को तैयार होते हैं। यह आपको एक विपरीत

घटित होने वाली प्रक्रिया लग सकती है कि जब हम अपने भीतर और अपने व्यवहारों के अवांछनीय पहलुओं को उजागर करेंगे तो लोग हमसे दूर भागेंगे और छोड़ कर चले जाएँगे। और यह बात तर्कसम्मत भी है कि जब लोग हमारे चरित्र की ख़ामियों और अपराधों के बारे में जानेंगे तो वे ख़ुद को दूर कर लेंगे।

वास्तव में, इसके विपरीत होता है। लोग क़रीब आते हैं। वे हमारी टूटन में अपनी असुरक्षा और मानवता को देखते हैं। वे आश्वस्त हो जाते हैं कि वे अपने संदेहों, भय और कमज़ोरियों में अकेले नहीं हैं।

जैकब और मैं कई दफ़े मिलते रहे। उन महीनों और वर्षों में जब जैकब के बाध्यकारी हस्तमैथुन की लत दोबारा शुरू हो गई थी। उस बीच जैकब ने अपने व्यसनी व्यवहार से परहेज रखना जारी रखा था। आमूल-चूल ईमानदारी का अभ्यास करना, विशेषकर अपनी पत्नी के साथ, उनके निरंतर सुधार की नींव थी।

हमारी एक मुलाक़ात के दौरान उन्होंने मेरे साथ एक कहानी साझा की, जो उनके और उनकी पत्नी के एक साथ वापस आने के तुरंत बाद घटी। अपने साझा घर में वापस जाने के एक दिन बाद, वह बाथरूम की सफ़ाई कर रही थी, तभी उसने देखा कि शॉवर पर्दे की एक अँगूठी ग़ायब थी। उसने जैकब से पूछा कि क्या वह जानता है कि इसके साथ क्या हुआ था।

"मैं जम गया," जैकब ने मुझसे कहा। "मुझे अच्छी तरह पता है कि शॉवर कर्टेन रिंग के साथ क्या हुआ, लेकिन मैं उसे बताना नहीं चाहता था। मेरे पास उसे नहीं बताने के कई अच्छे कारण मौजूद थे। वैसे भी यह बहुत पुरानी बात थी। अगर मैं उसे बताता तो वह बेमतलब परेशान हो जाएगी। अभी हमारे बीच सबकुछ इतना बढ़िया चल रहा है। अगर मैंने बताया तो शायद इससे सारा मामला गड़बड़ हो जाए।"

लेकिन फिर जैकब ने ख़ुद को याद दिलाया कि कैसे झूठ बोलने की आदत और इधर-उधर छिप-छिपाने की आदत ने उनके रिश्ते को

कितनी हानि पहुँचाई थी। जैकब ने अपनी पत्नी के वापस उनके साथ रहने के फ़ैसले ही यह वादा किया था कि चाहे कुछ भी हो जाए, जैकब अपनी पत्नी के साथ हमेशा ईमानदार रहेंगे।

और फिर मैंने कहा, "तुम्हारे जाने के बाद मैंने इसका इस्तेमाल अपनी मशीन बनाने के लिए किया था। उस बात को अब लेकिन लगभग एक साल बीत चुके हैं। यह बेहद पुरानी बात है, मैं क़सम खाता हूँ। लेकिन मैंने चूँकि तुमसे वादा किया था कि हर हाल में मैं तुम्हारे साथ ईमानदार रहूँगा और सच बोलूँगा, इसलिए बता रहा।"

मैंने जैकब से पूछा, "इस पर आपकी पत्नी की क्या प्रतिक्रिया थी?"

"मुझे तो ऐसा लगा जैसे हमारे बीच में जो कुछ भी है वह अब सब ख़त्म हो जाएगा। और वह मुझे दोबारा छोड़कर चली जाएगी। लेकिन मेरी पूरी बात बताने के बाद वह मुझ पर ज़रा भी नहीं चिल्लाई। उसने मुझे छोड़ा भी नहीं। वह बस मेरे कंधे पर अपना हाथ रख कर बोली, 'मुझे सबकुछ सच सच बताने के लिए शुक्रिया।' और फिर उसने मुझे कसकर गले लगा लिया।"

अंतरंगता भी डोपामाइन का एक तगड़ा स्रोत है। ऑक्सीटोसिन, एक हार्मोन जो प्यार में पड़ने, माँ-बच्चे के बीच संबंध और जीवन भर यौन साथियों के बीच जुड़ाव से जुड़ा होता है, मस्तिष्क के रिवार्ड पाथवे में डोपामाइन स्रावित करने वाले न्यूरॉन्स पर रिसेप्टर्स को बाँधता है और रिवार्ड-सर्किट ट्रैक्ट की यरिंग को बढ़ाता है। दूसरे शब्दों में, ऑक्सीटोसिन से मस्तिष्क डोपामाइन में वृद्धि होती है, जैसा कि स्टैनफ़ोर्ड के न्यूरोसाइंटिस्ट लिन हंग, रॉब मालेंका और उनके सहयोगियों ने हाल ही में पाया है।

अपनी पत्नी के प्रति ईमानदार प्रकटीकरण के बाद, और उसके जवाब में अपनी पत्नी द्वारा किए गए गर्मजोशी और सहानुभूति की अभिव्यक्ति के बाद, जैकब ने शायद अपने पुरस्कार मार्ग में ऑक्सीटोसिन और डोपामाइन में वृद्धि का अनुभव किया हो, जिससे उन्हें फिर से ऐसा

करने के लिए यानी सब कुछ सच सच बता देने के लिए वह प्रोत्साहित हुए हों। जबकि सत्य-कथन मानवीय लगाव को बढ़ावा देता है, उच्च-डोपामाइन वस्तुओं का अनिवार्य रूप से अत्यधिक सेवन मानवीय लगाव के विपरीत है।

इसके सेवन से अलगाव और उदासीनता आती है, क्योंकि नशीली दवाएँ दूसरों के साथ संबंध बनाने से मिलने वाले प्रतिफल की जगह ले लेती हैं। प्रयोगों से पता चलता है कि एक स्वतंत्र चूहा सहज रूप से प्लास्टिक की बोतल के अंदर फँसे दूसरे चूहे को मुक्त करने के लिए काम करेगा। लेकिन जैसे ही उस स्वतंत्र चूहे को हेरोइन का प्रयोग करने की अनुमति मिल जाती है तब उसकी दूसरे फँसे हुए चूहे की मदद करने में कोई दिलचस्पी नहीं होती। संभवतः वह चूहा ऐसे ओपिऑयड धुंध में स्वयं फँसा हुआ होता है कि वह अपनी ही प्रजाति के किसी साथी सदस्य की देखभाल करने की फ़िक्र ही नहीं करता।

कोई भी व्यवहार जिससे डोपामाइन में वृद्धि होती है, उस व्यवहार के शोषण की संभावना बन जाती है। मैं जिस घटना का उल्लेख कर रही हूँ, वह "प्रकटीकरण पोर्न" है, जो आधुनिक संस्कृति में प्रचलित हो गया है। प्रकटीकरण पोर्न में हमारे जीवन के अंतरंग पहलुओं को उजागर करने वाले एक क्षण के माध्यम से अंतरंगता को बढ़ावा देने के बजाय एक निश्चित प्रकार की स्वार्थी संतुष्टि के लिए दूसरों को हेरफेर करने का एक तरीक़ा बन जाता है।

वर्ष 2018 में, मैं एक नशे की लत पर आयोजित मेडिकल कान्फ्रेंस में गई थी। वहाँ मैं एक ऐसे व्यक्ति के बगल में बैठी थी, जिसने मुझसे कहा कि वह लंबे समय से नशे की लत से उभर रहा है। वह वहाँ की जनता को अपनी रिकवरी की कहानी बताने के लिए आया था। मंच पर जाने से ठीक पहले वह मेरी ओर मुड़ा और मुझसे कहा कि "आप अब रोने के लिए तैयार हो जाइए।" मैं उसकी इस तरह की टिप्पणी से

विचलित हो गई। मुझे उसके इस तरीक़े से दिक़्क़त हुई कि उसने अनुमान लगाया था कि मैं उसकी कहानी पर किस प्रकार की प्रतिक्रिया दूँगी।

उसने वास्तव में लत और मुक्ति की एक दर्दनाक कहानी सुनाई, लेकिन मेरे आँसू नहीं आए, जिसने मुझे आश्चर्यचकित कर दिया, क्योंकि मैं आमतौर पर पीड़ा और मुक्ति की कहानियों से गहराई से प्रभावित हो जाया करती हूँ। इस मामले में, उसकी कहानी शायद तथ्यात्मक ढंग से सही होने के बावजूद ज़्यादातर हिस्सों के लिए झूठी और बनावटी लग रही थी। उसके द्वारा बोले गए शब्द उन शब्दों के पीछे गर्भित भावनाओं से ज़रा भी मेल नहीं खा रहे थे। यह महसूस करने के बजाय कि वह हमें अपने जीवन के एक दर्दनाक समय तक विशेषाधिकार प्राप्त पहुँच प्रदान कर रहा था, ऐसा लगा जैसे वह दिखावा कर रहा था और चालाकी कर रहा था। शायद यह उसके द्वारा इस कहानी को बार-बार दोहराने के कारण प्रतीत हो रहा हो। कई बार की पुनरावृत्ति के बाद शायद उसकी यह कहानी बासी हो गई होगी। कारण जो भी हो उसकी आपबीती ने मुझे ज़रा भी उद्वेलित नहीं किया।

एए में एक प्रसिद्ध घटना है, जिसे "ड्रंकलॉग्स" कहा जाता है। यह नशे के कारनामों की क़हानियों को संदर्भित करता है, जिन्हें सिखाने और सीखने के बजाय मनोरंजन और दिखावा करने के लिए साझा किया जाता है। नशे में धुत लोग सुधार को बढ़ावा देने के बजाय लालसा को बढ़ावा देते हैं। ईमानदार आत्म-प्रकटीकरण और चालाक शराबी के बीच की रेखा एक अच्छी रेखा है, जिसमें सामग्री, स्वर, ताल और प्रभाव में सूक्ष्म अंतर शामिल हैं, लेकिन आप इसे तब जानते हैं, जब आप इसे देखते हैं।

मुझे आशा है कि यहाँ मेरे खुलासे, मेरे अपने और मेरे मरीज़ों ने मुझे साझा करने की अनुमति दी है, उस रेखा के ग़लत पक्ष पर कभी ना जाएँ।

सच्ची आत्मकथाएँ जवाबदेही पैदा करती हैं

हमारे दिन-प्रतिदिन के जीवन के बारे में एकल, सरल सत्य एक श्रखला की कड़ियों की तरह हैं जो सच्चे आत्मकथात्मक आख्यानों में तब्दील हो

जाते हैं। आत्मकथात्मक आख्यान जीवित समय का एक आवश्यक माप हैं। हम अपने जीवन के बारे में जो कहानियाँ सुनाते हैं, वे ना केवल हमारे अतीत को मापने का काम करती हैं, बल्कि भविष्य के व्यवहार को भी आकार दे सकती हैं।

एक मनोचिकित्सक के रूप में बीस से अधिक वर्षों में हज़ारों रोगियों की कहानियाँ सुनने के बाद, मुझे विश्वास हो गया है कि जिस तरह से हम अपनी व्यक्तिगत कहानियाँ सुनाते हैं वह हमारे मानसिक स्वास्थ्य का एक मार्कर और भविष्यवक्ता है। जो मरीज़ ऐसी कहानियाँ सुनाते हैं जिनमें वे अक्सर पीड़ित होते हैं, बुरे परिणामों की ज़िम्मेदारी शायद ही कभी उठाते हैं, वे अक्सर अस्वस्थ होते हैं और अस्वस्थ ही बने रहते हैं। वे अपने स्वयं के सुधार के कार्य में लगने के लिए दूसरों को दोष देने में इतने व्यस्त हैं। इसके विपरीत, जब मेरे मरीज़ ऐसी कहानियाँ सुनाना शुरू करते हैं, जो उनकी ज़िम्मेदारी को सटीक रूप से चित्रित करती हैं, तो मुझे पता चलता है कि वे बेहतर हो रहे हैं। पीड़ित की कहानी एक व्यापक सामाजिक प्रवृत्ति को दर्शाती है जिसमें हम सभी ख़ुद को परिस्थितियों के शिकार और अपनी पीड़ा के लिए मुआवज़े या इनाम के पात्र के रूप में देखने की प्रवृत्ति रखते हैं। यहाँ तक कि जब लोगों को पीड़ित किया गया है, तब भी अगर कहानी पीड़ित होने से आगे नहीं बढ़ती है, तो उपचार होना मुश्किल है।

अच्छी मनोचिकित्सा का एक काम लोगों को उपचार संबंधी कहानियाँ सुनाने में मदद करना है। यदि आत्मकथात्मक कथा एक नदी है, तो मनोचिकित्सा वह साधन है, जिसके द्वारा उस नदी का मानचित्रण किया जाता है और कुछ मामलों में उसका मार्ग बदल दिया जाता है।

उपचारात्मक कहानियाँ वास्तविक जीवन की घटनाओं से निकटता से जुड़ी होती हैं। सत्य की खोज और उसका पता लगाना, या फिर उपलब्ध डेटा के साथ निकटतम अनुमान लगाना, हमें वास्तविक अंतर्दृष्टि और समझ का अवसर प्रदान करता है, जो बदले में हमें सूचना के साथ सही चुनाव करने की अनुमति देता है।

जैसा कि मैंने पहले बताया है, मनोचिकित्सा का आधुनिक अभ्यास कभी-कभी उस ऊँचे लक्ष्य से कम हो जाता है। मानसिक स्वास्थ्य देखभाल प्रदाता के रूप में हम सहानुभूति के अभ्यास में इतने फँस गए हैं कि हमने इस तथ्य को नज़रअंदाज़ कर दिया है कि जवाबदेही के बिना सहानुभूति पीड़ा से राहत पाने का एक अदूरदर्शी प्रयास है। यदि चिकित्सक और रोगी एक ऐसी कहानी दोबारा बनाते हैं, जिसमें रोगी उनके नियंत्रण से परे ताक़तों का निरंतर शिकार होता है, तो संभावना अच्छी है कि रोगी को पीड़ित होना जारी रहेगा।

लेकिन यदि चिकित्सक मरीज़ को घटना की ज़िम्मेदारी लेने में मदद कर सकता है, भले ही घटना के लिए नहीं, तो यहाँ और अभी वे इस पर कैसे प्रतिक्रिया करते हैं, तो वह मरीज़ अपने जीवन में आगे बढ़ने के लिए सशक्त होता है।

मैं इस बिंदु पर एए दर्शन और उनकी शिक्षाओं से बेहद प्रभावित हुई हूँ। प्रमुख एए आदर्श वाक्यों में से एक, जो अक्सर इसके ब्रोशर पर बोल्ड टाइप में मुद्रित होता है, "मैं ज़िम्मेदार हूँ।"

ज़िम्मेदारी के अलावा, अल्कोहलिक्स एनोनिमस अपने दर्शन के केंद्रीय सिद्धांत के रूप में "कठोर ईमानदारी" पर ज़ोर देता है, और ये विचार एक साथ चलते हैं। एए के बारह चरणों में से चौथे चरण में सदस्यों को "खोजपूर्ण और निडर नैतिक सूची" लेने की आवश्यकता होती है, जिसमें व्यक्ति अपने चरित्र दोषों पर विचार करता है और कैसे उन्होंने किसी समस्या में योगदान दिया है। पाँचवाँ चरण "स्वीकारोक्ति क़दम" है। यह वह जगह है जहाँ एए सदस्य "भगवान के सामने, ख़ुद के सामने और दूसरे इंसान के सामने हमारे ग़लत होने की सटीक प्रकृति को स्वीकार करते हैं।" यह सीधा, व्यावहारिक और व्यवस्थित दृष्टिकोण एक शक्तिशाली और परिवर्तनकारी प्रभाव डाल सकता है।

मैंने स्टैनफ़ोर्ड में अपने मनोचिकित्सा रेजीडेंसी प्रशिक्षण के दौरान अपनी उम्र के तीसवें दशक में व्यक्तिगत रूप से इसका अनुभव किया। मेरे मनोचिकित्सा पर्यवेक्षक और गुरु, फ़ेडोरा-पहने हुए व्यक्ति जिनका

मैंने इस किताब के शुरुआती हिस्से में ही उल्लेख किया था, ने सुझाव दिया कि मैं अपनी माँ के प्रति अपनी नाराज़गी को दूर करने के तरीक़े के रूप में इन बारह चरणों को आजमाऊँ। मेरे अहसास करने से बहुत पहले ही उन्हें मालूम पड़ गया था कि मैं अपनी नाराज़गी से बेहद ही चिंताजनक और व्यसनी ढंग से चिपकी हुई हूँ।

मैंने अपनी माँ के साथ अपने रिश्ते को समझने के लिए मनोचिकित्सा में कई वर्ष और बहुत सारा समय गुज़ारा। और उसका परिणाम यही हुआ कि मेरा गुस्सा मेरी माँ के प्रति और बढ़ गया। और इसका कारण यह था कि मेरी माँ कभी वह नहीं बन पाई, जैसे मैं उन्हें चाहती थी और जिस तरह के माँ की, मुझे लगता था, कि मुझे ज़रूरत है।

उदार आत्म-प्रकटीकरण के माध्यम से, मेरे पर्यवेक्षक ने मेरे साथ साझा किया कि वह दशकों से शराब की लत से उबर रहे थे। और एए और उसके दर्शन के बारह चरणों की मदद से ही वह उस स्थिति में पहुँचने में सक्षम हुए थे। हालाँकि मेरी समस्या अपने आप में लत की नहीं थी, उन्हें सहज अहसास था कि वे 12 क़दम मेरी मदद करेंगे, और वह मुझे इन चरणों को अपनाने के लिए और उनसे गुज़रने में मेरी मदद करने के लिए सहमत हो गए।

मैंने उनके साथ चरणों पर काम किया, और यह अनुभव वास्तव में परिवर्तनकारी था, विशेष रूप से चरण चार और पाँच का। मेरे जीवन में पहली बार, मैंने उन तरीक़ों पर ध्यान केंद्रित करने के बजाय, जिनसे मुझे लगता था कि मेरी माँ ने मुझे विफल कर दिया है, मैंने विचार किया कि हमारे बीच के तनावपूर्ण संबंधों में मेरा क्या योगदान रहा है। मैंने बचपन की घटनाओं के बजाय अपनी माँ के साथ हाल की बातचीत पर ध्यान केंद्रित किया, क्योंकि बचपन के दौरान मेरी ज़िम्मेदारी कम थी।

शुरुआत में तो मेरे लिए यह देख और समझ पाना ही बेहद मुश्किल था कि इस समस्या में मेरा भी कुछ योगदान है और वह योगदान क्या है। मैंने वास्तव में स्वयं को हर दृष्टि से असहाय पीड़ित के रूप में ही देखती रही थी। मैं अपने घर में मुझसे मिलने या मेरे पति और बच्चों के

साथ संबंध बनाने में उनकी अनिच्छा पर अड़ी हुई थी। मैंने कभी उनके मेरे भाई-बहनों और उनके बच्चों के साथ मेरी माँ के संबंधों पर गौर ही नहीं किया था। मेरी उनसे सबसे बड़ी नाराज़गी इस बात से थे, जो मुझे लगता था की उनकी अक्षमता है, वह यह कि वह मुझे, जिस तरह से मैं हूँ, उस तरह से स्वीकारने में हमेशा असमर्थ रहीं। और मुझे यह हमेशा लगता रहा था कि वह चाहती थीं कि मैं अलग इंसान बनूँ - एक ऐसी इंसान जो ज़्यादा गर्मजोश, अधिक लचीली, अधिक स्व-विनाशकारी, कम आत्मनिर्भर, और ज़्यादा मज़ेदार हो - वैसी बनूँ।

और फिर मैंने लिखने की दर्दनाक लेकिन ज़रूरी प्रक्रिया में शामिल होना शुरू किया। मैंने सचमुच में अपने अनुभवों को काग़ज़ पर उतारना शुरू कर दिया और इस तरह जो हमारे टूटे-फूटे संबंध थे उनके कारण की जाँच-पड़ताल के लिए इसे बेहद वास्तविक बना दिया। मैंने अपने चरित्र की खामियों की ओर झाँका और कैसे उन गुणदोषों के कारण मेरी और मेरी माँ के बीच तनावपूर्ण संबंध बने, इस पर गौर करना शुरू कर दिया। जैसा कि एस्किलस ने कहा है कि, “हमें कष्ट सहना होगा, सत्य के लिए कष्ट सहना होगा।”

सच तो यह है कि मैं अक्सर ही चिंतित और भयभीत रहती हूँ। हालाँकि मेरे बारे में इस बात का अनुमान बहुत कम लोग ही लगा पाएँगे। मैं अपनी चिंता को प्रबंधित करने के तरीक़े के रूप में एक कठोर कार्यक्रम, एक पूर्वानुमेय दिनचर्या और अपनी कार्य सूची का एक सुस्त पालन बनाए रखती हूं। इसका मतलब यह है कि दूसरों को अक्सर मेरी इच्छा और मेरे लक्ष्यों की अनिवार्यता के आगे झुकने के लिए मजबूर होना पड़ता है।

मातृत्व, जो मेरे जीवन का सबसे सुखद और बेशक़ीमती अनुभव है, वही मेरे लिए बेहद चिंताजनक अनुभव भी रहा। और इसी वजह से जब मेरे बच्चे छोटे थे, मेरा उन चीज़ों से मुक़ाबला करने और उनसे निपटने के लिए अपनाए जाने वाले तरीक़े किसी अलग ही स्तर पर थे। पीछे मुड़कर देखने पर मुझे अहसास हुआ कि उस दौरान हमारे घर आने वाले किसी

भी व्यक्ति के लिए यह सुखद नहीं हो सकता था, यहाँ तक कि मेरी अपनी माँ के लिए भी। मैं उस दौरान अपने घर के संचालन पर कड़ी पकड़ बनाए हुए थी और कभी भी कुछ भी मुझे अव्यवस्थित लगता था तो मैं बेहद चिंतित हो जाती थी। मैं हर वक़्त काम में जुटी रहती थी। मैं उस समय अपने लिए, या मनोरंजन के लिए, या फिर अपने दोस्तों और अन्य रिश्तेदारों के लिए ज़रा भी समय नहीं निकाल पा रही थी।

असल में मुझे भी इस बात का अंदाज़ है कि उस दौरान मैं ज़रा भी मज़ेदार नहीं हुआ करती थी। मैं आशा करती हूँ कि अपने बच्चों के लिए मैं एक फ़न लविंग इंसान रही हूँ। जहाँ तक मेरी मेरी माँ की प्रति नाराज़गी की बात है, कि वे चाहती थीं कि मैं जैसी हूँ उससे अलग बनूँ, तो अचानक से और बिलकुल स्पष्ट ढंग से सोचने पर यह मेरे सामने साफ़ हो गया कि मैं अपनी माँ के साथ भी ठीक वही चीज़ उम्मीद करने की दोषी हूँ। मैंने उसे वैसे स्वीकार करने से इनकार कर दिया था जैसे वह थी। मैं चाहती थी कि वह किसी तरह की मदर टेरेसा हो, जो हमारे घर पर आएगी और मेरे पति और बच्चों सहित हम सभी की देखभाल करेगी, जिस तरह से हम चाहते हैं कि हमारी देखभाल करने की ज़रूरत है।

अपनी माँ से मैंने एक आदर्शवाद की चाह रख कर सिर्फ़ और सिर्फ़ उनकी बुराइयों पर ही ध्यान दिया था। मैंने अपने जेहन में माँओं और दादियों को किस तरह होना चाहिए इसके लिए एक आदर्श दृष्टिकोण बना लिया था। और इसी वजह से मैंने अपनी माँ की बहुत सारी अच्छाइयों को नज़रअंदाज़ किया था, जोकि मेरी माँ में बहुत सी थीं। वह एक प्रतिभाशाली कलाकार हैं। वह आकर्षक है। वह मज़ाक़िया और बौड़म हो सकती है। उसके पास एक दयालु हृदय और दान देने वाला स्वभाव है, जब तक कि वह महसूस नहीं करती कि उसे आँका जा रहा है या उसे छोड़ दिया गया है।

चरणों पर काम करने के बाद, मैं इन चीज़ों की सच्चाई को और अधिक स्पष्ट रूप से देख सकी और इसके साथ ही मेरी नाराज़गी दूर हो गई। मैं अपनी माँ के प्रति नाराज़गी के भारी बोझ से मुक्त हो गई।

मेरी मानो जान में जान आ गई! मेरे स्वयं के उपचार ने उनके साथ मेरे रिश्ते को बेहतर बनाने में योगदान दिया। मैं अब अपनी माँ से कम माँग करती थी, उनके प्रति अधिक क्षमाशील हो चुकी थी और उनके प्रति कम आलोचनात्मक थी। मुझे हमारे मनमुटाव से उत्पन्न होने वाली कई सकारात्मक चीज़ों के बारे में भी पता चला, अर्थात्, मैं इस तरह से लचीली और आत्मनिर्भर हूँ कि अगर वह और मैं अधिक संग-साथ होते तो शायद मैं ऐसी नहीं बन पाती।

मैं अब उसी तरह की सच्चाई को कहने और ईमानदार बने रहने का प्रयास अपने सभी रिश्तों में करती हूँ। मैं इसमें हमेशा सफल तो नहीं होती और मेरा भी सहज भाव किसी भी असुविधा पर दूसरों के ऊपर दोष मढ़ने का रहता है। लेकिन जब मैं मेहनतकश और अनुशासित होती हूँ तो मुझे यह ज्ञात रहता है कि मेरी भी ज़िम्मेदारी है। जब मैं उस स्थान पर पहुँचती हूँ जहाँ मैं दूसरों को अपने जीवन के घटनाओं की वास्तविक संस्करण सुना सकूँ, तो मुझे सहीपन और निष्पक्षता की भावना का अनुभव होता है जो दुनिया को उस अवस्था में ले जाता है जिसे मैं चाहती हूँ।

एक सच्ची आत्मकथात्मक कथा हमें इस क्षण में अधिक प्रामाणिक, सहज और स्वतंत्र होने की अनुमति देती है।

मनोविश्लेषक डोनाल्ड विनीकॉट ने 1960 के दशक में "झूठे स्व" की अवधारणा पेश की। विनीकॉट के अनुसार, झूठा आत्म असहनीय बाहरी माँगों और तनावों के ख़िलाफ़ बचाव में एक स्व-निर्मित व्यक्तित्व है। विनीकॉट ने कहा कि झूठे स्वयं के निर्माण से गहरी शून्यता की भावना पैदा हो सकती है। उसमें कोई इधर-उधर की संभावना नहीं बचती।

सोशल मीडिया ने हमारे लिए झूठे आत्म की समस्या में योगदान दिया है, जिससे यह हमारे लिए बहुत आसान हो गया है, और यहाँ तक कि हमें हमारे जीवन की उन कहानियों को क्यूरेट करने के लिए प्रोत्साहित कर रहा है जो वास्तविकता से बहुत दूर हैं।

मेरा मरीज़ टोनी, जो एक बीस वर्षीय युवा है, वह अपने ऑनलाइन जीवन में हर सुबह सूर्योदय का आनंद लेने के लिए दौड़ता था, दिन रचनात्मक और महत्त्वाकांक्षी कलात्मक प्रयासों में बिताता था, और कई पुरस्कारों का प्राप्तकर्ता था।

अपने वास्तविक जीवन में, वह मुश्किल से बिस्तर से उठ पाता था, मजबूरीवश ऑनलाइन पोर्नोग्राफ़ी देखता था, लाभकारी रोज़गार खोजने के लिए संघर्ष करता था, और अलग-थलग, उदास और आत्मघाती था। उसके वास्तविक दैनिक जीवन का थोड़ा-सा हिस्सा उनके फ़ेसबुक पेज पर स्पष्ट था। जब हमारा जीवंत अनुभव हमारी अनुमानित छवि से अलग हो जाता है, तो हम अलग और अवास्तविक महसूस करने लगते हैं, हमारे द्वारा बनाई गई झूठी छवियों की तरह नक़ली। मनोचिकित्सक इस भावना को डी-*रियलाइजेशन* और *डिपर्सनलाइजेशन* कहते हैं। यह एक भयावह अहसास है, जो आमतौर पर आत्महत्या के विचारों में योगदान देता है। आख़िरकार, यदि हम वास्तविक महसूस नहीं करते हैं, तो अपना जीवन समाप्त करना अप्रासंगिक लगता है।

झूठे आत्म का प्रतिकार प्रामाणिक आत्म है। कट्टरपंथी ईमानदारी वहाँ तक पहुँचने का एक तरीक़ा है। यह हमें हमारे अस्तित्व से जोड़ता है और हमें दुनिया में वास्तविक होने का अहसास कराता है। यह उन सभी झूठों को बनाए रखने के लिए आवश्यक संज्ञानात्मक भार को भी कम करता है, मानसिक ऊर्जा को उस क्षण में अधिक सहजता से जीने के लिए मुक्त करता है।

जब हम झूठा स्वयं प्रस्तुत करने के लिए काम नहीं कर रहे होते हैं, तो हम अपने और दूसरों के प्रति अधिक खुले होते हैं। जैसा कि मनोचिकित्सक मार्क एपस्टीन ने अपनी पुस्तक *गोइंग ऑन बीइंग* में प्रामाणिकता की ओर अपनी यात्रा के बारे में लिखा है - अब मैं अपने पर्यावरण को प्रबंधित करने का प्रयास नहीं कर रहा हूँ, मैं स्फूर्ति महसूस करने लगा हूँ, एक संतुलन ढूँढ़ने लगा हूँ, प्राकृतिक दुनिया की सहजता और अपनी आंतरिक प्रकृति के साथ जुड़ाव की भावना महसूस करने लगा हूँ।

सच बोलना संक्रामक है, और झूठ भी संक्रामक है

वर्ष 2013 में मेरी मरीज़ मारिया अपनी पीने की समस्या के शिखर पर थी। वह अक्सर आस-पास के इमरजेंसी वार्डों में पहुँचाई जाती रही, जहाँ हमेशा उसके रक्त में शराब की मात्रा, वैध सीमा से चार गुना हुआ करता था। मारिया के पूरे देखभाल का ज़िम्मा उसके पति डिएगो ने उठा रखा था।

और उसी बीच डिएगो ख़ुद अपने खाने की लत से जूझ रहा था। पाँच फुट एक की ऊँचाई पर उसका वज़न 336 पौंड हो चुका था। जब मारिया ने अपनी शराब पीने की आदत को छोड़ दिया तब ही डिएगो अपने खाने की लत को छोड़ने के बारे में योजना बनाने के लिए उत्साहित हुआ।

डिएगो ने कहा, "मारिया को रिकवरी में जाते हुए देखने के बाद, मुझे अपनी ज़िंदगी में चीज़ें बदलने के लिए प्रेरणा मिली। जब मारिया पीती रहती थी तब मैं अपने बहुत सारे किए से बच निकलता था। मुझे पता था कि मैं अपनी आदतों से नष्ट होने की स्थिति में पहुँच सकता हूँ। मैं अपने ही शरीर में सुरक्षित नहीं महसूस करता था। लेकिन जैसे ही मारिया ने अपने पीने की आदत को छोड़ दिया तभी मैं अपनी अवस्था को लेकर सजग और सचेत हुआ। मुझे अहसास हो गया था कि वह अपने जीवन में बेहतरी की ओर अग्रसर है और मैं उससे पीछे नहीं छूटना चाहता था।"

"इसलिए मैंने फ़िटबिट खरीदा। मैं जिम जाने लगा। मैंने कैलोरी गिनना भी शुरू कर दिया। और मात्र कैलोरीज गिनने से ही मुझे अंदाज़ लग गया कि मैं कितना अधिक खा रहा था। और फिर उसके बाद मैंने कीटो डाइट और इंटरमिटेंट फ़ास्टिंग करना शुरू कर दिया। मैं देर रात में कभी भी कुछ नहीं खाता था और सुबह बिना कसरत किए मैं खाने को हाथ नहीं लगाता था। मैंने दौड़ना भी शुरू किया। मैंने भारी-भरकम वज़न उठाना भी चालू कर दिया था। मुझे यह अहसास हुआ कि भूख किसी ऐसे नोटिफ़िकेशन की तरह है जिसे मैं चाहूँ तो नज़रअंदाज़ कर सकता हूँ। वर्ष 2019 में, मेरा वज़न अब 195 पौंड हो चुका है। बहुत लंबे वक़्त के बाद, आज पहली बार, मेरा ब्लड प्रेशर बिलकुल सामान्य है।"

अपनी चिकित्सीय अभ्यास में मैंने यह अक्सर नोट किया है कि जब परिवार का कोई एक सदस्य नशे की लत से रिकवरी की तरफ़ रुख़ करता है तब उस परिवार का दूसरा सदस्य भी उसी राह पर चलने लगता है। मैंने ऐसे पतियों को देखा है जो शराब पीना बंद कर देते हैं और उनकी पत्नियाँ विवाहेतर संबंध रखना बंद कर देती हैं। मैंने ऐसे माता-पिता देखे हैं जो धूम्रपान करना बंद कर देते हैं और उनके बाद बच्चे भी ऐसा ही करते हैं।

मैंने वर्ष 1968 में किए गए स्टैनफ़ोर्ड मार्शमैलौ एक्सपेरिमेंट के बारे में इस किताब में बात की थी। इस प्रयोग में तीन से छह वर्ष की आयु के छोटे बच्चों का उनकी संतुष्टि को विलंबित करने की क्षमता पर अध्ययन किया गया था। उन्हें एक प्लेट में मार्शमैलो के साथ एक ख़ाली कमरे में अकेला छोड़ दिया गया और कहा गया कि यदि वे मार्शमैलो खाए बिना पूरे पंद्रह मिनट बिता सकते हैं, तो उन्हें वह मार्शमैलो और साथ ही एक दूसरा मार्शमैलो भी मिलेगा। यदि वे इसके लिए प्रतीक्षा कर सकें तो उन्हें दोगुना इनाम मिलेगा।

वर्ष 2012 में, रोचेस्टर विश्वविद्यालय के शोधकर्ताओं ने 1968 के स्टैनफ़ोर्ड मार्शमैलो प्रयोग को एक महत्त्वपूर्ण तरीक़े से बदल दिया। बच्चों के एक समूह ने मार्शमैलो परीक्षण आयोजित होने से पहले एक टूटे हुए वादे का अनुभव किया :शोधकर्ताओं ने कमरा छोड़ दिया और कहा कि जब बच्चा घंटी बजाएगा तो वे वापस आ जाएँगे, लेकिन फिर वे नहीं आए। बच्चों के दूसरे समूह को भी यही बताया गया, लेकिन जब उन्होंने घंटी बजाई, तो शोधकर्ता वापस लौट आए।

बाद वाले समूह के बच्चे, जहाँ शोधकर्ता वापस आए थे, टूटे हुए वादे वाले समूह के बच्चों की तुलना में दूसरे मार्शमैलो के लिए चार गुना अधिक (बारह मिनट) तक इंतज़ार करने को तैयार थे।

हम इस गतिविधि को कैसे समझ सकते हैं कि जब मारिया ने अपने पीने की आदत को छोड़ा तो डिएगो ने भी अपने खाने की लत को नियंत्रित करने के सजग प्रयास शुरू किए, या फिर कैसे कि जब वयस्क बच्चों से किए गए वादों को पूरा करते हैं तो पाया जाता है कि वे बच्चे अपनी भावनाओं और उत्तेजनाओं को नियंत्रित करने में ज़्यादा समर्थ होते हैं?

मैं इस घटना या प्रक्रिया को जैसे देखती और समझती हूँ, मैंने इसे दो तरीक़े की मानसिकताओं में विभाजित किया है : *प्रचुर की मानसिकता* और *अभाव की मानसिकता*। सच बोलने से और ईमानदारी से प्रचुरता की मानसिकता का विकास होता है। और झूठ बोलने से अभाव की मानसिकता का। मैं आपको समझाती हूँ। जब हमारे आस-पास के लोग विश्वसनीय होते हैं और हमें सच्चाई बताते हैं, जिसमें वे हमसे किए गए वादे भी निभाते हैं, तो हम दुनिया और इसमें अपने भविष्य के बारे में अधिक आश्वस्त महसूस करते हैं। हमें लगता है कि एक व्यवस्थित, पूर्वानुमानित, सुरक्षित जगह बनने के लिए हम ना केवल उन पर बल्कि दुनिया पर भी भरोसा कर सकते हैं। अभावों के बीच भी हमें विश्वास है कि चीज़ें ठीक हो जाएँगी। यही प्रचुरता की मानसिकता होती है।

जब हमारे आस-पास के लोग झूठ बोलते हैं और अपने वादे नहीं निभाते, तो हम भविष्य के बारे में कम आश्वस्त महसूस करते हैं। हमें लगता है कि दुनिया एक ख़तरनाक जगह बन गई है जिसके व्यवस्थित, पूर्वानुमानित या सुरक्षित होने पर भरोसा नहीं किया जा सकता है। हम प्रतिस्पर्धी अस्तित्व मोड में जाते हैं और वास्तविक भौतिक संपदा से स्वतंत्र, दीर्घकालिक लाभ की तुलना में अल्पकालिक लाभ को प्राथमिकता देते हैं। यही अभावग्रस्त मानसिकता होती है।

न्यूरोसाइंटिस्ट वॉरेन बिकेल और उनके सहयोगियों द्वारा किए गए एक प्रयोग में प्रतिभागियों की मौद्रिक पुरस्कार के लिए संतुष्टि में देरी करने की प्रवृत्ति पर प्रभाव देखा गया। प्रतिभागियों का एक कथात्मक अंश पढ़ने के बाद अध्ययन किया गया, जिसमें प्रचुरता की स्थिति बनाम कमी की स्थिति का अनुमान लगाया गया था।

प्रचुर कथा इस प्रकार है : "आपकी नौकरी पर आपको अभी-अभी पदोन्नत किया गया है। आपके पास देश के उस हिस्से में जाने का अवसर होगा जहाँ आप हमेशा रहना चाहते थे या आप जहाँ हैं वहीं रहना चुन सकते हैं। किसी भी तरह से, कंपनी आपको चलते-फिरते ख़र्चों को कवर करने के लिए बड़ी रक़म देती है और आपसे कहती है कि जो आप ख़र्च नहीं करते हैं उसे अपने पास रखें। आप पहले की तुलना में 100 प्रतिशत अधिक कमाएँगे।"

अभाव की कहानी इस प्रकार थी : "आपको अभी-अभी नौकरी से निकाल दिया गया है। अब आपको एक ऐसे रिश्तेदार के साथ रहना होगा जो देश के उस हिस्से में रहता है जिसे आप नापसंद करते हैं, और वहाँ जाने के लिए आपको अपनी सारी बचत ख़र्च करनी होगी। आप बेरोज़गारी भत्ते के लिए योग्य नहीं हैं, इसलिए जब तक आपको दूसरी नौकरी नहीं मिल जाती तब तक आपकी कोई आय नहीं होगी।"

और इसमें ज़रा भी आश्चर्य नहीं होना चाहिए, जो इस अध्ययन से शोधकर्ताओं ने निष्कर्ष देखा। जिन प्रतिभागियों ने आभाव की कहानी पढ़ी थी उनमें भविष्य के लिए इंतज़ार करने की इच्छा नहीं थी और वे अपना पुरस्कार तुरंत चाहते थे। जबकि जिन प्रतिभागियों ने प्रचुरता की कहानी पढ़ी थी, वे अपने पुरस्कार के लिए प्रतीक्षा करने के लिए अधिक इच्छुक थे।

यह सहज समझ में आता है कि जब संसाधन दुर्लभ होते हैं, तो लोग तत्काल के लाभ में अधिक निवेश करते हैं, और कम आश्वस्त होते हैं कि वे पुरस्कार अभी भी कुछ समय बाद, भविष्य में मिलेंगे।

सवाल यह है कि प्रचुर भौतिक संसाधनों से संपन्न देशों में रहने वाले हममें से इतने सारे लोग फिर भी अपने दैनिक जीवन में अभाव की मानसिकता के साथ क्यों काम करते हैं?

जैसा कि हमने देखा है, बहुत अधिक भौतिक संपत्ति होना उतना ही बुरा हो सकता है जितना कि बहुत कम होना। डोपामाइन की अधिकता संतुष्टि में देरी करने की हमारी क्षमता को ख़राब कर देती है। सोशल

मीडिया पर अतिशयोक्ति और "पोस्ट-टुथ" राजनीति (चलो इसे वही कहें जो यह सच में है, झूठ बोलना-कहना) हमारी कमी की भावना को बढ़ाते हैं। परिणाम यह होता है कि प्रचुरता के बावजूद भी हम स्वयं को दरिद्र महसूस करते हैं।

जिस प्रकार प्रचुरता के बीच अभाव की मानसिकता होना संभव है, उसी प्रकार अभाव के बीच भी प्रचुर मानसिकता का होना भी संभव है। प्रचुरता की अनुभूति भौतिक संसार से परे किसी स्रोत से आती है। अपने से बाहर किसी चीज़ पर विश्वास करना या उसके प्रति काम करना, और मानवीय जुड़ाव और अर्थ से समृद्ध जीवन को बढ़ावा देना, घोर ग़रीबी के बीच भी हमें एक भरपूर मानसिकता देकर सामाजिक गोंद के रूप में कार्य कर सकता है। जुड़ाव और अर्थ खोजने के लिए मौलिक ईमानदारी की आवश्यकता होती है।

निवारण के रूप में सत्य-कथन

मैंने ड्रेक से कहा, "पहले मुझे आप अपने रोल के बारे में बताने दीजिए।" ड्रेक एक फ़िज़िशियन हैं जिनका हमारी कल्याण समिति द्वारा मुझसे आकलन करने को कहा गया।

"मैं यहाँ यह निर्धारित करने के लिए हूँ कि क्या आपको कोई मानसिक बीमारी हो सकती है जो चिकित्सा अभ्यास करने की आपकी क्षमता पर प्रतिकूल प्रभाव डालती है। और क्या आपको अपने काम को सही ढंग से करने के लिए किसी भी प्रकार के मदद की आवश्यकता है। लेकिन मुझे आशा है कि आप मुझे आज के मूल्यांकन से परे एक संसाधन के रूप में भी देखेंगे, अगर आपको मानसिक स्वास्थ्य उपचार या अधिक व्यापक रूप से भावनात्मक समर्थन की आवश्यकता होगी तो।"

उन्होंने निश्चिंत होकर कहा, "इसके लिए धन्यवाद।"

"मैं समझती हूँ कि आपको डीयूआई मिला है?"

डीयूआई, या नशे में गाड़ी चलाना, नशे की हालत में वाहन चलाना एक क़ानूनी जुर्म है। संयुक्त राज्य अमेरिका में इक्कीस वर्ष या उससे

अधिक उम्र के ड्राइवरों के लिए, 0.08 प्रतिशत या उससे अधिक की रक्त अल्कोहल सांद्रता (बीएसी) के साथ गाड़ी चलाना गैर क़ानूनी है।

"हाँ। दस साल से भी अधिक समय पहले, जब मैं मेडिकल स्कूल में था।"

"ओके। लेकिन मैं यहाँ कन्फ़्यूज्ड हूँ। इतनी पुरानी बात के लिए आपको मेरे पास अभी क्यों भेजा गया है? आमतौर पर, मुझे डीयूआई मिलने के तुरंत बाद अभ्यास में चिकित्सकों का मूल्यांकन करने के लिए कहा जाता है।"

"मैं यहाँ संकाय में नया हूँ। मैंने अपने आवेदन पत्र पर डीयूआई की सूचना दी। मुझे लगता है कि वे [कल्याण समिति] बस यह सुनिश्चित करना चाहते थे कि सब कुछ ठीक है।"

"मुझे लगता है कि यह सही है," मैंने कहा। "अच्छा, मुझे अपनी कहानी बताइए।"

वर्ष 2007 में, ड्रेक मेडिकल स्कूल के अपने प्रथम वर्ष के पहले सेमेस्टर में था। वह कैलिफ़ोर्निया से उत्तर-पूर्व की ओर चला गया था और प्रशांत तट के धूप सेंकने वाले घास के मैदानों को न्यू इंग्लैंड की शरदकालीन महिमा में रंग-बिरंगी पहाड़ियों से बदल दिया था।

कैलिफ़ोर्निया में अपनी स्नातक की पढ़ाई पूरी करने के कुछ समय बाद, उन्होंने चिकित्सा के बारे में निर्णय लिया, जहाँ उन्होंने सर्फ़िंग में प्रभावी रूप से महारत हासिल की और एक सेमेस्टर कैंपस के पीछे जंगल में रहकर "ख़राब कविता लिखने" में बिताया।

पहले सेमेस्टर की परीक्षा के बाद, उसके कुछ मेड स्कूल सहपाठियों ने ग्रामीण इलाक़े में अपने घर पर एक पार्टी रखी। योजना एक मित्र को गाड़ी चलवाने की थी, लेकिन अंतिम समय में, मित्र की कार में समस्या आ गई, इसलिए अंत में ड्रेक को गाड़ी चलानी पड़ी।

"मुझे याद है कि वह सितंबर की शुरुआत में पतझड़ का एक ख़ूबसूरत दिन था। घर एक देहाती सड़क के नीचे था, जहाँ मैं रह रहा था उससे ज़्यादा दूर नहीं था।"

पार्टी ड्रेक की उम्मीद से कहीं अधिक मज़ेदार रही। मेडिकल स्कूल में एडमिशन लेने के बाद उसने पहली बार अपने आप को इतना खुला छोड़ दिया था। उसने एकाध बियर पीने से शुरुआत की लेकिन धीरे-धीरे ब्लू लेबल और जॉनी वॉकर भी पीने लगा। रात को 11:30 बजे जब पड़ोसियों ने इनके मचाए जा रहे शोर के कारण पुलिस को बुलाया तब तक ड्रेक बेहद नशे में था। और ड्रेक का दोस्त भी ऐसी ही हालत में था।

"मुझे और मेरे दोस्त को अहसास हुआ कि हम गाड़ी चलाने के लिए बहुत नशे में थे। तो हम उसी घर पर ही रहे, जहाँ पार्टी थी। मैं सो गया। पुलिसवाले और अधिकांश अन्य मेहमान चले गए। मुझे एक सोफ़ा मिला और मैंने उस पर सोने की कोशिश की।"

"रात के ढाई बजे मेरी नींद खुल गई। मैं अभी भी थोड़ा नशे में था, लेकिन मुझे कोई परेशानी महसूस नहीं हुई। यह एक ख़ाली देहाती सड़क से सीधे मेरे घर की ओर जाने वाला रास्ता था। मुश्किल से 2 से 3 मील की दूरी। हमने तय किया की हम वहाँ चल सकते हैं।"

जैसे ही ड्रेक और उसका दोस्त ग्रामीण सड़क पर निकले, उन्होंने सड़क के किनारे एक पुलिस कार को इंतज़ार करते देखा। पुलिस उनके पीछे आ गई और उनका पीछा करना शुरू कर दिया, जैसे कि वे हमेशा से उनका इंतज़ार कर रहे थे। वे एक चौराहे पर आए जहाँ एक तार पर एक लाइट सिग्नल लटका हुआ था। वह हवा में उड़ रहा था और घूम रहा था।

"मैंने सोचा कि यह मेरी ओर से पीले रंग में चमक रहा था, और दूसरी ओर से लाल, लेकिन इस तरह से झूलते हुए यह बताना कठिन था। इसके अलावा, मैं अपने ठीक पीछे पुलिस वाले से घबरा गया था। मैं धीरे-धीरे चौराहे से गुज़रा, और कुछ नहीं हुआ, इसलिए मुझे लगा कि चमकती पीली रोशनी के बारे में मैं सही था और मैं चलता रहा। बस अगले चौराहे से बायीं ओर मुड़कर मेरा घर आ जाता। मैंने गाड़ी घर की

तरफ़ तो मोड़ ली लेकिन मैं ब्लिंकर जलाना भूल गया। और इसी बात पर पुलिस वाले ने हमें रोक दिया।"

पुलिस अधिकारी युवा था, लगभग ड्रेक की ही उम्र का। "वह नया-नया ही शायद नौकरी पर लगा था। उसे शायद हमें रोकने का बुरा भी लगा था लेकिन यह उसका काम था और उसे करना पड़ा।"

उसने ड्रेक को सड़क के किनारे संयम परीक्षण दिया और उसका श्वास परीक्षण किया। उसने क़ानूनी सीमा से थोड़ा अधिक, 0.10 प्रतिशत उड़ा दिया। अधिकारी ड्रेक को स्टेशन ले गए, जहाँ ड्रेक ने कई काग़ज़ी कार्रवाई पूरी की और पता चला कि नशे में गाड़ी चलाने के कारण उसका लाइसेंस अस्थायी रूप से निलंबित कर दिया गया था। स्टेशन से किसी ने उसे घर तक पहुँचाया।

"अगले दिन, मुझे एक अफ़वाह याद आई कि जिस मित्र के साथ मैं बड़ा हुआ था, उसे आपातकालीन चिकित्सा में निवास के दौरान डीयूआई प्राप्त हुआ था। वह ऐसा व्यक्ति था जिसका मैं सचमुच सम्मान करता था। वह हमारा कक्षा अध्यक्ष रह चुका था। मैंने उसे फ़ोन किया।"

"जब मैं अपने उस दोस्त के पास पहुँचा तो उसने कहा, 'तुम कुछ भी करो लेकिन तुम्हारे रिकॉर्ड पर डीयुआई नहीं होना चाहिए, ख़ासकर जब तुम्हें डॉक्टर बनना है तब। तुम्हें तुरंत किसी वक़ील को हायर करना चाहिए और वह फिर तुम्हारी इस ग़लती को या तो 'वेट रेकलेस' की संज्ञा में ले आएगा या फिर पूरी तरह से ही इसे हटवा देगा।' और मैंने ठीक वैसा ही किया।"

ड्रेक को एक स्थानीय वक़ील मिला और उसने उसे 5,000 डॉलर का अग्रिम भुगतान किया, यह पैसा उसने अपने छात्र ऋण से लिया था।

वक़ील ने उससे कहा, "वे तुम्हें अदालत की तारीख़ देने जा रहे हैं। अच्छे कपड़े पहनना। यह सुनिश्चित करना कि सुनवाई की तारीख़ पर तुम अच्छे दिखो। न्यायाधीश तुमको स्टैंड पर बुलाएगा और तुमसे पूछेगा कि तुम कैसे दलील करते हो, और तुम कहोगे कि '*दोषी नहीं।*' बस इतना

ही। तुम्हें बस इतना ही करना है। दो शब्द। *'दोषी नहीं।'* हम इसे वहाँ से आगे सँभाल लेंगे।"

अपनी सुनवाई के दिन, ड्रेक ने वैसे ही कपड़े पहने जैसे उसे बताया गया था। वह न्यायालय से कुछ ब्लॉक की दूरी पर रहता था, और जब वह वहाँ चला गया, तो वह सोच में पड़ गया। उसने नेवादा में अपने चचेरे भाई के बारे में सोचा जो नशे में गाड़ी चला रहा था और दूसरी तरफ़ आ रही एक अठारह वर्षीय लड़की से टकरा गया।

उन दोनों की मृत्यु हो गई थी। जिन लोगों ने उसके चचेरे भाई को बार में पहले ही देखा था, उन्होंने कहा कि वह ऐसे पी रहा था जैसे मरना चाहता हो।

"अदालत में, मैंने अपनी ही उम्र के कुछ अन्य पुरुषों को देखा। आप समझिए कि, वे मुझसे कम सुविधासंपन्न लग रहे थे। मैं सोच रहा था कि संभवतः उनके पास मेरे जैसा कोई वक़ील नहीं है। मैं थोड़ा कमज़ोर महसूस करने लगा।"

एक बार अदालत कक्ष के अंदर, बुलाए जाने की प्रतीक्षा करते हुए, ड्रेक ने अपने दिमाग़ में बिलकुल वही योजना चलाई, जैसा कि उसके वकील ने उसे बताया था : *"न्यायाधीश आपको स्टैंड पर बुलाएँगे और आपसे पूछेंगे कि आप कैसे दलील रखते हैं, और आप कहने जा रहा हूँ 'दोषी नहीं।' बस इतना ही। आपको बस इतना ही करना है। दो शब्द। 'दोषी नहीं।'"*

न्यायाधीश ने ड्रेक को गवाह के रूप में बुलाया। ड्रेक जज की बेंच के ठीक नीचे और दाहिनी ओर सख़्त लकड़ी की कुर्सी पर बैठ गया। उनसे दाहिना हाथ उठाकर सच बोलने का वादा करने को कहा गया। उसने वादा किया।

उसने अदालत कक्ष में लोगों की ओर देखा। उसने जज की ओर देखा। न्यायाधीश ने उसकी ओर मुड़कर कहा, "आप कैसे दलील करते हैं?"

ड्रेक को पता था कि उसे क्या कहना है। उसने यह कहने की योजना

बनाई। दो शब्द। *दोषी नहीं।* शब्द लगभग उसके होठों पर थे। इतने क़रीब।

"लेकिन फिर मैं उस समय के बारे में सोचने लगा जब मैं पाँच साल का था और मैंने अपने पिता से आइसक्रीम माँगी और उन्होंने कहा कि मुझे दोपहर के भोजन के बाद तक इंतज़ार करना होगा। मैंने उनसे कहा, 'मैंने दोपहर का भोजन कर लिया है। मैं माइकल के घर गया था और उसने मुझे एक हॉट डॉग खाने को दिया था।' लेकिन सच्चाई तो यह थी कि मैं कभी माइकल के घर गया ही नहीं था। माइकल और मैं वास्तव में दोस्त नहीं थे, और मेरे पिता यह जानते थे। ख़ैर, मेरे पिताजी ने कोई समय बर्बाद नहीं किया। उन्होंने तुरंत फ़ोन उठाया और माइकल से पूछ लिया कि, "क्या तुमने ड्रेक को हॉट डॉग दिया था?" और फिर उन्होंने मुझे शांति से बैठाया और कहा कि झूठ बोलना हमेशा बुरा होता है। उन्होंने कहा कि झूठ बोलना कभी भी परिणाम के लायक़ नहीं होता। उस पल ने मुझ पर बड़ा प्रभाव डाला था।"

जैसा कि वक़ील ने मुझसे कहा था, "मैं हमेशा से ही यह दलील देने की योजना बना रहा था कि मैं दोषी नहीं हूँ।" ऐसा नहीं था कि मैंने स्टैंड लेने से पहले कोई अलग निर्णय लिया था। लेकिन जैसे ही जज ने मुझसे पूछा, मैं शब्द नहीं कह सका। मैं उन्हें कह ही नहीं सका। मैं जानता था कि मैं दोषी था। मैं शराब पी रहा था और गाड़ी चला रहा था।"

ड्रेक ने कहा, "दोषी।"

जज अपनी कुर्सी पर इस तरह बैठ गया मानो उस सुबह पहली बार उठा हो। उसने धीरे से अपना सिर घुमाया। उसने सीधे अपनी आँखें ड्रेक पर केंद्रित कर लीं और ड्रेक को इस तरह देखने लगा जैसे उसे आत्मा खँगालनी हो। "क्या आप निश्चित हैं कि यह आपकी अंतिम दलील है? क्या आपको परिणामों का अहसास है? क्योंकि आप वापस नहीं जा सकते।"

ड्रेक ने कहा, "जिस तरह से जज ने अपना सिर घुमाया और मेरी तरफ़ देखा, मैं उसे कभी नहीं भूलूँगा।" "मुझे लगा कि यह अजीब बात है कि वह मुझसे यह पूछ रहे हैं। मुझे एक क्षण के लिए आश्चर्य

हुआ कि क्या मैं कोई ग़लती कर रहा था। फिर मैंने उनसे कहा कि मुझे यक़ीन है।"

ड्रेक ने बाद में वक़ील को फ़ोन किया और उसे बताया कि क्या हुआ था। "वह निश्चित रूप से आश्चर्यचकित था।"

ड्रेक के वक़ील ने कहा, ''मैं तुम्हारी ईमानदारी का सम्मान करता हूँ। मैं आमतौर पर ऐसा नहीं करता, लेकिन मैं तुम्हें तुम्हारे पाँच हज़ार डॉलर वापस भेजने जा रहा हूँ।" और वक़ील ने किया भी। कम्पलीट रिफ़ंड।

ड्रेक ने अगला साल अनिवार्य डीयूआई कक्षाओं में भाग लेने में बिताया। कक्षाएँ सुदूर स्थानों में होती थीं। चूँकि वह गाड़ी नहीं चला सकता था, इसलिए उसे बस लेनी पड़ती थी, जिसमें एक बार में कई घंटे लग जाते थे। अनिवार्य बैठकों में, वह उन लोगों के साथ एक घेरे में बैठता था जिनके संपर्क में वह आमतौर पर कभी नहीं आ पाता। "उन लोगों से बहुत अलग, जिनके साथ मैं मेडिकल स्कूल में था।" जैसा कि वह याद करता है, कक्षा में अन्य लोग अधिकतर कई डीयूआई वाले वृद्ध श्वेत पुरुष थे।

1000 डॉलर से अधिक का जुर्माना भरने और अनिवार्य डीयूआई कक्षाओं में दसियों घंटे बिताने के बाद, ड्रेक को अपना ड्राइवर का लाइसेंस वापस मिल गया। पता चला कि वह तो केवल शुरुआत थी।

उसने मेडिकल स्कूल की पढ़ाई पूरी की और रेजीडेंसी के लिए आवेदन किया और अपने सभी रेजीडेंसी आवेदनों पर डीयूआई की सज़ा की रिपोर्ट दी। जब उसने अपने मेडिकल लाइसेंस के लिए आवेदन किया तो उसे भी यही काम करना पड़ा। और फिर जब उसने स्पेशलिटी बोर्ड सर्टिफ़िकेशन के लिए आवेदन किया तब भी यह रिपोर्ट करनी पड़ी। इन सब के अंत में, जब उन्होंने सैन फ्रांसिस्को खाड़ी क्षेत्र में रेजीडेंसी पद ग्रहण किया, तो उन्हें पता चला कि वर्मोंट में उन्होंने जो भी डीयूआई कक्षाएँ लीं, उनमें से कोई भी कैलिफ़ोर्निया में नहीं गिना गया, इसलिए उसे यह सब दोबारा करना पड़ा।

“मैं इतने लंबे दिनों तक काम करता था और रात तक काम करता था, फिर अस्पताल से बस द्वारा इन बैठकों में जाने के लिए दौड़ता था। यदि मैं एक मिनट भी लेट होता तो मुझे शुल्क देना पड़ता। एक समय ऐसा आया जब मैंने सोचा कि क्या झूठ बोलना बेहतर होता। लेकिन अब, पीछे मुड़कर देखने पर, मुझे ख़ुशी है कि मैंने सच कहा।”

“जब मैं बड़ा हो रहा था तब मेरे माता और पिता दोनों को शराब पीने की समस्या थी। मेरे पिता को यह समस्या अभी भी है। वह कई बार कई हफ़्तों तक बिना शराब पिए रह सकते हैं लेकिन जब वे पीते हैं तो वह दृश्य बहुत भयावह होता है। मेरी माँ अब दस साल से रिकवरी में हैं। लेकिन जब मैं बड़ा हो रहा था तब वे रोज़ाना पीती थीं। हालाँकि मुझे तब ना तो पता था और ना ही मैंने उन्हें कभी शराब के नशे में धुत देखा था। लेकिन अपनी समस्याओं के बावजूद, मेरे माता-पिता मुझे यह महसूस कराने में अच्छे थे कि मैं उनके साथ खुला और ईमानदार रह सकता हूँ।”

“उन्हें हमेशा मुझ पर प्यार और गर्व महसूस होता था, तब भी जब मैंने दुर्व्यवहार किया था। हालाँकि उन्होंने मेरा बिगड़ने में कभी साथ नहीं दिया। उदाहरण के लिए, उन्होंने मुझे कभी भी मेरी क़ानूनी फ़ीस का भुगतान करने के लिए पैसे नहीं दिए, हालाँकि उनके पास कुछ पैसे थे। लेकिन साथ ही, उन्होंने मुझे कभी जज नहीं किया। मुझे लगता है कि बड़े होते हुए उन्होंने मेरे लिए एक आरामदायक और सुरक्षित जगह बनाई है। इससे मुझे खुला और ईमानदार होने की इज़ाजत मिली।”

“आज, मैं स्वयं बहुत कम शराब पीता हूँ। मैं चीज़ों को ज़रूरत से ज़्यादा करने का इच्छुक हूँ और मैं जोख़िम लेने वाला हूँ, इसलिए मैं निश्चित रूप से उस रास्ते पर जा सकता था। लेकिन मुझे लगता है कि मेरे जीवन के उस महत्त्वपूर्ण क्षण में, जब मुझे वह डीयूआई मिला, सच बोलना मुझे दूसरे रास्ते पर ले गया होगा। हो सकता है कि वर्षों से ईमानदार रहने से मुझे अपने साथ अधिक सहज होने में मदद मिली हो। मेरा जीवन एक खुली किताब की तरह है और मेरे पास कोई रहस्य नहीं है।”

सच बोलने और तीव्र परिणाम भुगतने से शायद ड्रेक के जीवन की दिशा बदल गई हो। ऐसा लगता था कि वह ऐसा ही सोच रहा था। कम उम्र में ही उसके पिता द्वारा उसके मन में ईमानदारी के प्रति जो गहरा सम्मान पैदा किया गया था, उसका नशे की लत के कारण उसके आनुवंशिक भार से भी अधिक प्रभाव पड़ा। क्या आमूल-चूल ईमानदारी एक निवारक उपाय हो सकती है?

ड्रेक का अनुभव इस बात का हिसाब नहीं देता है कि एक भ्रष्ट और निष्क्रिय व्यवस्था में कट्टरपंथी ईमानदारी कैसे उलटी पड़ सकती है। या अमेरिकी समाज में उनकी जाति और वर्ग के विशेषाधिकारों ने महत्त्वपूर्ण नतीजों से उबरने की उसकी क्षमता में कैसे योगदान दिया। यदि वह ग़रीब और/या अश्वेत व्यक्ति होता, तो परिणाम बहुत अलग दिख सकते थे।

बहरहाल, उसकी कहानी ने मुझे एक माता-पिता के रूप में आश्वस्त किया है कि मैं अपने बच्चों के पालन-पोषण में मुख्य मूल्य के रूप में ईमानदारी पर ज़ोर दे सकती हूँ और मुझे देना भी चाहिए।

मेरे मरीज़ों ने यह मुझे सिखाया है कि ईमानदारी जागरूकता बढ़ाती है। इसके कारण हमारे रिश्ते संतोषजनक बनते हैं, हमें हमारे कथ्यों का प्रामाणिक वर्णन करने की क्षमता मिलती है, और संतुष्टि को विलंबित करने की हमारी क्षमता को भी यह बढ़ावा देती है। और संभवतः भविष्य में होने वाले किसी प्रकार की लत के विकास को यह रोक सकती है।

मेरे ख़ुद के लिए ईमानदारी रोज़ाना का एक संघर्ष है। मेरे भीतर का एक हिस्सा सदैव मेरे साथ होता है जो कहानी को हल्का-फुल्का ही सही लेकिन सजाना चाहता है, मेरी ख़ुद की बेहतरी और अच्छाई को दिखाना चाहता है, या फिर मेरी बुराइयों के लिए कोई सटीक बहाना बना लेना चाहता है। हालाँकि अब उस आग्रह से लड़ने की मैं भरपूर कोशिश करती हूँ।

यद्यपि व्यवहार में कठिन है लेकिन - यह छोटा सा उपकरण जिसे 'सच-बोलना' कहा जाता है - आश्चर्यजनक ढंग से यह हमारी पहुँच के भीतर है। कोई भी व्यक्ति किसी भी दिन जाग सकता है और निर्णय ले सकता है, "आज मैं किसी भी चीज़ के बारे में झूठ नहीं बोलूँगा।" और ऐसा करने पर, ना केवल उनके व्यक्तिगत जीवन में बेहतरी आएगी, बल्कि शायद दुनिया भी बदल जाएगी।

9

सामाजिक शर्म

जब बात बाध्यकारी अति-उपभोग की आती है तब शर्म या लज्जा अपने आप में एक पेचीदगी से भरी अवधारणा है। यह उस आदत या आचरण को बढ़ावा देने वाला वाहन भी बन सकता है और साथ ही यह उस व्यवहार को रोकने वाला प्रेरणा भी हो सकता है। तो फिर हम इस विरोधाभास का समाधान कैसे करें?

सबसे पहले तो चलिए इस पर बात करते हैं कि शर्म क्या है?

आज के आधुनिक साइकोलॉजिकल साहित्य की माने तो यह शर्म को अपराधबोध से एक अलग भावना के रूप में इंगित करता है। साइकोलॉजी के हिसाब से यह विचार इस प्रकार है : शर्म या लज्जा हमें ख़ुद के बारे में, एक व्यक्ति के रूप में, बुरा महसूस कराता है जबकि अपराधबोध में हम ख़ुद की क्रियाओं के बारे में बुरा महसूस करते हैं और अपने स्व का एक सकारात्मक दृष्टिकोण बचाए रखते हैं। शर्म एक कुत्सित भावना है। अपराधबोध एक अनुकूली भावना है।

शर्म-अपराधबोध द्वंद्व के साथ मेरी समस्या यह है कि अनुभवात्मक रूप से, शर्म और अपराधबोध एक समान ही हैं। बौद्धिक रूप से, मैं आत्म-घृणा को "एक अच्छा इंसान होने के नाते जिसने कुछ ग़लत किया" से अलग करने में सक्षम हो सकता हूँ, लेकिन शर्म-अपराधबोध महसूस करने के उस क्षण में, एक भावना का एक तीव्र झटका लगता है और दोनों ही भावनाएँ समान लगने लगती हैं : जिसमें हमें महसूस होता है कि अफ़सोस

सज़ा और परित्याग के डर से मिश्रित हुआ हो। यह अफ़सोस हो सकता है कि इसलिए हो कि इस बात का डर होता होगा कि कहीं किसी को पता तो नहीं चल जाएगा और इस बात का संभवतः अफ़सोस बिलकुल नहीं होता होगा कि उन्होंने कोई ऐसा आचरण किया है जिस पर अफ़सोस होना चाहिए। परित्याग का डर, जो कि इस तरह की अनूठी और सटीक सज़ा है, इसका असर काफ़ी गहरा है। यह बाहर निकाले जाने, तिरस्कृत किए जाने, झुंड का हिस्सा ना रह जाने का भय है।

फिर भी शर्म-अपराध का द्वंद्व किसी वास्तविक चीज़ पर असर डाल रहा है। मेरा मानना है कि अंतर यह नहीं है कि हम भावनाओं को कैसे अनुभव करते हैं, बल्कि अंतर यह है कि दूसरे हमारे अपराध पर कैसे प्रतिक्रिया देते हैं।

यदि दूसरे लोग हमें अस्वीकार, निंदा या तिरस्कार करके प्रतिक्रिया देते हैं, तो हम उस चक्र में प्रवेश करते हैं जिसे मैं *विनाशकारी शर्म* कहती हूँ। विनाशकारी शर्म शर्मिंदगी के भावनात्मक अनुभव को गहरा करती है और हमें उस व्यवहार को क़ायम रखने के लिए तैयार करती है जिसके कारण पहली बार में शर्म महसूस हुई। यदि अन्य लोग हमें क़रीब लाकर और मुक्ति/पुनर्प्राप्ति के लिए स्पष्ट मार्गदर्शन प्रदान करके प्रतिक्रिया देते हैं, तो हम *सामाजिक शर्मिंदगी* के चक्र में प्रवेश करते हैं। सामाजिक शर्म शर्मिंदगी के भावनात्मक अनुभव को कम करती है और हमें शर्मनाक व्यवहार को रोकने या कम करने में मदद करती है।

इसे ध्यान में रखते हुए, आइए इस बारे में बात करके शुरुआत करें कि शर्म कब ग़लत होती है (यानी, विनाशकारी शर्म), एक प्रस्तावना के रूप में, इस बारे में बात करते हुए कि शर्म कब सही होती है (यानी, सामाजिक शर्म)।

विनाशकारी शर्म

मेरे मनोचिकित्सक सहयोगियों में से एक ने एक बार मुझसे कहा था, "अगर हमें अपने मरीज़ पसंद नहीं हैं, तो हम उनकी मदद नहीं कर सकते।"

जब मैं पहली बार लोरी से मिली, तो वह मुझे ज़रा भी पसंद नहीं आई।

वह सीधे मुद्दे पर आ जाने वालों में से थी। उसने आते ही मुझे बता दिया कि वह मेरे पास सिर्फ़ इसलिए आई है क्योंकि उसके प्राथमिक देखभाल डॉक्टर ने उसे मेरे पास भेजा है। उसने साथ यह भी बताया कि हालाँकि उसे लगता है कि इसकी कोई ज़रूरत नहीं थी क्योंकि कभी भी जीवन में उसे ना तो कोई लत लगी है और ना ही वो किसी मानसिक बीमारी से ग्रस्त हुई है। साथ ही लोरी ने मुझसे यह भी बताया की वह मुझसे बस इतना चाहती है कि मैं कुछ ऐसा और मात्र उतना ही कह दूँ जिससे वह अपने प्राथमिक और "असली" डॉक्टर के पास जाकर अपनी दवाइयाँ पा सके।

लोरी ने कहा, 'मैंने गैस्ट्रिक बाईपास सर्जरी करवाई है।' और उसने यह इस लहजे में कहा कि जो प्रेसक्राइब्ड दवाइयों की उच्च ख़ुराक वह ले रही है उसका पर्याप्त स्पष्टीकरण मुझे मिल जाना चाहिए। एक पुराने ज़माने की स्कूल-छात्रा की तरह, वह ऐसे बात करती थी मानो अपने से कम प्रतिभाशाली विद्यार्थी को व्याख्यान दे रही हो। "पहले मेरा वज़न दो सौ पाउंड से अधिक था और अब नहीं है। तो निःसंदेह मेरी आँत में गड़बड़ी के कारण मुझे कुअवशोषण सिंड्रोम हो गया है, यही कारण है कि औसत व्यक्ति के रक्त स्तर तक पहुँचने के लिए मुझे 120 मिलीग्राम लेक्साप्रो की आवश्यकता होती है। आप तो डॉक्टर हैं, बाक़ी सभी लोगों की अपेक्षा आप को तो यह बात समझ आनी चाहिए।"

लेक्साप्रो एक अवसादरोधी दवा है जो न्यूरोट्रांसमीटर सेरोटोनिन को नियंत्रित करती है। औसत दैनिक ख़ुराक 10-20 मिलीग्राम है, जो लोरी की ख़ुराक को सामान्य से कम से कम छह गुना बनाती है। आमतौर पर नशा करने के लिए एंटीडिप्रेसेंट का दुरुपयोग नहीं किया जाता है, लेकिन मैंने पिछले कुछ वर्षों में ऐसे मामले देखे हैं। हालाँकि यह सच है कि वज़न कम करने के लिए लोरी को जो रॉक्स-एन-वाई सर्जरी मिली, उससे भोजन और दवाओं को अवशोषित करने में समस्या हो सकती है, लेकिन

इतनी अधिक ख़ुराक की आवश्यकता होना बहुत असामान्य होगा। मुझे पूरा यक़ीन था कि यहाँ लोरी के साथ कोई और मामला है।

"क्या इसके साथ तुम कोई अन्य दवा या पदार्थ का भी उपयोग कर रही हो?"

"मैं अपने दर्द के लिए गैबापेंटिन और मेडिकल गाँजा लेती हूँ। अपने सोने की समस्या के लिए एम्बियन लेती हूँ। और ये मेरे लिए प्रिस्क्राइब्ड दवाएँ हैं। मुझे अपनी चिकित्सीय स्थितियों के इलाज के लिए उनकी आवश्यकता है। मुझे नहीं पता कि इसमें ग़लत क्या है।"

"तुम अपनी किन चिकित्सीय समस्याओं का इलाज कर रही हो?" निःसंदेह मैंने उसका चार्ट पढ़ा था और जानती थी कि इसमें क्या कहा गया है, लेकिन मैं हमेशा मरीज़ों से उनके चिकित्सीय निदान और उपचार के बारे में उनकी समझ को सुनना पसंद करती हूँ।

"मुझे डिप्रेशन है और एक पुरानी चोट के कारण मेरे पैरों में दर्द रहता है।"

"ठीक है। इससे तुम्हारी दवाइयों का प्रिस्क्रिप्शन समझ आता है। लेकिन इनकी ख़ुराक अभी भी बहुत ज़्यादा लग रही हैं मुझे। मैं सोच रही हूँ कि क्या तुमने कभी अपने जीवन में इस समस्या से संघर्ष किया है कि जो तुमने तय किया था उससे अधिक तुम किसी पदार्थ या दवा का सेवन कर लिया हो। या फिर दर्दनाक भावनाओं से निबटने के लिए तुमने कभी किसी दवा या अतिरेक में भोजन का उपयोग किया हो।"

वह सीधी हो गई। उसने अपनी कमर कस ली, उसके दोनों हाथ उसके गोद पर मजबूती से एक दूसरे से चस्पां थे, उसके टखने एक के ऊपर एक रखे गए थे। लोरी उस वक़्त ऐसी दिख रही थी जैसे अभी ही वह कुर्सी से छलांग लगाने वाली है और इस कमरे से निकल कर भाग जाएगी।

"मैंने पहले ही आपसे यह कहा था डॉक्टर, मुझे ऐसी कोई समस्या नहीं है और ना ही कभी रही है।" उसने अपने होंठ भींचे और फिर दूसरी ओर अपनी नज़रें टिका लीं।

मैंने एक आह भरी। 'चलो, हम अपनी बातों के गियर को बदल देते हैं।' मेरी यह कोशिश थी कि लोरी के साथ शुरुआत में ही जो एक अदृश्य वैमन्सयता उपज रही है, उसे बदल दिया जाए। फिर मैंने कहा, "तुम मुझे अपने जीवन के बारे में क्यों कुछ नहीं बताती? एक लघु आत्मकथा की तरह मुझे बताओ : कि तुम्हारा जन्म कहाँ हुआ, तुम्हारा पालन-पोषण किसने किया, बचपन कैसा बीता था, जीवन में बड़े पड़ाव क्या-क्या रहे हैं, और आज की ज़िंदगी तक - सबकुछ संक्षेप में बताओ।"

एक बार जब मैं अपने किसी मरीज़ की जीवन कथा जान लेती हूँ - वे ताक़तें जिन्होंने उन्हें उस व्यक्ति को बनाने के लिए आकार दिया जिसे मैं अपने सामने देख रही हूँ - तो सहानुभूति की गर्माहट में दुश्मनी वाष्पित हो जाती है। किसी को सही मायने में समझने का मतलब है उसकी परवाह करना। यही कारण है कि मैं हमेशा अपने मेडिकल छात्रों और निवासियों को पढ़ाती हूँ - जो अनुभव को "वर्तमान बीमारी का इतिहास," "मानसिक स्थिति परीक्षा," और "सिस्टम की समीक्षा" जैसे अलग-अलग बक्सों में विभाजित करने के लिए उत्सुक हैं, जैसा कि उन्हें करना सिखाया गया है, इसके बजाय कहानी पर ध्यान केंद्रित करें। कहानी ना केवल मरीज़ की मानवता को, बल्कि हमारी मानवता को भी दर्शाती है।

व्योमिंग के एक फ़ार्म के पास, 1970 के दशक में लोरी का पालन-पोषण हुआ था। वह अपने तीनों भाई-बहनो में सबसे छोटी थी और उसके माता-पिता ने ही सबको पाला-पोषा था। उसके पास बहुत छोटे उम्र की एक याद है जहाँ वह अक्सर ख़ुद को दूसरों से अलग पाती थी या ऐसा अनुभव करती थी।

"मेरे साथ कुछ तो समस्या थी। मुझे ऐसा लगता था कि मैं कहीं भी अपनापन नहीं महसूस करती हूँ। मुझे हमेशा अजीब और जगह से बाहर महसूस हुआ करता था। मुझे बोलने में एक दिक्क़त थी, तुतलाने की। मैं

अपनी पूरी ज़िंदगी ख़ुद को मूढ़ समझती रही।" लोरी हालाँकि स्पष्ट रूप से एक चतुर महिला थी लेकिन हमारे जीवन की शुरुआती धारणाएँ हमारे जीवन में एक बड़ा स्थान ग्रहण कर लेती हैं। और ये आत्म-धारणाएँ उनके ख़िलाफ़ जो भी सबूत मौजूद होते हैं सबको दरकिनार कर देती हैं।

उसे याद आया कि वह अपने पिता से बहुत डरा करती थी। उसके पिता को गुस्सा बहुत जल्दी आता था। वे एक तरह से मानो गुस्से से ग्रस्त थे। लेकिन उनके घर में जो सबसे बड़ा भय था वह एक दंडात्मक ईश्वर के भूत का था।

"जब मैं बड़ी हो रही थो तो मुझे एक भयावह, निर्दयी, और निराशाजनक ईश्वर को जानती थी। यदि आप परिपूर्ण नहीं हैं, या फिर आपमें कोई भी कमी है तो आपके लिए नर्क निश्चित है।" और इसी के परिणामस्वरूप ख़ुद को हमेशा यह याद दिलाना कि वह परफ़ेक्ट है या फिर दूसरों से तो बेहतर है ही, लोरी के जीवन का एक महत्त्वपूर्ण विषय बन गया।

लोरी एक औसत विद्यार्थी और औसत से ऊपर की एथलीट थी। उसने 100 मीटर के हर्डल रेस में अपने मिडिल स्कूल का एक रिकॉर्ड बनाया और उसके बाद वह अपने लिए ओलिंपिक के सपने सजाने लगी। लेकिन अपने हाई स्कूल के जूनियर वर्ष में लोरी ने हर्डल रेस में दौड़ते हुए अपने टखने तोड़ लिए। उसे सर्जरी की ज़रूरत थी, और उसका नवजात करियर प्रभावी रूप से समाप्त हो गया।

"एकमात्र चीज़ जिसमें मैं अच्छी थी वह मुझसे छीन ली गईं थी। और तभी मैंने अतिरेक में खाना शुरू किया। हम मैकडॉनल्ड्स पर रुकते थे और मैं दो बड़े मैक खाया करती थी। मैं इस तथ्य पर गर्व महसूस करती थी। जब तक मैं कॉलेज पहुँची, मुझे अपनी शक्ल-सूरत की कोई परवाह नहीं थी। कॉलेज के पहले साल में मेरा वज़न 125 पौंड था। और जब तक मैंने अपनी स्नातक की डिग्री पूरी की और मेड-टेक स्कूल में आगे की पढ़ाई के लिए पहुँची, मेरा वज़न 180 पौंड हो चुका था। मैंने उसी वक़्त ड्रग्स के साथ भी प्रयोग करना शुरू कर दिया : शराब, गाँजा, अनेक

प्रकार की गोलियाँ, जिनमें मुख्य रूप से विकोडिन। लेकिन मेरी पसंद की ड्रग हमेशा भोजन रही।”

लोरी के जीवन के अगले पंद्रह वर्ष भटकते हुए बीते। शहर से शहर, नौकरी से नौकरी, प्रेमी से प्रेमी। एक चिकित्सा तकनीशियन के रूप में, लगभग किसी भी शहर में काम पाना आसान था। लोरी के जीवन में एक स्थिर बात यह थी कि वह हर रविवार को चर्च जाती थी, चाहे वह कहीं भी रहती हो।

इस दौरान लोरी ख़ुद से बचने के लिए : खाना, शराब, गोलियाँ, गाँजा, जो कुछ भी उसकी पहुँच में आ जाता उसका उपयोग करती। एक आम दिन में, वह नाश्ते में एक कटोरा आइसक्रीम खाती थी, काम के दौरान हल्का-फुल्का कुछ न कुछ खाया करती थी और घर पहुँचते ही एक एंबियन लेती थी। रात के खाने में वह फिर से आइसक्रीम का एक और कटोरा, एक बिग मैक, एक सुपरसाइज़ फ्राइज और एक डाइट कोक लेती थी और उसके बाद दो एंबियन, और फिर मीठे में 'केक का एक बड़ा पोर्शन' खाया करती थी। कभी-कभी वह अपने काम की शिफ़्ट के ख़त्म होने पर भी एंबियन लिया करती थी। जिससे कि वह एक त्वरित शुरुआत कर सके ताकि घर पहुँचने तक वह एक हाई पर पहुँच सके।

“अगर मैं एंबियन लेने के बाद ख़ुद को सोने से रोक लेती तो मुझे नशा हो जाता। फिर दो घंटे बाद मैं दो और एंबियन ले लेती और मेरा नशा और बढ़ जाता। मैं एक उल्लासपूर्ण स्थिति में पहुँच जाती। मुझे लगभग उतना नशा हो जाता जितना ओपिऑयड लेने से होता है।”

वह रोज़ाना या फिर एक दिन छोड़कर दूसरे दिन यही दुहराती रहती। अपनी छुट्टियों के दिनों में, वह नशा करने के लिए खाँसी की दवा के साथ नींद की गोलियाँ मिलाती थी। या फिर नशे के लिए अत्यधिक शराब पी लेती थी और जोख़िम भरे यौन व्यवहारों में संलिप्त होती। लोरी जब अपनी उम्र के तीसवें दशक के मध्य में पहुँची तब वह आयोवा क़स्बे के एक टाउन हाउस में अकेली रह रही थी। और वहाँ वह अपना ख़ाली

समय नशे में धुत होकर अमेरिकी रेडियो होस्ट ग्लेन बेक को सुनने में बिता रही थी।

"मैं आश्वस्त हो गई थी कि दुनिया अपने अंत की ओर अग्रसर है। आर्मागेडन। मुसलमान। एक ईरानी आक्रमण। मैंने कंटेनरों में बहुत सारी गैस ख़रीदी। मैंने उन्हें अपने अतिरिक्त शयनकक्ष में संग्रहीत किया। फिर मैंने उन्हें आँगन में तिरपाल के नीचे रख दिया। मैंने .22 कैलिबर की राइफ़ल ख़रीदी। और तब मुझे अहसास हुआ की इन सबसे मेरा घर फट सकता है। इसलिए मैंने अपनी कार में कंटेनरों से गैस भरना शुरू कर दिया, जब तक कि वह खत्म नहीं हो गई।"

कुछ स्तर पर, लोरी को पता था कि उसे मदद की ज़रूरत है, लेकिन वह इसके लिए पूछने से डर रही थी। उसे डर था कि अगर उसने स्वीकार कर लिया कि वह "संपूर्ण ईसाई" नहीं है, तो लोग उससे दूर हो जाएँगे। उसने कभी-कभी साथी चर्च सदस्यों के साथ अपनी समस्याओं के बारे में संकेत दिया था, लेकिन सूक्ष्म संदेश के माध्यम से उसे समझ में आया कि कुछ प्रकार की समस्याएँ थीं जिन्हें मंडलियों द्वारा साझा नहीं किया जाना चाहिए था। उस समय उसका वज़न लगभग 250 पाउंड था, उसे भारी अवसाद महसूस हुआ और वह सोचने लगी कि क्या बेहतर होगा कि वह मर जाए।

"लोरी," मैंने कहा, "जब हम समग्र रूप से देखते हैं, चाहे भोजन हो या भांग या शराब या नुस्खे वाली गोलियाँ, स्थायी समस्याओं में से एक बाध्यकारी, आत्म-विनाशकारी अति उपभोग प्रतीत होती है। क्या आपको लगता है कि यह उचित है?"

उसने मेरी तरफ़ देखा और कुछ नहीं बोली। फिर वह रोने लगी। जब वह बोलने में सक्षम हुई, तो उसने कहा, "मुझे पता है कि यह सच है, लेकिन मैं इस पर विश्वास नहीं करना चाहती। मैं इसके बारे में सुनना भी नहीं चाहती। मेरे पास एक नौकरी है। मेरे पास एक कार है। मैं नियमित रूप से हर रविवार चर्च में जाती हूँ। मैंने सोचा था कि गैस्ट्रिक बाईपास सर्जरी से सब कुछ ठीक हो जाएगा। मैंने सोचा था कि वज़न कम करने से

मेरी ज़िंदगी बदल जाएगी। यहाँ तक कि जब मेरा वज़न कम हो गया, तब भी मैं मरना ही चाहती थी।"

मैंने लोरी को बेहतर होने के लिए कई अलग-अलग रास्ते अपनाने का सुझाव दिया, जिसमें एए में भाग लेना भी शामिल है।

उसने बिना किसी हिचकिचाहट के कहा, "मुझे इसकी ज़रूरत नहीं है। मेरे पास मेरा चर्च है।"

एक महीने बाद, लोरी निर्धारित कार्यक्रम के अनुसार वापस आ गई।

"मैं चर्च के वरिष्ठों से मिली।"

"और फिर वहाँ क्या हुआ?"

वह दूसरी तरफ़ देखने लगी। "मैं वहाँ इस तरह खुली जैसा मैं पहले कभी नहीं खुली हूँ शायद आपको छोड़कर। मैंने उन्हें सबकुछ या लगभग सबकुछ बता दिया। मैंने अपनी सारी बातें उन लोगों के सामने खोलकर रख दीं।"

"और फिर?"

लोरी ने कहा, "यह सबकुछ अजीब था। वे सबलोग मुझे चिंतित और अस्पष्ट दिखाई दिए। जैसे असल में उन्हें यह समझ नहीं थी कि मेरे साथ क्या करना है। उन्होंने मुझे प्रार्थना करने को कहा और वे यह भी बोले कि वे मेरे लिए प्रार्थना करेंगे। उन्होंने मुझे यह भी प्रोत्साहित किया कि मैं चर्च के अन्य सदस्यों के साथ अपनी समस्याओं पर चर्चा ना करूँ। बस इतना ही।"

"और यह सब तुम्हारे लिए कैसा था?"

"उस क्षण मुझे वह निंदा करने वाला और शर्मसार करने वाला भगवान महसूस हुआ। मैं धर्मग्रंथ को उद्धृत करने में सक्षम हूँ लेकिन मुझे धर्मग्रंथ के प्रेमी ईश्वर से कोई संबंध महसूस नहीं होता। मैं उस उम्मीद पर ख़रा नहीं उतर सकती। मैं उतनी अच्छी नहीं हूँ। और इसलिए मैंने चर्च जाना छोड़ दिया। और मज़े की बात तो यह है कि मेरे चर्च ना

आने पर किसी ने ध्यान भी नहीं दिया। किसी ने मुझे फ़ोन नहीं किया। किसी ने भी मुझसे बात करने की कोशिश नहीं की। एक व्यक्ति ने भी नहीं।”

लोरी विनाशकारी शर्मिंदगी के चक्र में फँस गई थी। जब उसने साथी चर्च के सदस्यों के साथ ईमानदार होने की कोशिश की, तो उसे अपने जीवन के उस हिस्से को साझा करने से हतोत्साहित किया गया, यह कहते हुए कि अगर वह अपने संघर्षों के बारे में खुलकर बात करेगी तो उसे अस्वीकार कर दिया जाएगा या और शर्मिंदा किया जाएगा। वह अपने पास मौजूद छोटे से समुदाय को खोने का जोखिम नहीं उठा सकती थी। लेकिन उसके व्यवहार को छिपाकर रखने से उसकी शर्मिंदगी भी बनी रही, जिससे उसके भीतर अलगाव की भावना बढ़ती चली गई, और जिससे चल रहे उपभोग को बढ़ावा मिला।

अध्ययनों से पता चलता है कि जो लोग धार्मिक संगठनों में सक्रिय रूप से शामिल होते हैं, उनमें नशीली दवाओं और शराब के दुरुपयोग की दर औसतन कम होती है। लेकिन जब विश्वास-आधारित संगठन अपराधियों से दूर रहकर और/या गोपनीयता और झूठ के जाल को प्रोत्साहित करके शर्म के समीकरण के ग़लत पक्ष पर आ जाते हैं, तो वे विनाशकारी शर्म के चक्र में योगदान करते हैं।

विनाशकारी शर्म इस तरह दिखती है : अधिक उपभोग से शर्म आती है, जिससे समूह द्वारा त्याग किया जाता है या त्याग से बचने के लिए समूह से झूठ बोला जाता है, जिसके परिणामस्वरूप आगे अलगाव होता है, जिससे चक्र के निरंतर उपभोग में योगदान होता है।

विनाशकारी लज्जा का प्रतिकार *सामाजिक लज्जा* है। आइए देखें कि यह कैसे काम कर सकती है।

सामाजिक शर्मिंदगी के लिए एक मॉडल के रूप में एए

मेरे गुरु ने एक बार मुझे बताया था कि किस चीज़ ने उन्हें शराब पीना बंद करने के लिए प्रेरित किया। मुझे अक्सर उनकी कहानी याद आती है क्योंकि यह शर्म की दोधारी चाकू की धार को दर्शाती है।

अपनी उम्र के चालीसवें वर्ष में वह हर रात अपनी पत्नी और बच्चों के सो जाने के बाद छिपकर शराब पीते थे। उन्होंने अपनी पत्नी से यह वादा कर चुकने के बाद - कि उन्होंने शराब पीना छोड़ दिया है - वे यह काम करते थे। अपने शराब पीने की आदत को छुपाने के लिए बोले गए

छोटे-छोटे झूठ, और फिर उस पर यह तथ्य कि वह शराब पीते थे, उनकी अंतरात्मा पर काफ़ी बोझ बन गए थे। और इसी कारण वह और अधिक शराब पीने लगे थे। उन्होंने शर्म के मारे ही अपना शराब पीना जारी रखा था।

एक दिन उनकी पत्नी को उनके शराब पीने के बारे में पता चल गया। "उसकी आँखों में निराशा और विश्वासघात के भाव ने मुझे क़सम खाने पर मजबूर कर दिया कि मैं फिर कभी शराब नहीं पीऊँगा।" उस पल में उन्हें जो शर्मिंदगी महसूस हुई, और अपनी पत्नी का विश्वास और अनुमोदन फिर से हासिल करने की उसकी इच्छा ने उन्हें ठीक होने के अपने पहले गंभीर प्रयास के लिए प्रेरित किया। उन्होंने अल्कोहलिक्स एनोनिमस की बैठकों में भाग लेना शुरू कर दिया। उन्होंने अपने लिए अल्कोहलिक्स एनोनिमस का मुख्य लाभ "डी-शेमिंग प्रक्रिया" के रूप में पहचाना।

उन्होंने इसका वर्णन इस प्रकार किया। "मुझे अहसास हुआ कि मैं अकेला नहीं था। वहाँ मेरे जैसे और भी लोग थे। ऐसे और भी डॉक्टर थे जो शराब की लत से जूझ रहे थे। यह जानना अविश्वसनीय रूप से महत्त्वपूर्ण था कि मेरे पास जाने के लिए एक जगह है जहाँ मैं पूरी तरह से ईमानदार हो सकता हूँ और फिर भी स्वीकार किया जा सकता हूँ। इसने वह मनोवैज्ञानिक स्थान तैयार किया जिसकी मुझे स्वयं को क्षमा करने और परिवर्तन करने के लिए आवश्यकता थी। अपने जीवन में आगे बढ़ने के लिए।"

सामाजिक शर्मिंदगी इस विचार पर आधारित है कि शर्मिंदगी जीते-जागते समुदायों के लिए उपयोगी और महत्त्वपूर्ण है। शर्म के बिना, समाज अराजकता में डूब जाएगा। इसलिए, उल्लंघनकारी व्यवहार के लिए शर्म महसूस करना उचित और अच्छा है।

सामाजिक शर्मिंदगी इस विचार पर आधारित है कि हम सभी त्रुटिपूर्ण हैं, ग़लतियाँ करने में सक्षम हैं और हमें क्षमा किए जाने की आवश्यकता है। समूह के मानदंडों के पालन को प्रोत्साहित करने की

कुंजी, भटके हुए हर व्यक्ति को बाहर किए बिना, एक पोस्ट-शेम "टू-डू" सूची बनाना है जो संशोधन करने के लिए विशिष्ट क़दम प्रदान करती है। एए अपने 12 चरणों के साथ यही करता है।

सामाजिक शर्म का चक्र इस प्रकार चलता है: अति उपभोग से शर्म आती है, जो मौलिक ईमानदारी की माँग करती है और त्याग की ओर नहीं ले जाती है, जैसा कि हमने विनाशकारी शर्म के साथ देखा, बल्कि स्वीकृति और सहानुभूति के साथ-साथ संशोधन करने के लिए आवश्यक कार्यों के एक सेट के साथ किया जाता है। परिणामस्वरूप अपनापन बढ़ता है और उपभोग में गिरावट आती है।

मेरे मरीज़ टॉड, जो शराब की लत से उबरने वाले एक युवा सर्जन हैं, ने मुझे बताया कि कैसे एए "असुरक्षा व्यक्त करने के लिए पहली सुरक्षित जगह थी।" अपनी पहली एए बैठक में वह इतना रोया कि वह अपना नाम भी नहीं बता पा रहा था।

"बाद में, सभी लोग आए, मुझे अपना नंबर दिया, मुझे कॉल करने के लिए कहा। यह वह समुदाय था जिसे मैं हमेशा से चाहता था लेकिन

कभी मिला नहीं। मैं कभी भी अपने रॉकक्लाइंबिंग दोस्तों या अन्य सर्जनों के साथ इस तरह खुल नहीं सकता था।"

लगातार पाँच वर्षों तक रिकवरी में होने के बाद, टॉड ने मुझे बताया की 12 चरणों में से 10वाँ चरण उसके लिए सबसे महत्त्वपूर्ण था (जिसमें उसे व्यक्तिगत सूची बनाना जारी रखना था और जहाँ भी वह ग़लत हो उसको स्वीकारना था)।

"हर दिन, मैं अपने आप को जाँचता हूँ। *ठीक है, कहीं मैं ग़लत तो नहीं जा रहा? यदि हाँ, तो फिर मैं उसे लेकर क्या बदलाव ला सकता हूँ? क्या मुझे कुछ सुधारने की ज़रूरत है?"* उदाहरण के लिए, एक दिन मैं एक रेजिडेंट से निपट रहा था जिसने मुझे एक मरीज़ के बारे में सही सूचना नहीं दी थी। मैं चिड़चिड़ा होते जा रहा था कि *आख़िर सही सूचना क्यों नहीं दी जा रही है?* जब मुझे वह हताशा महसूस होती है, तो मैं ख़ुद से कहता हूँ : *ठीक है, टॉड, रुको। इसके बारे में सोचो। इस व्यक्ति का अनुभव तुमसे लगभग दस वर्ष कम है। वे शायद डरे हुए हैं। निराश होने के बजाय, तुम उन्हें उनकी ज़रूरतें पूरी करने में कैसे मदद कर सकते हैं?* यह मैं रिकवरी में जाने के पहले कभी नहीं करता।

टॉड ने मुझे बताया, "लगभग दो साल पहले यानी मुझे रिकवरी में गए हुए अभी तीन साल हुए थे, मैं एक ऐसे मेडिकल छात्र का सुपरविजन कर रहा था जो हर मायने में ख़राब था। मेरा मतलब बहुत ज़्यादा ही बुरा था। मैं उसे मरीज़ों की देखभाल नहीं करने देता। जब मध्यावधि प्रतिक्रिया का समय आया, तो मैं उसके साथ बैठा और ईमानदार होने का निर्णय लिया। मैंने उससे कहा, 'जब तक तुम अपने भीतर कुछ बड़े बदलाव नहीं लाओगे, तुम इस रोटेशन को पास नहीं कर पाओगे।'"

"मेरी प्रतिक्रिया के बाद उसने फिर से एक तरह शुरुआत की और इस बार उसने अपना प्रदर्शन सुधारने के लिए सचमुच में बहुत मेहनत की। वह बेहतर होने में सक्षम था और अंततः उसने रोटेशन पास कर लिया। बात यह है कि शराब पीने के दिनों में मैं उसके प्रति ईमानदार नहीं होता। मैं बस उसे आगे बढ़ने देता और रोटेशन में असफल हो

जाता, या फिर इस समस्या से निपटने के लिए किसी और को छोड़ देता।"

एक सच्ची आत्म-सूची ना केवल हमारी अपनी कमियों की बेहतर समझ की ओर ले जाती है। यह हमें दूसरों की कमियों का अधिक निष्पक्ष मूल्यांकन करने और उन पर प्रतिक्रिया देने की भी अनुमति देता है। जब हम स्वयं के प्रति जवाबदेह होते हैं, तो हम दूसरों को जवाबदेह बनाने में सक्षम होते हैं। हम बिना शर्मिंदगी के शर्मिंदगी का फ़ायदा उठा सकते हैं।

यहाँ सबसे ज़रूरी चीज़ है करुणा के साथ-साथ जवाबदेही बनाना। ये पाठ हम सभी पर लागू होते हैं, चाहे आदी हों या नहीं, और हमारे रोज़मर्रा के जीवन में हर प्रकार के रिश्ते पर लागू होते हैं।

अल्कोहलिक्स एनोनिमस सामाजिक शर्मिंदगी के लिए एक आदर्श संगठन है। एए में सामाजिक शर्मिंदगी समूह मानदंडों के पालन का लाभ उठाती है। "अल्कोहलिक" होने में कोई शर्म की बात नहीं है, यह कहावत "एए एक शर्म रहित क्षेत्र है;" के अनुरूप है। लेकिन "संयम" की आधे-अधूरे मन से की गई खोज शर्म की बात है। मरीज़ों ने मुझे बताया है कि जिस समूह में उन्हें दोबारा नशे की तरफ़ मुड़ना पड़ा है, उसे स्वीकार करने की प्रत्याशित शर्मिंदगी दोबारा नशे की पुनरावृत्ति के ख़िलाफ़ एक प्रमुख निवारक के रूप में काम करती है, और समूह के मानदंडों के पालन को बढ़ावा देती है।

महत्त्वपूर्ण बात यह है कि जब एए सदस्य रिलैप्स करते हैं, तो रिलैप्स अपने आप में एक क्लब अच्छा होता है। व्यवहारवादी अर्थशास्त्री किसी समूह से जुड़े होने के पुरस्कारों को क्लब गुड्स कहते हैं। क्लब गुड जितना अधिक मजबूत होगा, उतनी ही अधिक संभावना होगी कि समूह अपने वर्तमान सदस्यों को बनाए रखने और नए सदस्यों को आकर्षित करने में सक्षम होगा। क्लब गुड की अवधारणा को मनुष्यों के किसी भी

समूह पर लागू किया जा सकता है, परिवारों से लेकर मैत्री समूहों से लेकर धार्मिक मंडलियों तक।

जैसा कि व्यवहारवादी अर्थशास्त्री लॉरेंस इयानकोन ने आस्था-आधारित संगठनों में क्लब गुड के संदर्भ में लिखा है, "रविवार की सेवा से मुझे जो ख़ुशी मिलती है, वह ना केवल मेरे अपने इनपुट पर निर्भर करती है, बल्कि दूसरों के इनपुट पर भी निर्भर करती है : कितने अन्य लोग इसमें भाग लेते हैं, वे कितनी गर्मजोशी से मुझे नमस्कार करते हैं, वे कितना अच्छा गाते हैं, कितने उत्साह से पढ़ते हैं और प्रार्थना करते हैं।"

समूह की गतिविधियों और समारोहों में सक्रिय भागीदारी और समूह के नियमों और मानदंडों के पालन से क्लब के सामान मजबूत होते हैं।

एए फ़ेलोशिप में अपने रिलैप्स का ईमानदारी से खुलासा करना क्लब गुड्स को बढ़ावा देता है क्योंकि इससे समूह के बाक़ी सदस्यों के लिए यह परोपकारिता और सहानुभूति को पैदा करने का अवसर देता है। और एक सच यह भी है कि समूह के सदस्यों में कुछ स्तर का दूसरे के दुःख से मिलने वाली ख़ुशी भी उनमें आ सकती है कि 'यह मेरे साथ भी शायद हो सकता था और ईश्वर का शुक्रिया की यह नहीं हुआ।' या फिर 'भगवान की कृपा से वैसी परिस्थिति में मैं नहीं पहुँचा।'

क्लब गुड्स को फ़्री राइडर्स से ख़तरा होता है जो उस समुदाय में पर्याप्त भागीदारी के बिना समूह से लाभ उठाने का प्रयास करते हैं, अधिक बोलचाल के शब्दों *फ़्री लोडर* या *मूचर्स* के समान। जब समूह के नियमों और मानदंडों की बात आती है, तो फ़्री राइडर्स क्लब गुड्स को धमकी देते हैं जब वे इसका पालन करने में विफल रहते हैं, इसके बारे में झूठ बोलते हैं, और/या अपने व्यवहार को बदलने का कोई प्रयास नहीं करते हैं।

उनका व्यक्तिगत व्यवहार क्लब गुड्स को मजबूत करने के लिए कुछ नहीं कर रहा है, फिर भी समूह में सदस्यता होने से वे व्यक्तिगत रूप से लाभान्वित हो रहे हैं।

इनाकोने ने कहा कि क्लब गुड्स बनाने वाले समूह सिद्धांतों के पालन को मापना असंभव नहीं तो मुश्किल है, ख़ासकर जब मागों में व्यक्तिगत आदतें और सत्य-कथन जैसी अमूर्त, व्यक्तिपरक घटनाएँ शामिल हों।

इनाकोने के *बलिदान और कलंक के सिद्धांत* का मानना है कि समूह की भागीदारी को "मापने" का एक तरीक़ा अप्रत्यक्ष रूप से, अन्य संदर्भों में भागीदारी को कम करने वाले कलंकित व्यवहारों को अनिवार्य करना और अन्य गतिविधियों के बहिष्कार के लिए व्यक्ति के संसाधनों के बलिदान की माँग करना है। इस प्रकार मुफ़्त सवारों को बाहर निकाला जाता है।

विशेष रूप से, वे व्यवहार जो मौजूदा धार्मिक संस्थानों में अत्यधिक, अकारण या यहाँ तक कि तर्कहीन लगते हैं, जैसे कि कुछ हेयर स्टाइल या कुछ कपड़े पहनना, विभिन्न खाद्य पदार्थों या आधुनिक तकनीक के रूपों से परहेज करना, या कुछ चिकित्सा उपचारों से इनकार करना, उन्हें जब किसी संगठन के भीतर मुफ़्त सवारी को कम करने के लिए व्यक्ति की लागत के रूप में समझा जाता है तो वे तर्कसंगत होते हैं।

आप सोच सकते हैं कि धार्मिक संगठन और अन्य सामाजिक समूह जो कम नियमों और सख्तियों के साथ अधिक आरामदेह हैं, अनुयायियों के एक बड़े समूह को आकर्षित करेंगे। लेकिन ऐसा नहीं होता है।

"सख़्त चर्च" बड़ी संख्या में अनुयायी हासिल करते हैं और आम तौर पर फ्री व्हीलिंग चर्चों की तुलना में अधिक सफल होते हैं क्योंकि वे मुफ़्त सवारियाँ निकालते हैं और अधिक मजबूत क्लब गुड्स पेश करते हैं।

जैकब अपनी पुनर्प्राप्ति प्रक्रिया के प्रारंभ में ही 12 स्टेप समूह सेक्सहोलिक्स एनोनिमस (एसए) में शामिल हो गया और हर बार जब वह अपनी पुरानी आदत की ओर दोबारा लौटा तो उसने अपनी भागीदारी बढ़ा दी। उनकी प्रतिबद्धता ज़बरदस्त थी। वह प्रतिदिन व्यक्तिगत रूप से या फ़ोन द्वारा समूह बैठक में भाग लेते थे। वह अक्सर साथी सदस्यों के साथ प्रतिदिन आठ या अधिक फ़ोन कॉल करते थे।

एए और अन्य 12 स्टेप समूहों को "पंथ" या संगठनों के रूप में बदनाम किया गया है, जिनमें लोग शराब और/या नशीली दवाओं की लत को समूह की लत में बदल देते हैं। ये आलोचनाएँ इस बात की सराहना करने में विफल रहती हैं कि संगठन की सख़्ती, इसकी सांस्कृतिकता, इसकी प्रभावशीलता का स्रोत हो सकती है।

12 क़दम समूहों में मुफ़्त राइडर्स कई रूप ले सकते हैं, लेकिन सबसे ख़तरनाक में से वे सदस्य हैं जो पुनरावृत्ति होने पर स्वीकार नहीं करते हैं, ख़ुद को नए लोगों के रूप में फिर से घोषित नहीं करते हैं, और चरणों पर दोबारा काम नहीं करते हैं। वे क्लब के समूह को सामाजिक शर्मिंदगी से वंचित करते हैं। वे पुनर्प्राप्ति के लिए महत्त्वपूर्ण सामाजिक नेटवर्क के समूह को भी नष्ट कर देते हैं। क्लब गुड्स को बनाए रखने के लिए, एए को इस प्रकार की मुफ़्त सवारी के ख़िलाफ़ मजबूत और कभी-कभी अतार्किक क़दम उठाने चाहिए।

जोआन एए में अपनी भागीदारी के माध्यम से शराब छोड़ने में सक्षम थी। वह भी नियमित बैठकों में जाती थी, उसका एक प्रायोजक था और वह स्वयं दूसरों को प्रायोजित करती थी। वह चार साल से एए में शराब से दूर थी और दस साल से मेरी मरीज़ थी, इसलिए मैं एए द्वारा उसके जीवन में किए गए सभी सकारात्मक बदलावों को देख और सराह सकी।

2000 के दशक की शुरुआत में जोन के साथ एक घटना घटी जिसमें उसने अनजाने में शराब का सेवन किया। वह इटली में यात्रा कर रही थी, जहाँ की भाषा वह नहीं बोलती थी, और उसने ग़लती से एक पेय का ऑर्डर दिया और पी लिया जिसमें अल्कोहल का बहुत कम प्रतिशत था, जो संयुक्त राज्य अमेरिका में विपणन और बेची जाने वाली गैर-अल्कोहल बियर के बराबर था। इसके बाद ही उसे अहसास हुआ कि क्या हुआ था, इसलिए नहीं कि उसे बदला हुआ महसूस हुआ बल्कि इसलिए क्योंकि उसने लेबल पढ़ लिया था।

जब वह अपनी यात्रा से लौटी और अपने प्रायोजक को बताया कि क्या हुआ था, तो उसके प्रायोजक ने ज़ोर देकर कहा कि उसने अपनी लत में रिलैप्स कर लिया है और उसे समूह को बताने और अपनी संयम तिथि को रीसेट करने के लिए प्रोत्साहित किया। मुझे आश्चर्य हुआ कि जोन के प्रायोजक ने इतना कठोर रुख़ अपनाया।

आख़िरकार, उसने इतनी नगण्य मात्रा में शराब का सेवन किया कि अधिकांश अमेरिकी ऐसे पेय पदार्थों को "अल्कोहल" नहीं मानते। लेकिन जोन सहमत हो गई, हालाँकि उसने रोते हुए ऐसा किया। उसने आज तक अपनी रिकवरी और एए में अपनी भागीदारी बरकरार रखी है।

जोन के प्रायोजक का यह आग्रह कि वह अपनी संयम तिथि को फिर से निर्धारित करे, उस समय मुझे अत्यधिक लग रहा था। लेकिन अब मैं इसे बहुत अधिक मात्रा में अल्कोहल का रास्ता बनाने वाली थोड़ी-सी शराब से बचाव - फिसलन ढलान - और समूह के व्यापक हित के लिए "उपयोगिता को अधिकतम" करने के रूप में समझती हूँ। रिलैप्स की बहुत कठोर व्याख्या का पालन करने की जोन की इच्छा ने समूह के साथ उसके संबंधों को मजबूत किया, जो लंबे समय में उसके लिए भी सकारात्मक साबित हुआ।

इसके अलावा, जोन ने ख़ुद बताया, "शायद मेरा एक हिस्सा था जो जानता था कि पेय में शराब थी और वह विदेश में होने को एक बहाने के रूप में इस्तेमाल करना चाहता था।" इस अर्थ में समूह एक विस्तारित अंतःकरण के रूप में कार्य करता है।

निःसंदेह, समूह की सोच वाली रणनीतियों का उपयोग नापाक उद्देश्यों के लिए किया जा सकता है। उदाहरण के लिए, जब संबंधित की लागत क्लब गुड्स से अधिक हो जाती है और सदस्यों को नुक़सान होता है। NXIVM एक स्व-वर्णित कार्यकारी सफलता कार्यक्रम था जिसके नेताओं को 2018 में संघीय यौन तस्करी और रैकेटियरिंग के आरोप में गिरफ़्तार किया गया था। इसी तरह, ऐसी स्थितियाँ भी होती हैं जिनमें किसी समूह के सदस्यों को लाभ होता है, लेकिन वे समूह के बाहर के

लोगों को नुक़सान पहुँचाते हैं, जैसे कि आज विभिन्न संस्थाएँ जो झूठ फैलाने के लिए सोशल मीडिया का उपयोग करती हैं।

चर्च में जाना बंद करने के बाद, लोरी अपनी पहली एए बैठक में गईं। एए ने वह सहायक फ़ेलोशिप प्रदान की जिसकी उसे तलाश थी लेकिन वह अपने चर्च में नहीं पा सकी। 20 दिसंबर 2014 को, लोरी ने सभी पदार्थ छोड़ दिए और तब से उसकी हालत में सुधार जारी है और वह रिकवरी में ही है।

"मैं आपको ठीक-ठीक नहीं बता सकती कि क्या हुआ, या कब हुआ," लोरी ने वर्षों बाद अपने स्वयं के सुधार को देखते हुए कहा, जिसका श्रेय वह एए में अपनी भागीदारी को देती है। "लोगों की कहानियाँ सुनना। अपने सबसे गहरे, अँधेरे रहस्यों को उजागर करने से मुझे जो राहत महसूस हुई। नवागंतुकों की आँखों में आशा देखना। मैं पहले बहुत अलग-थलग पड़ी थी। मुझे याद है मैं बस मरना चाहती थी। रात भर जाग कर उन सभी कृत्यों के लिए ख़ुद को कोड़े मारती थी जो मैंने किए थे। एए में, मैंने ख़ुद को और अन्य लोगों को वैसे ही स्वीकार करना सीखा जैसे वे हैं। अब मेरे लोगों के साथ वास्तविक रिश्ते हैं। मैं संबंध बना पाई हूँ और उन्हें बरक़रार रखती हूँ। वे मेरी असलियत जानते हैं।"

सामाजिक शर्मिंदगी और परवरिश का हुनर

एक माँ के रूप में जो सदैव इस डोपामाइन से भरे युग में अपने बच्चों की भलाई को लेकर चिंतित रहती है, मैंने अपने पारिवारिक जीवन में भी सामाजिक शर्मिंदगी के विचारों को अपनाने की कोशिश की है।

सबसे पहले, हमने मौलिक ईमानदारी को एक प्रमुख पारिवारिक मूल्य के रूप में स्थापित किया है। मैं अपने व्यवहार और आचरण में भी आमूल-चूल ईमानदारी का रियाज करती हूँ और उसके लिए कड़ी मेहनत

करती हूँ। हालाँकि इस कोशिश में मैं हमेशा सफल नहीं होती। कभी-कभी माता-पिता के रूप में हम सोचते हैं कि अपनी ग़लतियों और ख़ामियों को छिपाकर और केवल अपना सर्वश्रेष्ठ प्रकट करके, हम अपने बच्चों को सिखाएँगे कि क्या सही है। लेकिन इसका विपरीत प्रभाव हो सकता है, जिससे बच्चों को यह महसूस होने लगेगा कि प्यारा बनने के लिए उन्हें परिपूर्ण होना चाहिए।

इसके बजाय, यदि हम अपने संघर्षों के बारे में अपने बच्चों के साथ खुले और ईमानदार हैं, तो हम उनके लिए अपने संघर्षों के बारे में खुले और ईमानदार होने के लिए जगह बनाते हैं। इस प्रकार, हमें यह स्वीकार करने के लिए भी तैयार और इच्छुक रहना चाहिए कि जब हम उनके साथ और दूसरों के साथ बातचीत में ग़लत होते हैं। हमें अपनी शर्मिंदगी को स्वीकार करना चाहिए और सुधार करने के लिए तैयार रहना चाहिए।

लगभग पाँच साल पहले, जब हमारे बच्चे प्राथमिक और जूनियर हाई स्कूल में थे, मैंने उन्हें ईस्टर के लिए एक चॉकलेट बनी दी थी। मलाईदार दूध चॉकलेट से बने, वे एक विशेष चॉकलेट निर्माता से थे। मेरे बच्चों ने उनके खरगोशों में से थोड़ा सा खा लिया और बाक़ी को बाद के लिए पेंट्री में रख दिया।

अगले दो हफ़्तों में, मैंने उनके चॉकलेट बन्नीज़ को थोड़ा यहाँ और थोड़ा वहाँ कुतर दिया, मैंने सोचा, किसी के ध्यान में आने के लिए यह पर्याप्त नहीं है। जब तक मेरे बच्चों को अपने चॉकलेट बन्नीज़ की याद आई, तब तक मैंने उन्हें लगभग शून्य कर दिया था। चॉकलेट के प्रति मेरे लगाव को जानकर उन्होंने सबसे पहले मुझ पर ही आरोप लगाया।

मैंने कहा, 'नहीं, मैंने नहीं खाया।' झूठ सहज रूप से मेरे मुँह से निकला। अगले तीन दिनों तक मैंने अपने झूठ का बचाव जारी रखा। वे इस बात पर संशय में थे कि मैं उन्हें सच बता रही थी लेकिन उन्होंने फिर एक-दूसरे के ऊपर आरोप लगाना शुरू कर दिया। मुझे अंदाज़ हो गया कि इस परिस्थिति को मुझे ही सुधारना होगा। *वैसे भी मैं अपने बच्चों को ईमानदारी कैसे सिखाऊँगी अगर मैं उनके साथ ईमानदार ही नहीं रहूँगी?*

और यह बात भी कितनी छोटी और मूर्खतापूर्ण है जिसके बारे में मैं झूठ बोल रही हूँ। उन्हें सच बताने का साहस जुटाने में मुझे तीन दिन लग गए। मुझे बहुत शर्म आ रही थी।

सच्चाई जानने पर वे आश्वस्त और भयभीत हुए। पुष्टि हुई कि उनका पहला अनुमान सही था। इस बात से भयभीत कि उनकी अपनी माँ उनसे झूठ बोलेगी। यह कई स्तरों पर मेरे और उनके लिए शिक्षाप्रद था।

मैंने ख़ुद को याद दिलाया और उन्हें संकेत दिया कि मुझमें कितनी गहरी ख़ामियाँ हैं। उनके सामने मैंने यह भी प्रदर्शित किया और सीख के लिए विचार दिया कि जब मैं ग़लतियाँ करती हूँ तो उनमें अपने योगदान की जवाबदेही ले सकती हूँ। मेरे बच्चों ने मुझे माफ़ कर दिया और आज तक वे यह कहानी बताना पसंद करते हैं कि कैसे मैंने उनकी चॉकलेट चुराई और फिर इसके बारे में झूठ बोला। उनका छेड़ना मेरी तपस्या है और मैं इसका स्वागत करती हूँ। हमने एक साथ मिलकर एक परिवार के रूप में पुष्टि की कि हमारा परिवार ऐसा है जिसमें लोग ग़लतियाँ करेंगे लेकिन उनकी स्थायी रूप से निंदा नहीं होगी या निष्कासित नहीं किए जाएँगे। हम सीख रहे हैं और एक साथ बढ़ रहे हैं।

मेरे मरीज़ टॉड की तरह, जब हम ख़ुद का सक्रिय और ईमानदार पुनर्मूल्यांकन करते हैं, तो हम अन्य लोगों को उनकी ताक़त और कमियों को समझने में मदद करने की भावना से ईमानदार प्रतिक्रिया देने में अधिक सक्षम और इच्छुक होते हैं।

बिना शर्मिंदगी के इस प्रकार की मौलिक ईमानदारी बच्चों को उनकी ताक़त और कमज़ोरियाँ सिखाने के लिए भी महत्त्वपूर्ण है। जब हमारी बड़ी बेटी पाँच साल की थी, उसने पियानो सीखना शुरू कर दिया। मेरा पालन-पोषण एक संगीत वाले परिवार में हुआ और मैं अपने बच्चों के साथ संगीत साझा करने के लिए उत्सुक थी। यह पता चला कि मेरी बेटी

को लय की कोई समझ नहीं थी और हालाँकि वह सुर में बहुत ज़्यादा बहरी नहीं थी, लेकिन काफ़ी क़रीब थी। फिर भी हम दोनों हठपूर्वक उसके दैनिक अभ्यास पर क़ायम रहे, मैं उसके बगल में बैठी, उसे प्रोत्साहित करने की कोशिश कर रही थी जबकि उसकी योग्यता की पूरी कमी पर मुझे घबराहट हो रही थी। सच्चाई यह है कि हममें से किसी ने भी इसका आनंद नहीं उठाया।

उसके पाठों के लगभग एक वर्ष बाद, हम एक पेंगुइन, मम्बल के बारे में *हैप्पी फ़ीट* फ़िल्म देख रहे थे, जिसकी एक बड़ी समस्या है : वह एक भी स्वर नहीं गा सकता, ऐसी दुनिया में जहाँ आपको एक आत्मा साथी को आकर्षित करने के लिए एक दिल के गीत की आवश्यकता होती है। हमारी बेटी ने फ़िल्म के आधे हिस्से में मेरी ओर देखा और कहा, "माँ, क्या मैं मम्बल की तरह हूँ?"

मैं उस क्षण एक माँ के संदेह से घिर गईं थी। *मैं क्या बोलती? क्या मैं उसे सच बताऊँ और उसके आत्मसम्मान को ठेस पहुँचाने का जोख़िम उठाऊँ, या क्या मैं झूठ बोलूँ और धोखे का इस्तेमाल करके संगीत के प्रति प्रेम जगाने की कोशिश करूँ?*

मैंने जोख़िम उठाया और कहा, 'हाँ। बेटी, तुम काफ़ी हद तक मम्बल की तरह हो।' मेरी बेटी के चेहरे पर एक बड़ी मुस्कान तैर गई, जिसे मैंने मान्यता की मुस्कान के रूप में समझा। तब मुझे पता था कि मैंने सही काम किया है।

जो बात वह पहले से ही जानती थी उसे सच साबित करने में - उसकी संगीत क्षमता की कमी - मैंने सटीक आत्म-मूल्यांकन में उसके कौशल को प्रोत्साहित किया, वह कौशल जो वह आज भी प्रदर्शित कर रही है। मैंने यह संदेश भी भेजा कि हम हर चीज़ में अच्छे नहीं हो सकते, और यह जानना महत्त्वपूर्ण है कि आप किसमें अच्छे हैं और किसमें अच्छे नहीं हैं, ताकि आप बुद्धिमानी से निर्णय ले सकें।

उसने एक साल बाद पियानो की शिक्षा छोड़ने का फ़ैसला किया - जिससे सभी को राहत मिली - और वह आज भी संगीत का आनंद लेती

है, रेडियो के साथ पूरी तरह से गाती है और इससे उसे ज़रा भी शर्मिंदगी नहीं होती।

पारस्परिक ईमानदारी शर्मिंदगी को दूर करती है और एक अंतरंगता विस्फोट, भावनात्मक गर्मजोशी की एक लहर को जन्म देती है जो दूसरों के साथ गहराई से जुड़ाव महसूस करने से आती है जब हमें हमारी ख़ामियों के बावजूद स्वीकार किया जाता है। यह हमारी पूर्णता नहीं है बल्कि हमारी ग़लतियों को सुधारने के लिए मिलकर काम करने की हमारी इच्छा है जो वह अंतरंगता पैदा करती है जिसकी हम चाहत रखते हैं।

इस प्रकार की अंतरंगता का विस्फोट निश्चित रूप से हमारे मस्तिष्क के अपने अंतर्जात डोपामाइन रिलीज़ के साथ होता है। लेकिन सस्ते सुखों से हमें मिलने वाली डोपामाइन की हाई के विपरीत, सच्ची अंतरंगता से हमें मिलने वाली हाई अनुकूली, तरोताज़ा करने वाली और स्वास्थ्य को बढ़ावा देने वाली होती है।

त्याग और कलंक के माध्यम से, मैंने और मेरे पति ने अपने परिवार के क्लब गुड्स को मजबूत करने का प्रयास किया है।

हमारे बच्चों को हाई स्कूल तक पहुँचने तक अपना फ़ोन रखने की अनुमति नहीं थी। इसने उन्हें अपने साथियों के बीच, विशेषकर मिडिल स्कूल में, एक विचित्र व्यक्ति बना दिया। पहले तो उन्होंने ख़ुद के फ़ोन के लिए मिन्नतें कीं और मनाए, लेकिन कुछ समय बाद इस अंतर को उनकी पहचान के मुख्य हिस्से के रूप में देखा गया, साथ ही हमारी ज़िद भी थी कि हम जब भी संभव हो ड्राइव करने के बजाय बाइक चलाएँ, और एक परिवार के रूप में एक साथ समय बिताएँ, वह भी बिना किसी उपकरण के।

मुझे विश्वास है कि हमारे बच्चों के तैराकी प्रशिक्षक के पास व्यवहारिक अर्थशास्त्र में गुप्त पीएचडी है। वह क्लब गुड्स को मजबूत करने के लिए नियमित आधार पर बलिदान और कलंक का लाभ उठाते हैं।

सबसे पहले, हाई स्कूल में बच्चों के लिए प्रति दिन चार घंटे तक की तैराकी अभ्यास की अत्यधिक समय प्रतिबद्धता है, और जब बच्चे अभ्यास से चूक जाते हैं तो गुप्त रूप से शर्मिंदगी होती है। उच्च उपस्थिति के लिए मान्यता और पुरस्कार हैं (तीस दिनों में तीस बैठकों के लिए एए के टोकन के विपरीत नहीं), जिसमें यात्रा बैठकों में भाग लेने का मौक़ा भी शामिल है। बैठक में क्या पहनना है, इस पर सख़्त दिशानिर्देश हैं : शुक्रवार को लाल स्विम टी-शर्ट, शनिवार को ग्रे स्विम टी-शर्ट, केवल टीम-लोगो परिधान (कैप, सूट, चश्मा)। यह इस टीम के बच्चों को अन्य टीमों के बच्चों की आकस्मिक उपस्थिति से सफलतापूर्वक अलग करता है।

इनमें से कई नियम अत्यधिक और अनावश्यक लगते हैं, लेकिन जब भागीदारी को मजबूत करने, मुफ़्त सवारी को कम करने और क्लब गुड्स को बढ़ाने के लिए उपयोगिता-अधिकतम सिद्धांतों के लेंस के माध्यम से देखा जाता है, तो वे समझ में आते हैं। और बच्चे विशेष रूप से इस टीम में आते हैं, ऐसा लगता है कि उन्हें सख़्ती पसंद है, भले ही वे इसके बारे में शिकायत करते हों।

हम शर्म के बारे में नकारात्मक सोचते हैं, ख़ासकर ऐसे समय में जब शेमिंग-फ़ैट शेमिंग, स्लट शेमिंग, बॉडी शेमिंग वगैरह- इतना भारी शब्द है और (सही तौर पर) बदमाशी से जुड़ा है।

हमारी तेज़ी से बढ़ती डिजिटल दुनिया में, सोशल मीडिया शेमिंग और इसकी सहसंबंधी "रद्द संस्कृति" शर्मिंदगी का एक नया रूप बन गई है, जो शर्म के सबसे विनाशकारी पहलुओं पर एक आधुनिक मोड़ है।

यहाँ तक कि जब कोई भी हम पर अँगुली नहीं उठा रहा है, तब भी हम ख़ुद पर अँगुली उठाने के लिए तैयार हैं।

सोशल मीडिया इतने घृणित भेदभाव को बढ़ावा देकर हमारी आत्म-शर्मिंदगी की प्रवृत्ति को बढ़ाता है। अब हम अपनी तुलना ना केवल अपने सहपाठियों, पड़ोसियों और सहकर्मियों से कर रहे हैं, बल्कि पूरी दुनिया से

कर रहे हैं, जिससे ख़ुद को यह समझाना बहुत आसान हो गया है कि हमें और अधिक करना चाहिए था, या अधिक प्राप्त करना चाहिए था, या बस अलग तरह से रहना चाहिए था।

अपने जीवन को "सफल" मानने के लिए, अब हमें लगता है कि हमें स्टीव जॉब्स और मार्क जुकरबर्ग की पौराणिक ऊँचाइयों को हासिल करना चाहिए या, थेरानोस कॉर्पोरेशन के एलिज़ाबेथ होम्स, बाद के दिनों के इकारस की तरह, आग की लपटों में घिर जाना चाहिए।

लेकिन मेरे रोगियों के अनुभव से पता चलता है कि सामाजिक शर्मिंदगी आत्ममुग्धता के कुछ खुरदरे किनारों को चिकना करके, हमें हमारे सहायक सामाजिक नेटवर्क से अधिक निकटता से जोड़कर और हमारी व्यसनी प्रवृत्तियों पर अंकुश लगाकर सकारात्मक, स्वस्थ प्रभाव डाल सकती है।

उपसंहार

संतुलन स्थापित करने के कुछ सबक

हम सभी इस दुनिया से एक मोहलत हासिल करने की इच्छा रखते हैं। हम उन असंभव मानकों से छूट चाहते हैं जो हम अक्सर ख़ुद के लिए और दूसरों के लिए तय करते हैं। यह स्वाभाविक है कि हम अपने ख़ुद के अनवरत मनन-चिंतन से अवकाश खोजे : *मैंने ऐसा क्यों किया? मैं उस तरह क्यों नहीं कर सकता? देखो, उन्होंने मेरे साथ क्या कुछ कर दिया है। अरे, मैंने ऐसा किसी के साथ कैसे कर दिया?*

अतः इन सबसे पलायन के लिए हम सबसे अधिक मज़ेदार स्रोतों और रास्तों की तरफ़ खिंचे चले जाते हैं, जो भी हमारे समक्ष मौजूद हैं : ट्रेंडी कॉकटेल, सोशल मीडिया की प्रतिध्वनि, रियलिटी शो देखना, इंटरनेट पोर्न की एक शाम, आलू के चिप्स और फ़स्ट फ़ूड, इमर्सिव वीडियो गेम, दोयम दर्जे के वैम्पायर उपन्यास। यह सूची असल में अनंत है। नशीली ड्रग्स और आदतें हमें ऐसे माहौल से मोहलत ज़रूर प्रदान करते हैं, लेकिन एक समय बाद ये हमारे लिए घातक सिद्ध होते हैं।

क्या हो, यदि हम दुनिया से पलायन कर के आकाश के अनंत में खो जाने की इच्छा के बजाय दुनिया की तरफ़ अपना रुख़ कर लें? क्या हो, यदि हम इस दुनिया को अपने पीछे छोड़ देने की बजाय हम इस भौतिक संसार में ख़ुद को पूरी तरह से डुबा लें?

आपको मेरा मरीज़ मुहम्मद याद होगा जिसने गाँजे के अपने उपभोग को सीमित करने के लिए कई प्रकार के स्व-बाध्यकारी जुगतों का इस्तेमाल किया था। लेकिन फिर वह वहीं पहुँच गया, जहाँ से उसने शुरुआत की थी। वह धीमे-धीमे नियंत्रित गाँजे के उपभोग से अतिरेक में उपभोग की तरफ़ बढ़ा और फिर अत्यधिक दर पर अपनी नशे की आदत में डूबने लगा।

वह एक ऐसी गतिविधि में शरण पाने की उम्मीद में, जो पहले उसे ख़ुशी दे चुकी थी, सैन फ्रांसिस्को के उत्तर में एक प्राकृतिक मार्ग, प्वाइंट रेयेस पर पदयात्रा करने गया, क्योंकि उसने एक बार फिर से अपने कैनाबिस उपभोग पर नियंत्रण पाने की कोशिश की।

लेकिन इस पदयात्रा में उसे हर मोड़ पर अपने अतीत की गाँजा पीने की यादें ताज़ा होने लगीं। क्योंकि इससे पहले उसने इस रास्ते पर अपनी सभी पद यात्राएँ अर्ध-नशे की ही स्थिति में की थीं। और इसीलिए यह यात्रा मुहम्मद के लिए दुनिया से पलायन होने की बजाय उसके लिए लालसा और हानि की दर्दनाक पीड़ा में तब्दील हो गई। उसे अपने और गाँजे के बीच के उस संघर्ष पर अत्यधिक परेशानी होने लगी, जहाँ उसे हर बार अपनी लालसा के आगे घुटने टेकने पड़े थे।

और फिर उसके लिए एक आश्चर्य का क्षण उसके सामने प्रकट हुआ। एक विशेष दृश्य स्थल पर उसे अपने मित्रों के साथ गाँजा पीने की स्पष्ट यादें उसके मानस पर उभर आईं, और फिर उसने अपने कैमरे को अपनी आँखों के पास लाकर उस स्थल के पास के एक पौधे पर अपनी नज़रें केंद्रित कीं। उसने उस पौधे के पत्तों पर एक कीड़े को देखा और फिर अपने कैमरे को उस पौधे पर और फ़ोकस बढ़ा दिया। और फिर उसने भृंग के चमकीले लाल खोल, धारीदार एंटेना ने, और भयंकर बालों वाले पैरों पर ज़ूम किया। वह मंत्रमुग्ध था।

उसका ध्यान उसके क्रॉसहेयर में फँसे प्राणी ने फँसा लिया था। उसने कई तसवीरें लीं, फिर अपना कोण बदला और और तसवीरें लीं। लंबी पैदल यात्रा के बाक़ी समय में, वह भृंगों की अत्यंत नज़दीक से तसवीरें

लेने के लिए रुका। जैसे ही उसने ऐसा किया, भाँग के प्रति उसकी तलब कम हो गई।

वर्ष 2017 में हुए हमारे एक सेशन के दौरान उसने मुझसे कहा था, 'अपने आप को बहुत स्थिर और शांत रखने के लिए मुझे ख़ुद को बहुत मजबूर करना पड़ता था। एक अच्छी इन-फ़ोकस तसवीर खींचने के लिए मुझे एक संपूर्ण शांति की अवस्था प्राप्त करनी होती थी। उस प्रक्रिया ने मुझे सचमुच एक अलग अहसास दिलाया, मुझे ज़मीन से जोड़ा और वास्तव में मेरे ध्यान को पूर्ण रूप से केंद्रित किया। मैंने अपने कैमरे के अंत में एक अजीब, अवास्तविक और सम्मोहक दुनिया की खोज की, जो उस दुनिया की प्रतिद्वंद्विता करती थी, जहाँ मैं ड्रग्स लेकर कभी पहुँचा करता था। लेकिन यह जगह, यह अवस्था, उससे बहुत बेहतर थी क्योंकि यहाँ जाने के लिए मुझे किसी भी ड्रग्स की आवश्यकता नहीं थी।'

कई महीनों बाद मुझे यह अहसास हुआ कि मुहम्मद के रिकवरी का पथ ठीक मेरे जैसा था।

मैंने यह सचेत निर्णय लिया था की मैं पुनः ख़ुद को मरीज़ों के देखभाल में पूरी तरह समर्पित कर दूँगी। और मैं काम के सिर्फ़ उन्हीं पहलुओं पर अपना ध्यान केंद्रित करूंगी जो मेरे लिए सदा से ही पुरस्कृत करने वाली रही हैं। और इस तरह समय के साथ मैंने ख़ुद को अपने मरीज़ों के साथ अपने संबंधों में ख़ुद को समर्पित किया और साथ ही कथ्य के भीतर भी मैंने ख़ुद को डुबो लिया जिससे मैं अपनी दुनिया में एक तरह का क्रम ला सकूँ।

ऐसा करने पर, मैं अनिवार्य रोमांस पढ़ने से एक अधिक फ़ायदेमंद और सार्थक करियर में उभरने में सक्षम हो पाई। मैं अब अपने कार्य में पहले से अधिक सफल भी थी हालाँकि यह सफलता एक अप्रत्याशित उपोत्पाद थी, ना कि वह चीज़ जिसकी खोज में मैंने यह सब बदलाव अपने भीतर लाए थे।

मैं आपसे सविनय आग्रह करती हूँ कि आप ख़ुद को इस जीवन में, जो आपको मिला है, उसमें ख़ुद को पूर्ण रूप से समर्पित करने का कोई

न कोई पथ तलाश करें। आप जिस चीज़ से बचने की कोशिश कर रहे हैं उससे भागना बंद कर दें, और इसके बजाय रुकें, और मुड़ें, और जो कुछ भी है उसका सामना करें। और फिर मैं आपको चैलेंज करती हूँ कि उसकी ओर आप क़दम बढ़ाएँ।

इस तरह, दुनिया आपके सामने ख़ुद को एक जादुई और विस्मयकारी चीज़ के रूप में प्रकट कर सकती है जिससे बचने की आवश्यकता नहीं है। और फिर यह दुनिया आपके लिए कुछ ऐसी बन सकती है जिस पर आपको ध्यान देना चाहिए।

संतुलन खोजने और बनाए रखने के पुरस्कार ना तो तत्काल और ना ही स्थायी हैं। उन्हें धैर्य और रखरखाव की आवश्यकता होती है। आगे क्या होगा इसके बारे में अनिश्चित होने के बावजूद हमें आगे बढ़ने के लिए तैयार रहना चाहिए। हमें विश्वास होना चाहिए कि आज की गतिविधियाँ जिनका वर्तमान क्षण में कोई प्रभाव नहीं पड़ता है, वे वास्तव में एक सकारात्मक दिशा में एकत्रित हो रही हैं, जो भविष्य में किसी अज्ञात समय पर ही हमारे सामने प्रकट होंगी। स्वस्थ आचरण दिन-ब-दिन घटित होते रहते हैं।

मेरी मरीज़ मारिया ने मुझसे कहा कि, "रिकवरी *हैरी पॉटर* फ़िल्म के उस दृश्य की तरह है, जहाँ डम्बल्डोर एक अँधेरी गली से गुज़रता है और रास्ते में मौजूद सभी लैंप-पोस्ट्स को जलाता हुआ जा रहा होता है। केवल जब वह गली के अंत तक पहुँचता है और पीछे मुड़कर देखता है तो उसे पूरी गली रोशन दिखाई देती है, उसकी प्रगति की रोशनी।"

यहाँ हम अंत पर हैं, लेकिन यह आज की अति-औषधीय, अतिउत्तेजित, आनंद-संतृप्त दुनिया से संपर्क करने के एक नए तरीक़े की शुरुआत हो सकती है। संतुलन के पाठ का अभ्यास करें, ताकि आप भी अपनी प्रगति की रोशनी में पीछे मुड़कर देख सकें।

संतुलन के पाठ

1. *आनंद की अनवरत तलाश (और दर्द से बचने के किए गए अनेक उपाय) अंततः हमें दर्द की तरफ़ ही ढकेलते हैं।*
2. *रिकवरी की प्रक्रिया परहेज़ से शुरू होती है।*
3. *संयम मस्तिष्क के प्रतिफल मार्ग को रीसेट करता है और इसके साथ ही सरल सुखों में आनंद लेने की हमारी क्षमता भी बढ़ाता है।*
4. *स्व-बंधन इच्छा और उपभोग के बीच शाब्दिक और मेटाकॉग्निटिव स्थान बनाता है, जो हमारी डोपामाइन-अतिभारित दुनिया में एक आधुनिक आवश्यकता है।*
5. *दवाएँ होमियोस्टैसिस को बहाल कर सकती हैं, लेकिन विचार करें कि दवाएँ हमारे दर्द को दूर करके हम क्या खो देते हैं।*
6. *दर्द वाले हिस्से पर दबाव डालने से हमारा आनंद-पीड़ा संतुलन स्केल आनंद के पक्ष में आ जाता है।*
7. *दर्द की लत लगने से सावधान रहें।*
8. *मौलिक ईमानदारी जागरूकता को बढ़ावा देती है, हमारी अंतरंगता को सुधारती है, और प्रचूर मानसिकता को बढ़ाती है।*
9. *सामाजिक शर्म इस बात की पुष्टि करती है कि हम मानव जनजाति से संबंधित हैं।*
10. *दुनिया से भागने की बजाय हम इसमें डूबकर मुक्ति पा सकते हैं।*

लेखिका का नोट

इस पुस्तक में अंतरंग बातचीत और कहानियाँ साक्षात्कार के प्रतिभागियों की सूचित सहमति से शामिल की गई हैं। गोपनीयता की रक्षा के लिए, मैंने नाम और अन्य जनसांख्यिकीय विवरण हटा दिए हैं और बदल दिए हैं, तब भी जब प्रतिभागी उन्हें अपरिवर्तित स्वरूप में शामिल करने के इच्छुक थे। सहमति प्राप्त करने की प्रक्रिया में प्रतिभागियों को निम्नलिखित पर सहमति देना शामिल था :

"जो कोई आपको अच्छी तरह से जानता है और यहाँ आपकी कहानी पढ़ता है, वह संभवतः आपको पहचान लेगा, भले ही मैंने आपका नाम बदल दिया हो। क्या आपको वह ठीक लगता है?" और "यदि कोई विवरण है, जिसे आप नहीं चाहते कि मैं शामिल करूँ, तो मुझे बताएँ और मैं उन्हें छोड़ दूँगी।"

आभार

मैं अपने उन सभी का आभार व्यक्त करना चाहती हूँ जिन्होंने इस पुस्तक के लेखन के दौरान अपने अनुभव और विचार मेरे साथ साझा किए। उनका यह साहस और उदारता कि वे ना केवल मुझे बल्कि अनदेखे, अनजाने पाठकों के लिए भी स्वयं को खोलकर प्रस्तुत करें, अत्यंत प्रेरणादायी है। यह पुस्तक हमारी साझी धरोहर है।

मैं उन लोगों का भी धन्यवाद करना चाहती हूँ जो मेरे मरीज़ नहीं थे, फिर भी उन्होंने इस पुस्तक के लिए साक्षात्कार देने को सहमति दी। नशे और पुनर्वास पर उनके विचारों ने मेरी समझ को गहराई और व्यापकता प्रदान की।

मैं स्वयं को भाग्यशाली मानती हूँ कि मैं इतने संवेदनशील और रचनात्मक लोगों के बीच हूँ, जिनके विचार हमारी बातचीत के माध्यम से इस पुस्तक में शामिल हुए हैं। सभी के नाम लिखना संभव नहीं है, लेकिन विशेष रूप से मैं केंट डनिंगटन, कीथ हम्फ्रीज़, ई. जे. इआनेली, रॉब मालेनका, मैथ्यू प्रेकुपेक, जॉन रुआर्क और डैनियल साल को धन्यवाद देना चाहती हूँ।

मैं रॉबिन कोलमैन की आभारी हूँ जिन्होंने मुझे लिखने के लिए प्रेरित किया; बॉनी सोलो का भी आभार जिन्होंने इस परियोजना पर विश्वास जताया; डेब मैककैरोल का, जिन्होंने चित्रांकन किया; और स्टीफ़न मॉरो तथा हाना फ़ीनी का धन्यवाद जिन्होंने इस पुस्तक को पूर्णता तक पहुँचाया।

अंत में, यदि मेरे प्रिय पति एंड्रयू का समर्थन न होता, तो यह सब संभव नहीं हो पाता।

लेखिका परिचय

एना लेंबकी स्टैनफ़ोर्ड एडिक्शन मेडिसिन की मेडिकल डायरेक्टर, स्टैनफ़ोर्ड एडिक्शन मेडिसिन फ़ैलोशिप की प्रोग्राम डायरेक्टर और स्टैनफ़ोर्ड एडिक्शन मेडिसिन ड्युअल डायग्नोसिस क्लिनिक की प्रमुख हैं। उन्हें मानसिक रोगों पर उत्कृष्ट शोध, शिक्षण में उत्कृष्टता और उपचार में नवीनता के लिए कई पुरस्कार प्राप्त हुए हैं। एक चिकित्सक-विद्वान के रूप में, उन्होंने सौ से अधिक शोध-पत्र, पुस्तक अध्याय और टिप्पणियाँ द *न्यू इंग्लैंड जर्नल ऑफ़ मेडिसिन* और *जेएएमए* जैसे प्रतिष्ठित प्रकाशनों में प्रकाशित की हैं। वे कई राज्य और राष्ट्रीय स्तर की नशामुक्ति संबंधी संस्थाओं के बोर्ड में कार्यरत हैं, नियमित रूप से व्याख्यान देती हैं और साथ ही अपनी चिकित्सकीय प्रैक्टिस को भी सक्रिय रूप से जारी रखती हैं।